1 MONTH OF
FREE
READING

at

www.ForgottenBooks.com

By purchasing this book you are eligible for one month membership to ForgottenBooks.com, giving you unlimited access to our entire collection of over 1,000,000 titles via our web site and mobile apps.

To claim your free month visit:

www.forgottenbooks.com/free577952

ISBN 978-0-428-34875-5
PIBN 10577952

LEÇONS

DE

PHYSIOLOGIE EXPÉRIMENTALE

LEÇONS

DE

PHYSIOLOGIE EXPÉRIMENTALE

PAR

RAPHAEL DUBOIS

PROFESSEUR A L'UNIVERSITÉ DE LYON

avec la collaboration

DE

EDMOND COUVREUR

CHARGÉ D'UN COURS COMPLÉMENTAIRE
CHEF DES TRAVAUX PRATIQUES DE PHYSIOLOGIE
A LA FACULTÉ DES SCIENCES

PARIS

GEORGES CARRÉ ET C. NAUD, ÉDITEURS
3, RUE RACINE, 3

—

1900

INTRODUCTION

Ces *Leçons de physiologie expérimentale* ont été succes- sivement professées par M. R. Dubois et par M. E. Cou- vreur, son élève et collaborateur. Elles résument l'ensei- gnement pratique donné aux étudiants en physiologie de la Faculté des Sciences de l'Université de Lyon.

Nous les avons publiées principalement dans le but d'éviter aux élèves la peine de prendre des notes pendant les *démonstrations expérimentales,* afin qu'ils puissent consacrer à ce qu'ils voient la plus grande somme possible d'attention.

Rien ne remplace complètement, en physiologie, la démonstration, c'est-à-dire l'observation directe des phé- nomènes provoqués ou spontanés : il ne suffit pas d'écou- ter, d'entendre, il faut voir.

Toutefois on ne pourra devenir un *physiologiste* capable d'expérimenter et d'enseigner qu'à la condition d'avoir exécuté personnellement les expériences ayant fait l'objet des démonstrations. C'est à cette nécessité que répondent les *travaux pratiques.* Toutes les expériences classiques sont répétées par les élèves sous la direction d'un maître. Les démonstrations expérimentales sont donc l'initiation logique aux travaux pratiques.

Cependant ces *leçons écrites* permettront à ceux qui ne peuvent faire autrement de tenter directement, sans autre guide, l'exécution des expériences qui y sont décrites. En se conformant strictement aux indications du texte et des nombreuses figures qui l'accompagnent, ils seront souvent surpris de la facilité avec laquelle ils obtiendront le résultat expérimental prévu, même sans le secours de connaissances théoriques ou techniques générales.

Cette importante partie de l'enseignement de la physiologie générale et comparée à la Faculté des sciences est indispensable aux candidats pour le *certificat d'études supérieures de physiologie* (1).

(1) Ce diplôme est délivré aux candidats qui ont subi avec succès les épreuves exigées par l'Université. Ces dernières comprennent :

1° Une *épreuve écrite* sur la physiologie générale et comparée, ou sur la physiologie de l'Homme ;

2° Une *épreuve pratique* : le candidat doit exécuter, en présence des examinateurs, une expérience tirée du cours de physiologie expérimentale et en donner par écrit la description ;

3° Une *épreuve orale* devant un jury de physiologistes : les candidats sont interrogés sur la physiologie générale, la physiologie comparée et la physiologie humaine.

Le *certificat d'études supérieures de physiologie* donne droit au grade de licencié ès sciences naturelles lorsqu'il est accompagné de deux des certificats suivants : botanique, zoologie ou géologie.

La licence ès sciences naturelles conduit à l'enseignement libre ou à celui de l'État, soit directement, soit par l'agrégation à l'enseignement secondaire, ou bien, par le doctorat ès sciences naturelles, à l'enseignement supérieur.

En outre, l'Université délivre des diplômes de licence qui peuvent être obtenus par le groupement de deux quelconques des certificats suivants d'études supérieures avec celui de physiologie : le choix de ces certificats est subordonné au but que l'élève se propose d'atteindre.

1° Calcul différentiel et intégral ; 2° mécanique rationnelle et appliquée ; 3° astronomie ; 4° physique ; 5° chimie générale ; 6° chimie industrielle ; 7° minéralogie ; 8° zoologie ; 9° botanique ; 10° géologie.

Chacun de ces certificats peut, d'ailleurs, être pris isolément.

L'Université délivre également un diplôme de *doctorat en physiologie* à ceux qui justifient de titres suffisants, tels que travaux originaux ou découvertes importantes en physiologie.

Les leçons expérimentales et les travaux pratiques durent une an-

Mais elle peut rendre de grands services à tous ceux qui veulent devenir des expérimentateurs ou des opérateurs éclairés : biologistes, médecins, chirurgiens, vétérinaires, agronomes, etc.

La connaissance anatomique et morphologique des êtres vivants ne prend de véritable importance que si elle est complétée et animée par celle de leur fonctionnement physiologique. Les biologistes comprennent tous aujourd'hui que ce n'est pas chez les organismes morts qu'il faut étudier les lois de la vie. Ils savent aussi que l'observation simple, naturelle des êtres vivants ne suffit pas et que l'observation provoquée artificiellement par l'expérience est le plus souvent indispensable.

Non seulement l'expérimentation ouvre des voies nouvelles et fait de la physiologie une science conquérante, comme on l'a dit avec raison ; mais, outre qu'elle suggère des idées originales et habitue à penser par soi-même, en développant le sens critique, elle donne au débutant une adresse, une habileté, une sûreté de main que l'on n'acquiert le plus souvent, dans la pratique, qu'à ses dépens ou à ceux de ses premiers clients.

née. Les droits à verser par les candidats sont de 15 francs par trimestre.

Dans certains cas, particulièrement pour les étrangers, l'enseignement pratique peut être condensé dans un temps plus court.

Les droits à payer, pour être admis dans les laboratoires de recherche, sont de 200 francs par trimestre.

Les recherches originales de biologie des êtres marins, animaux et végétaux, et l'étude des applications scientifiques à la myticulture, à l'ostréiculture, à la pisciculture, etc., se font au laboratoire maritime de Tamaris-sur-Mer, qui est une annexe du laboratoire de physiologie de la Faculté des Sciences de Lyon.

Les cours et travaux pratiques peuvent être suivis, ainsi que les recherches de laboratoire, par toute personne qui acquittera les droits prescrits par les règlements, sans avoir à produire ni diplôme de bachelier, ni tout autre certificat français ou étranger de scolarité.

Par la vivisection, le futur chirurgien prend contact avec la substance vivante : il ne sera plus aveuglé, ni suffoqué. par le sang humain, quand il aura pratiqué des opérations sur les animaux vivants ; l'anesthésie ne sera pour lui qu'un jeu, alors que pour beaucoup elle reste un épouvantail; les principes de l'asepsie et de l'antisepsie lui seront acquis. L'animal vivant fournira à l'apprenti chirurgien tout ce que le cadavre humain lui refuse. La vivisection devrait être l'épreuve obligatoire de la « médecine opératoire », à moins que l'on ne place l'intérêt de la bête avant celui de l'homme et la routine au-dessus du progrès.

De leur côté, les médecins cliniciens acquièrent dans le laboratoire de physiologie une foule de notions pratiques utiles pour le diagnostic des maladies, indispensables pour leur traitement rationnel.

Les médecins légistes expérimentateurs sont prudents, circonspects et méthodiquement investigateurs; l'expérimentation leur montre fréquemment que, si la médecine légale fait un progrès, ce n'est trop souvent qu'en démontrant les errements du passé et leurs épouvantables conséquences.

Quant aux hygiénistes, ils reconnaîtront bien vite que l'hygiène n'est, en définitive, que la physiologie appliquée à la conservation de la santé.

Enfin, les agronomes comprendront que la première condition, pour élever et multiplier les animaux et les végétaux, c'est d'apprendre les lois de leur fonctionnement.

N'est-il pas évident aussi que le psychologue doit être doublé d'un physiologiste ? C'est dans le laboratoire de physiologie qu'il se familiarisera avec l'emploi des instruments les plus indispensables en psychophysiologie ; c'est là qu'il apprendra les réactions du bioprotéon, de la substance vivante, le jeu des centres nerveux, les propriétés des nerfs, le fonctionnement des organes des sens. Il comprendra enfin que l'organisme constitue un ensemble dont toutes les parties sont solidaires et qu'il est insensé de vouloir connaître le fonctionnement de l'encéphale, abstraction faite de celui du reste de l'organisme.

Les exercices de physiologie animale seront bientôt complétés par des manipulations pratiques de physiologie végétale, comprenant principalement celles des microbes et des ferments.

Le temps est passé où la physiologie se bornait à l'étude des fonctions envisagées chez l'homme et chez quelques animaux voisins de lui. L'horizon s'est élargi avec les progrès des sciences naturelles et, même pour les médecins, la physiologie doit devenir de plus en plus une science générale et, pour cela, nécessairement comparative.

Grâce à l'esprit large et éclairé de la haute administration de notre enseignement supérieur national, les moyens dont dispose actuellement la physiologie sont plus nombreux qu'autrefois, sans toutefois être suffisants, surtout au point de vue du personnel des laboratoires; mais nous avons l'espoir que cette branche supérieure des connaissances humaines ne tardera pas à reprendre en France le rang qu'elle doit occuper, car c'est notre pays qui a peut-être produit le plus grand nombre de physiologistes expérimentateurs célèbres. Sans rappeler les noms illustres des Lavoisier, des Magendie, des Claude Bernard et des Pasteur, on trouvera à chaque page de cet ouvrage les noms de savants français attachés soit à une méthode, soit à un appareil, comme ceux de Paul Bert, de Marey, de Chauveau, de Ranvier, de d'Arsonval, pour ne parler que des plus éminents.

On peut ajouter encore, sans craindre d'être taxé d'exagération, que si l'arsenal scientifique que nous utilisons est presque exclusivement français, c'est que, depuis longtemps, dans les expositions internationales, nos constructeurs d'appareils de physiologie et d'instruments de chirurgie ont obtenu les plus hautes récompenses et peuvent être considérés comme des maîtres en leur art.

On nous pardonnera, peut-être, d'avoir introduit ici certains renseignements administratifs, en réfléchissant que nous avons voulu avant tout présenter au public un livre *pratique*, et c'est encore, à notre sens, rendre un service à la physiologie expérimentale que d'indiquer les moyens dont elle peut actuellement disposer chez nous en faveur de ceux qui veulent être initiés ou seulement perfectionner leur instruction technique.

LEÇONS

DE

PHYSIOLOGIE EXPÉRIMENTALE

PREMIÈRE PARTIE

MÉTHODE GRAPHIQUE
APPAREILS ET INSTRUMENTS ENREGISTREURS

PREMIÈRE LEÇON

Principe de la méthode graphique.
Appareils enregistreurs.

Principe de la méthode graphique. — La méthode graphique est basée sur ce principe que les phénomènes ayant pour éléments essentiels l'intensité et la durée peuvent être traduits par une courbe rapportée à deux axes, en général perpendiculaires : sur l'un on compte le temps, c'est la *ligne des abscisses* ; sur l'autre, appelé *ligne des ordonnées,* on exprime l'intensité.

Si l'évolution du phénomène n'est pas trop rapide, les courbes peuvent être construites avec des points cor-

respondants aux moments des observations ; mais, dans
le cas contraire, on doit se servir des appareils enregistreurs, lesquels fournissent des courbes continues.
Ces derniers, quand ils sont construits pour cela, enregistrent aussi des phénomènes lents par des graphiques
continus.

Ces deux sortes de courbes sont utilisées par le physiologiste.

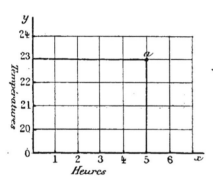

FIG. 1. — Principe de la représentation graphique d'un phénomène (température) : *o x*
ligne des temps, *o y* ligne des températures. Le point *a* marque la température
à 5 heures.

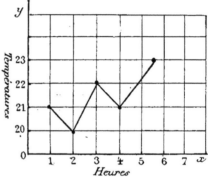

FIG. 2. — Courbe de température prise
par points.

Supposons que nous voulions représenter graphique-
ment les variations successives de la température d'un
organisme pendant un certain nombre d'heures et à intervalles fixes. Nous traçons deux axes rectangulaires
ox,oy, et sur ces deux axes des divisions équidistantes
et quelconques indiquant, par exemple, les unes les
heures et les autres les degrés. La température pré-
sentée à une heure déterminée sera figurée par le
point *a* obtenu par le croisement des lignes parallèles
aux axes, menées l'une par l'heure en question, l'autre
par le degré de température (fig. 1). La courbe des températures sera représentée par la réunion des points
obtenus d'une façon analogue, mais elle n'en sera pas
moins discontinue (fig. 2). Dans ce cas, une des phases
du phénomène peut ne pas être indiquée, tel organisme

ayant eu 18° à 2 heures, 15° à 3 heures, et, dans l'inter-valle, à 2 h. 30, par exemple, 20° (fig. 3).

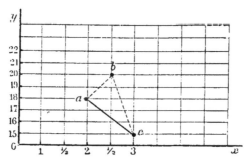

Fɪɢ. 3. — Inconvénient possible de la courbe prise par points. La marche de la température peut avoir été *a b* c au lieu de *a c*.

Appareils enregistreurs. Courbes continues. — Les appareils enregistreurs se composent, en principe, d'une surface se déplaçant, d'une façon régulière, devant de petits stylets traçant sur [elle toutes les modifications

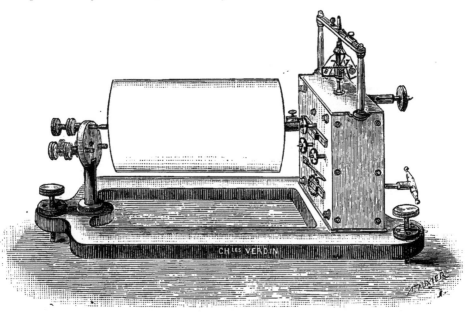

Fɪɢ. 4. — Appareil enregistreur de Marey.

d'instruments enregistrants susceptibles d'être influencés par le phénomène que l'on étudie.

Dans la pratique, on donne presque toujours à cette

surface la forme de la paroi courbe d'un cylindre : celui-ci tourne régulièrement autour d'un axe et vient présenter successivement toutes ses génératrices sous la plume de l'instrument qui enregistre.

APPARE*I*L ENREG*I*STREUR DE MAREY. — Dans cet appareil (fig. 4), le cylindre est mû par un mouvement d'horlogerie, dont la régulation est obtenue par un système de palettes. Celles-ci s'écartent d'autant plus, sous l'action de la force centrifuge, que la rotation est plus rapide; la résistance de l'air croît à mesure et provoque alors le ralentissement, de façon à supprimer l'accélération.

Le mouvement d'horlogerie commande trois axes moteurs. Chacun d'eux imprime au cylindre une vitesse différente : un tour en une minute, un tour en une seconde environ et une vitesse intermédiaire.

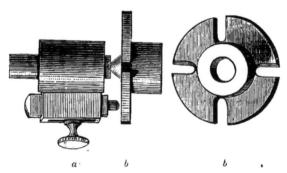

a   *b*   *b*   .

FIG. 5. — Tocs d'entrainement : la pièce *b* fixée sur l'axe moteur peut engrener avec la pièce *a* fixée sur l'axe du cylindre, et entrainer par suite ce dernier dans sa rotation.

Le cylindre est relié, à volonté, à l'un des axes moteurs par deux pièces appelées *tocs* (fig. 5), l'une *a* portée par l'axe en question, l'autre *b* par celui du cylindre, et s'enfonçant chacune à frottement dur sur leurs axes respectifs; engrenées l'une avec l'autre, elles déterminent un entraînement du cylindre, lequel est soutenu par deux tourillons. Un frein permet d'arrêter le cylindre et de le remettre en marche presque instantanément.

Avec ce système, le cylindre se meut circulairement devant les plumes des instruments enregistrants. Il est parfois utile qu'il se déplace en hélice. Le dispositif pour ce mouvement n'existe pas dans l'appareil de Marey, mais on y remédie en fixant les instruments sur un pied se déplaçant horizontalement.

La combinaison de ces deux mouvements, circulaire et rectiligne, engendre une hélice. Le déplacement horizontal du pied (fig. 6) est produit par la rotation d'une

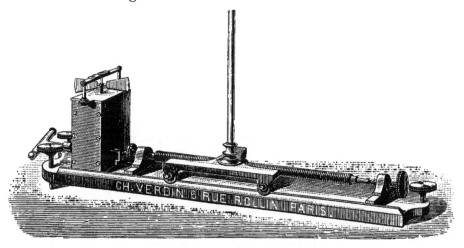

FIG. 6. — Chariot à vis destiné à entrainer automatiquement les instruments enregistrants devant le cylindre enregistreur.

vis dont les deux bouts sont immobilisés et qui entraîne par suite l'écrou qu'elle traverse. Cet écrou supporte une tige verticale à laquelle peuvent être fixées les tiges horizontales portant les instruments enregistrants. Le déplacement varie de vitesse, grâce à une palette dont on incline plus ou moins les ailes et qui régularise le mouvement d'horlogerie faisant tourner la vis.

Cet appareil classique est élégant, maniable et commode pour la majorité des expériences. Toutefois, ses vitesses de rotation sont peu nombreuses et, pour les mouvements lents, il exige un mouvement d'horlogerie spécial ou un système de poulies actionnées par une horloge à poids.

Appareil enregistreur universel de R. Dubois. —
Pour les expériences ou pour les observations de physiologie comparée, il est souvent utile d'employer des

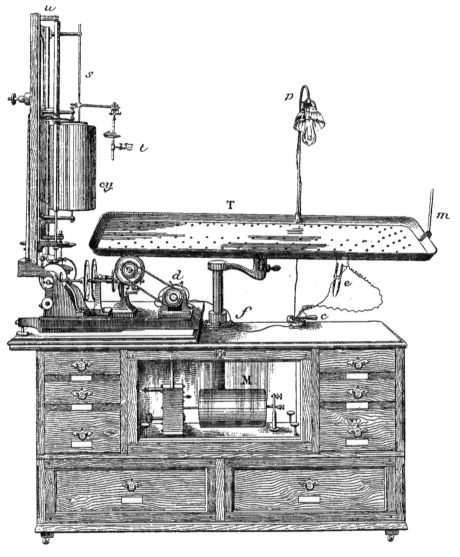

Fig. 7. — Appareil enregistreur de R. Dubois (posé sur le meuble laboratoire, V. page 32) :
d, dynamo ; *cy*, cylindre ; *s*, tige pour supporter les appareils enregistrants ; *t*, un de
ces appareils ; M, appareil de Marey.

vitesses très différentes. L'appareil du professeur R. Dubois (fig. 7) répond à ce besoin. Il est mis en action par un

moteur à grande vitesse, turbine à eau ou moteur électrique, ce qui suffit à donner une régulation suffisante,
même quand le moteur a de petits écarts, la vitesse la plus
rapide du cylindre étant très inférieure à celle du moteur.
Le mouvement est transmis à une vis sans fin qui commande une roue dont l'axe est le promoteur de tout le système d'engrenages ultérieurs : ces engrenages permettent,
en faisant commander les pignons par les roues ou les
roues par les pignons, d'avoir un nombre très considérable
de vitesses du cylindre, variant (pour 86 tours du moteur
par minute) entre 42 tours par minute et un tour en 3 jours,
avec 34 vitesses intermédiaires.

Dans cet appareil, le cylindre peut se déplacer horizontalement, en même temps qu'il tourne sur lui-même, ce qui
permet d'obtenir un mouvement en hélice, si commode
parfois. Un deuxième système d'engrenages entrant à
volonté en relation avec le moteur donne des déplacements
variant de 12 centimètres par minute à 1 centimètre en
24 heures, avec 106 vitesses intermédiaires. Pour une
vitesse donnée de rotation du cylindre, il y en a neuf de
translation, qui varient dans le rapport de 1 à 100. Le déplacement est produit par une vis entraînant un écrou mobile.

Ajoutons qu'un embrayage particulier permet de mettre
en marche ou d'arrêter presque instantanément le cylindre,
sans toucher au moteur; et enfin que l'appareil peut
basculer autour d'un axe horizontal, ce qui permet au
cylindre d'être placé soit verticalement, soit horizontalement. La tige sur laquelle on fixe les appareils enregistrants est solidaire du bâti qui porte le cylindre et rigoureusement parallèle à l'axe de celui-ci; elle l'accompagne
dans les mouvements de bascule.

Avec ces divers avantages et ses vitesses multiples, cet
appareil répond à tous les besoins du physiologiste et
pourrait même rendre des services pour d'autres usages.
Le cylindre, de grande taille, permet de prendre de nom-

breux tracés, pendant une expérience de longue durée, sans aucune interruption.

La diversité des types d'appareils usités aujourd'hui a des inconvénients incontestables. Il est certain que le tracé d'un même mouvement enregistré sur deux cylindres de même rayon, mais animés de vitesses différentes, est tout à fait différent. Il en sera de même avec deux cylindres de diamètre inégal animés de la même vitesse. Les physiologistes auraient donc intérêt à choisir un diamètre étalon. Quant aux vitesses, il est bien souvent utile, pour l'analyse d'un phénomène, d'en pouvoir varier facilement la rapidité, surtout en physiologie comparée ou générale. Le mieux serait alors, avec un diamètre étalon pour tous les cylindres, d'indiquer toujours la vitesse employée.

Noircissage des cylindres. — Les cylindres qu'on emploie dans les appareils enregistreurs sont métalliques et leurs sections perpendiculaires à l'axe sont rigoureusement circulaires et égales, de manière que, sur toute leur longueur, la plume de l'instrument enregistrant appuie toujours avec la même force pendant la rotation.

Pour prendre des tracés, on recouvre le cylindre d'une feuille de papier blanc appliquée bien exactement sur sa surface et dont on colle les bords. Il serait possible d'inscrire directement sur le papier blanc avec une plume encrée, c'est ce que l'on fait souvent pour les mouvements lents; mais, dans la grande majorité des cas, on se sert d'une pointe sèche et d'un papier glacé, peu combustible et enduit d'une couche de noir de fumée. Pour le préparer, on suspend le cylindre sur un support et, tout en le faisant tourner lentement, de la main gauche, on promène au-dessous, avec la main droite, très régulièrement et toujours de gauche à droite, la flamme fuligineuse d'un rat de cave. Quand on est arrivé à l'extrémité droite du cylindre, on recommence par l'extrémité gauche, pour laisser au papier le temps de se refroidir. On continue ainsi jusqu'à ce que le papier soit recouvert d'une couche bien uniforme et pas trop épaisse de noir de fumée. Il faut éviter de maintenir la flamme trop longtemps au même endroit, dans la crainte de roussir le papier.

On peut noircir encore le papier avec un bec de gaz à flamme large, après avoir fait passer le gaz au travers d'un flacon plein de ponce imbibée de benzine; mais la flamme obtenue par ce procédé est un peu trop fuligineuse et le grain du noir déposé sur le papier est un peu trop gros. Les meilleurs rats de cave, pour l'usage qui nous occupe, doivent être faits avec une mèche de lampe à alcool enduite de cire jaune ou blanche mélangée d'un peu de résine.

FIXAGE DES TRACÉS. — Les tracés obtenus sur les cylindres noircis, par suite de l'enlèvement par la plume de l'appareil enregistreur d'une légère couche de noir de fumée, s'effaceraient très facilement. Quand on veut les garder comme documents, il faut les fixer. Pour cela, il suffit de mouiller la feuille avec une solution alcoolique de gomme laque. Certaines personnes conseillent de détacher la feuille et de la plonger dans le bain fixateur, comme on le fait dans le cas d'une épreuve photographique. Il est préférable d'employer le dispositif suivant. Le cylindre est soutenu par des tourillons au-dessus d'une cuvette creusée en forme de segment de cylindre dans laquelle est le bain fixateur, et sa hauteur de suspension est telle, qu'il vient frôler la surface du bain. On n'a alors qu'à tourner lentement le cylindre pour l'humecter sur toute sa surface, le relever ensuite sur deux tourillons placés un peu plus haut et le laisser égoutter.

Quand l'égouttage est suffisant, on fend le papier suivant la génératrice le long de laquelle la feuille a été collée, puis cette dernière est suspendue verticalement pour la laisser sécher. Lorsqu'elle est sèche, le tracé est ineffaçable. On annexe généralement à cet appareil un flacon rempli de liquide fixateur, muni de deux tubulures : l'une est traversée par un tube de verre plongeant au fond du flacon et dont le bout supérieur est relié, au moyen d'un tube de caoutchouc, à une ouverture située au fond de la cuvette; l'autre est en relation avec une poire de caoutchouc qu'il suffit de presser pour faire arriver le liquide dans la cuvette. On place ensuite une pince à pression sur le tube de caoutchouc. L'opération du vernissage terminée, la pince est enlevée et, en abaissant le flacon, on y fait rentrer le liquide fixateur.

LECTURE DES TRACÉS. — Ils se lisent comme l'écriture, de gauche à droite. Avant de détacher la feuille, il faut donc marquer par un indice le haut qui correspond au bout droit du cylindre, quand celui-ci se déplace, comme c'est l'usage, d'avant en arrière par rapport à la plume. On peut se contenter de tracer sur la feuille une flèche indiquant le sens de rotation du cylindre, ou bien encore de marquer d'un H le bout droit de la feuille.

D'après les principes que nous avons indiqués en commençant, amplitude sur les ordonnées, temps sur les abscisses, on interprètera facilement les courbes obtenues.

DEUXIÈME LEÇON

Instruments enregistrants.

Tous sont plus ou moins basés sur un principe unique : transmission à un levier (qui est parfois un rayon lumineux) des mouvements produits dans l'appareil par les phénomènes qu'il est chargé de traduire et qui l'impressionnent de façons diverses. En physiologie, les instruments employés le plus fréquemment sont les tambours, dont le prototype est le *tambour de Marey*.

TAMBOURS EXPLORATEURS ET ENREGISTREURS. — Le principe de ces instruments est le suivant. Soit une boule de caoutchouc A (fig. 8), reliée par un tube de caoutchouc à une autre boule B, le tout formant un système clos et rempli d'air. Toutes les variations de pression que l'on fera subir

FIG. 8. — Principe des appareils enregistrants à air. A, ampoule exploratrice ; B, ampoule réceptrice.

à l'air de la boule A se transmettront à l'air de la boule B. Si l'on en comprime une, l'autre se gonflera. Les deux ampoules sont remplacées, dans la pratique, par des tambours. L'un, destiné à recueillir le phénomène et qui est le *tambour explorateur*, peut avoir des formes extrêmement variées, que nous aurons à étudier au cours de ces leçons ; le deuxième, destiné à traduire le phénomène par une courbe et appelé *tambour enregis-*

treur, présente toujours la même forme. Il consiste en une petite casserole sur laquelle est tendue modérément une membrane de caoutchouc (fig. 9), et qui est en relation avec l'extérieur par une tubulure latérale. On conçoit facilement que, toutes les fois qu'on soufflera dans ce tambour, la membrane de caoutchouc se soulèvera ; toutes les fois, au contraire, qu'on y aspirera, elle se déprimera. Ce sont les mouvements de cette membrane qui seront transmis au levier inscripteur. Pour cela, on colle, sur le milieu de la membrane, un disque mince en aluminium, portant une petite tige qui lui est

Fig. 9. — Tambour enregistreur de Marey.

.perpendiculaire ; cette tige vient elle-même s'articuler avec une glissière qui commande un levier dont le point d'oscillation, situé dans le voisinage, est fixé à une pièce permettant à ce levier de basculer et de se mettre, soit parallèlement à la surface de la membrane, soit en position angulaire par rapport à celle-ci. Le levier est prolongé par une petite tige mince et plate, de bois très léger, terminée elle-même par une plume en corne ou en baleine, taillée en pointe aiguë. Toutes les fois que la membrane se soulève, la tige et la glissière, qui en sont rendues solidaires par le disque d'aluminium, soulèvent le levier et, comme le point d'application est fixé très près du point fixe, si l'autre bras du levier a une certaine longueur, son extrémité décrira un arc de cercle relativement considérable pour un faible déplacement du point d'application. Le tambour peut être fixé à une tige-support

à l'aide d'une douille qu'immobilise une vis de pression :
nous indiquerons plus tard quelles sont ses parties acces-
soires.

VÉRIFICATION, SENSIBILITÉ, RÉGLAGE. — Avant d'employer un tambour, il faut s'assurer : 1° qu'il ne présente
pas de fuites ; 2° que sa membrane de caoutchouc jouit
bien de toute son élasticité.

Pour s'assurer que le tambour est étanche, on souffle
dedans à l'aide d'un tube en caoutchouc que l'on pince
ensuite : le levier doit rester dévié.

Pour vérifier le deuxième point, on laisse la plume
du tambour tracer une ligne sur le cylindre qui tourne
au-devant d'elle, le tambour étant d'abord au repos ;
puis on souffle brusquement dans le tambour, et le levier,
un instant dévié, doit revenir exactement à sa position
primitive, la deuxième ligne tracée doit être exactement
superposée à la première.

Le tambour est d'autant plus sensible que l'extrémité
de la plume subit de plus grands déplacements pour un
même soulèvement de la membrane. On règle la sensibilité par les rapports des bras de levier, soit en allongeant ou en raccourcissant la plume, soit en rapprochant
ou en éloignant du point fixe la glissière citée plus haut.
Il est parfois nécessaire d'avoir une très grande sensibilité ; dans d'autres cas, on doit modérer l'amplitude
des oscillations de la plume.

On donne au tambour enregistreur son maximum de
sensibilité en tendant sans traction la membrane de caoutchouc qui le recouvre : de cette façon, il obéit aux mouvements les plus légers de l'explorateur.

Les modifications que l'on apporte à la sensibilité font
déjà partie du réglage. Il faut s'assurer aussi qu'à l'état
de repos, l'air contenu dans l'appareil est bien à la pression atmosphérique. Si la membrane est, soit gonflée,

soit déprimée, on rétablit l'équilibre à l'aide d'une clarinette, qui n'est autre chose qu'un court tube métallique qu'on installe sur le trajet du caoutchouc allant de l'explorateur à l'enregistreur, et qui est muni d'un orifice à soupape : celui-ci peut être ouvert ou fermé à volonté au moyen d'une clef à levier. Nous nous occuperons des autres questions de réglage à propos de la position à donner au tambour par rapport à l'appareil enregistreur.

AUTRES MODES D'INSCRIPTION. — En physiologie, on n'emploie pas toujours forcément les tambours, on agit parfois directement sur le levier inscripteur : c'est le cas du myographe simple. Nous aurons à faire fonctionner un certain nombre de ces appareils au cours de nos leçons et nous n'y insistons pas ici. Signalons seulement, en passant, que, toutes les fois que l'on agit sur un levier oscillant autour d'un point fixe, l'extrémité de la plume décrit, non une ligne droite, mais une ligne courbe, dont le rayon a la longueur du levier, et que, par conséquent, les tracés sont toujours un peu déformés.

Il ne faut pas, dans ces cas, donner trop d'amplitude au déplacement du levier, sous peine de voir la pointe de la plume quitter la surface du cylindre.

INSTALLATION DES INSTRUMENTS PAR RAPPORT AU CYLINDRE. — A part certains cas exceptionnels, manomètre inscripteur, myographe simple, etc., les instruments enregistrants, tels que tambour ou signal, sont fixés à l'aide d'une douille sur une tige parallèle à l'axe du cylindre.

Celle-ci est à demeure quand le cylindre possède le mouvement de translation comme dans l'appareil de Dubois; sinon, elle est fixée à l'aide d'une vis de pression sur la tige verticale du chariot dont nous avons parlé précédemment, ou d'un simple pied à base solide, pour éviter les trépidations. Il faut alors s'assurer de son parallélisme au cylindre. Le plus souvent, la douille a la .forme d'un anneau, mais il est plus commode de lui donner celle d'une virole fendue. Dans ce cas, en effet, on peut mettre l'instrument sur son support, ou l'en détacher, sans qu'il soit nécessaire de le faire glisser sur toute la longueur de la tige ni de déplacer ceux qui se trouvent parfois vers l'extrémité libre. Une vis de pression fixe la douille au point voulu.

On doit s'arranger de manière que la plume de l'instrument enregistrant porte sur la génératrice supérieure du cylindre enregistreur quand il est horizontal, et que cette plume ait une direction légèrement plongeante, mais jamais ascendante, tout au plus de niveau avec la génératrice supérieure; dans ce cas, la pointe du stylet doit être recourbée en bas.

Ce réglage se fait à la main ou bien mécaniquement comme dans le *tambour de Chauveau,* où une vis B permet d'approcher à volonté l'extrémité de la plume de la surface du cylindre et de la faire toucher juste au point désiré (fig. 10).

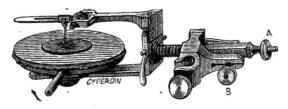

Fig. 10. — Tambour de Chauveau avec vis de réglage : A pour approcher ou éloigner le tambour, B pour le relever ou l'abaisser.

Si l'on ne doit installer qu'un instrument enregistrant, tout se borne à ce que nous venons de dire; mais, quand on en a plusieurs, pour prendre des tracés simultanés et synchrones, il faut faire en sorte que les extrémités de toutes les plumes portent sur la même génératrice du cylindre; on s'en assure en déplaçant latéralement le chariot portant les instruments, ou bien le cylindre

quand les instruments sont fixes. Les tracés de toutes
les plumes doivent alors se confondre en une seule ligne.

Ce réglage est difficile à faire à la main : aussi les bons
instruments portent-ils une vis (fig. 10) permettant
d'avancer et de reculer la plume suivant les besoins.

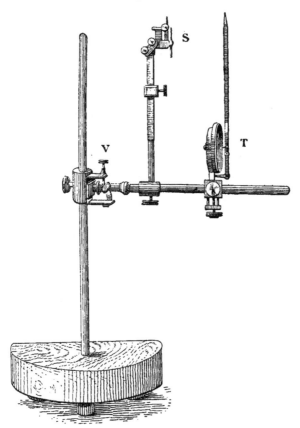

Fɪɢ. 11. — Support, dont la vis V permet de déplacer simultanément plusieurs instruments enregistrants (ici un tambour T et un signal S).

Quand les tracés sont pris, il est souvent commode
de pouvoir relever en bloc tous les instruments, sans
déranger le réglage préalable; on y arrive en munissant
la tige horizontale qui porte ces instruments d'une vis
qui la fait basculer en les entraînant dans leur ensemble.
Pour prendre de nouveaux tracés, on n'a qu'à tourner
cette vis en sens inverse et on ramène tous les instruments, d'un coup, en contact avec le cylindre (fig. 11).

TROISIÈME LEÇON

Mesure du temps.

Si le cylindre enregistreur tournait avec une vitesse absolument régulière et uniforme et s'il accomplissait sa rotation dans un temps bien déterminé, il serait inutile de prendre des graphiques spéciaux du temps.

En effet, supposons un cylindre qui effectue un tour complet en une minute et qui possède une vitesse rigoureusement uniforme : chaque fois qu'il aura accompli un soixantième de tour, il se sera écoulé une seconde. Il suffirait donc de diviser la bande de papier déroulé en soixante parties égales, pour tracer des traits dont la distance comptée sur la ligne des abscisses représenterait un espace de temps de la durée d'une seconde.

De même, si le cylindre tournait à la vitesse d'un tour à la seconde, il suffirait de diviser la bande de papier en cent parties égales pour avoir ainsi les $\frac{1}{100^e}$ de seconde.

Malheureusement, il n'en est pas ainsi : 1° le cylindre ne tourne pas d'une façon absolument uniforme; 2° il n'accomplit pas toujours sa rotation en une de nos unités de temps, minute, seconde, etc. Il en résulte que, lorsqu'on prend le graphique d'un phénomène et qu'on veut avoir sa durée, il faut simultanément enregistrer le temps. La projection de la courbe sur la ligne dés temps mesurera cette durée.

Nous avons vu que la durée des phénomènes physiologiques que l'on enregistre est extrêmement variable.

Les uns s'écoulent dans un espace de temps de plusieurs secondes, les autres durent une fraction de seconde seulement. Pratiquement, on doit pouvoir enregistrer la seconde, la demi-seconde, le centième de seconde.

Les deux premiers temps s'enregistrent à l'aide du *métronome enregistreur*, le troisième à l'aide d'un diapason chronographe associé à un *signal de Depretz*.

MÉTRONOME ENREGISTREUR. — Le métronome est construit sur le même plan que l'appareil qui sert aux musiciens, c'est-à-dire qu'il consiste essentiellement en un pendule renversé dont les durées d'oscillation sont variables par suite du déplacement d'une masse pesante pouvant glisser le long de la tige du pendule. Il en diffère en ce que les oscillations peuvent être enregistrées à l'aide d'une transmission spéciale , soit à air, soit électrique (fig. 12). La *transmission à air* se fait d'une façon extrêmement simple. Sur un côté du métronome est placé un tambour T que l'extrémité du pendule vient frapper à chaque oscillation double.

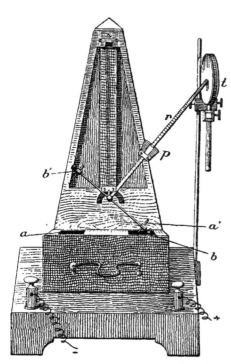

Fig. 12. — Métronome enregistreur : *t*, tambour que la tige r munie de la masse mobile *p* peut venir frapper à chaque oscillation double ; *b b'*, pointes de platine qui, venant plonger alternativement dans les cuves *a* et *a'* pleines de mercure, peuvent établir par ce contact un circuit électrique.

Le tambour est relié par un tube de caoutchouc à un tambour enregistreur. Chaque fois que le premier est frappé, la plume du second tambour est déviée et vient marquer un trait sur la surface du cylindre.

La *transmission électrique* est moins simple (fig. 13). Le pendule *p* porte à sa base, près du point d'oscillation *o*, une barre transversale *t* à laquelle peuvent être fixées deux pointes de platine *aa'*. Dans les mouvements d'oscillation du pendule, ces pointes viennent plonger alternativement dans deux petites cuvettes *cc'* remplies de mercure : ces contacts peuvent fermer un courant électrique que l'on envoie dans un signal de Depretz, dont nous donnons plus loin la description.

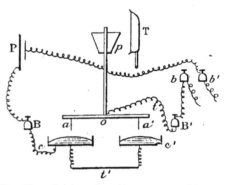

Fig. 13. — Schéma du métronome enregistreur : *t* tambour, *p* tige oscillant autour du point *o* ; *a a'* pointes de platine venant plonger à chaque oscillation dans une des cuvettes *c c'* ; P pile ; B B' bornes du métronome ; *b b'* bornes du signal ; *t'* tige qui, enlevée, isole la cuvette *c'*. Le courant, au lieu d'être établi à chaque oscillation simple, ne passe plus désormais qu'à chaque oscillation double.

Voici la réalisation pratique du dispositif.

On prend une pile de Grenet ordinaire P et l'on en réunit un pôle à l'aide d'un fil à une première borne B, en communication avec une des cuvettes remplies de mercure ; cette cuvette est elle-même réunie à l'autre par une lame transversale *t'*, qui établit la communication métallique. Du pendule oscillant, par l'intermédiaire d'une seconde borne B', repart un fil qui va s'attacher à l'une des bornes *b* du signal de Depretz. De l'autre borne du signal *b'* part un nouveau fil en communication avec le second pôle de la pile. Il est facile de concevoir qu'à chaque oscillation simple du pendule, par suite du plongement d'une pointe de platine dans la cuvette correspondante, le courant est fermé et passe dans le signal de Depretz.

SIGNAL DE DEPRETZ. — Cet appareil (fig. 14) consiste en

un petit électro-aimant E qui peut attirer, chaque fois qu'un courant y passe, une petite plaque de fer doux *p*; cette plaque est retirée en arrière, quand le courant ne passe plus, par un ressort antagoniste *r*. Il en résulte, à chaque passage et à chaque interruption du courant, un mouvement de la plaque. Celle-ci porte une petite plume *a* qui vient tracer chacun de ses mouvements sur un cylindre enregistreur. Tout ce petit appareil est supporté par une tige à crémaillère, qui permet de l'avancer et de le reculer (fig. 15).

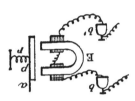

Fig. 14. — Schéma du signal de Depretz : *b b'* bornes du signal ; E électro-aimant ; *p* plaque de fer doux : *r* ressort antagoniste ; *a* plume du signal.

Supposons maintenant, les deux cuvettes étant en com-

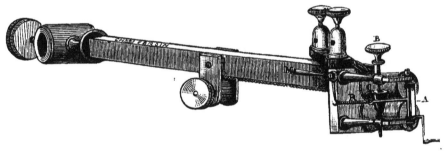

Fig. 15. — Signal de Depretz : C électro-aimant; A plaque de fer doux ; R ressort antagoniste ; B vis servant à graduer la tension du ressort.

munication, que notre métronome fasse une oscillation double en une seconde: chaque fois qu'une de ses pointes plongera dans sa cuvette, c'est-à-dire toutes les demi-secondes, le courant sera envoyé dans le signal, la plaque de fer doux se déplacera et entraînera la plume qui viendra marquer un trait sur

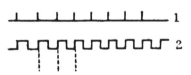

Fig. 16. — Tracé du métronome enregistreur avec un signal de Depretz: 1 les pointes ne font qu'effleurer le mercure ; 2 elles y plongent quelque temps.

la surface du cylindre. En enlevant la tige de communication entre les deux cuvettes, ce ne sera qu'une fois sur deux que le courant passera, et l'on enregistrera alors la seconde.

Si la pointe ne fait que toucher, le courant sera de très courte durée et la plume immédiatement ramenée en arrière par le ressort antagoniste. On aura alors un tracé analogue au tracé 1 de la fig. 16. Au contraire, si les pointes plongent pendant quelque temps, le tracé sera le tracé 2 de la figure 16, ce qui ne gêne en rien d'ailleurs dans l'appréciation du temps : les lignes pointillées indiquent, dans le cas que nous avons supposé, les demi-secondes.

DIAPASON CHRONOGRAPHE. — C'est un diapason ordinaire dont les vibrations doubles sont généralement de $\frac{1}{100}$ de seconde. Une de ses branches porte une petite pointe de platine qui peut venir en contact, dans ses oscillations, avec une plaque, de platine également, et fermer ainsi un courant électrique que l'on envoie dans le signal de Depretz. Il est construit de manière à entretenir automatiquement ses vibrations.

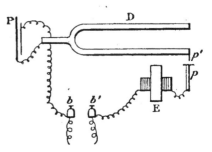

FIG. 17. — Schéma du diapason chronographe : P pile, D diapason, E électroaimant, p plaque de platine, p' pointe de platine qui établit le courant quand il vient toucher la plaque p ; b b' bornes du diapason.

Voici la réalisation pratique du dispositif (fig. 17, 18

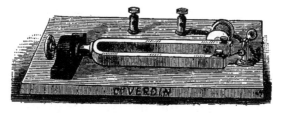

FIG. 18. — Diapason chronographe.

et 19) : à l'aide d'un fil, on réunit au corps du diapason D l'un des pôles d'une pile de Grenet. De la plaque p, contre

laquelle vient buter le diapason à chacune de ses oscillations, part un nouveau fil entourant un électro-aimant placé en face d'une des branches du diapason et qui
est en rapport avec le signal de Depretz, d'où repart un

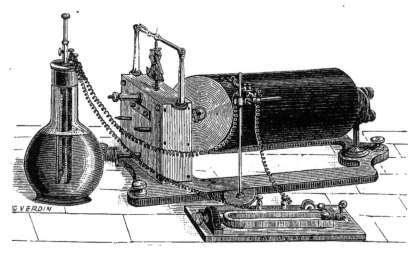

FIG. 19. — Diapason chronographe conjugué avec un signal de Depretz.

troisième fil, en communication avec le deuxième pôle
de la pile. On conçoit facilement que le courant soit
ainsi établi à chaque oscillation double du diapason.
Quant à l'électro-aimant E placé sur le côté, il a pour
but d'entretenir la vibration. En effet, toutes les fois que

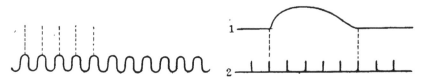

FIG. 20. — Tracé du diapason chronographe
avec un signal de Depretz.

FIG. 21. — Mesure de la durée d'un
phénomène : 1 graphique du phénomène, 2 ligne de temps.

le courant passe, le diapason est entraîné par l'action de
cet électro-aimant; ensuite, par son élasticité, il est ramené en arrière et le courant est rompu; puis, à l'oscillation simple suivante, le courant est rétabli, et ainsi de
suite.

On obtient, à l'aide de ces dispositifs, le tracé de la figure 20 : les intervalles séparant les lignes en pointillé représentent les centièmes de seconde.

On peut employer les diapasons à vibrations plus rapides, $\frac{1}{500}$ de seconde par exemple, mais, dans la grande majorité des cas, $\frac{1}{100}$ de seconde suffit comme unité.

Lorsqu'on a pris simultanément le tracé d'un phéno-mène et le tracé du temps, il suffit de rabattre par deux lignes de rappel la courbe du phénomène sur la ligne des temps pour avoir la durée (fig. 21). Dans cette figure, les divisions sont des secondes : le phénomène a donc duré 5 secondes.

DEUXIÈME PARTIE

CONTENTION DES ANIMAUX
OPÉRATIONS EN GÉNÉRAL

QUATRIÈME LEÇON

Appareils mécaniques de contention.

Dans la grande majorité des opérations physiologiques qui s'exécutent sur les animaux, il est nécessaire d'avoir une immobilisation plus ou moins complète des sujets en expérience. On obtient ce résultat, soit par des procédés mécaniques, soit par des moyens physiologiques.

Nous nous occuperons, dans cette leçon, de la contention mécanique.

Les premiers appareils que nous décrivons : gouttière de Claude Bernard, table de Jolyet, sont destinés presque exclusivement à la contention du chien, et les autres, en général, à celle d'animaux plus petits, tels que lapins, cobayes, rats, oiseaux, etc.

Pour obtenir une immobilisation suffisante, on ne se préoccupe que de la fixation des membres et de la tête.

GOUTTIÈRE DE CLAUDE BERNARD. — Cet appareil (fig. 22 à 26) se compose essentiellement de deux planches réunies par côté à angle droit et formant gouttière. Chacune

de ces planches est elle-même formée de deux morceaux
réunis par des charnières et pouvant s'incliner l'un par

FIG. 22. — Gouttière de Claude Bernard, ailes complètement relevées
(animal sur le dos).

rapport à l'autre : c'est donc une gouttière brisée. Les
ailes latérales sont fixées dans la position que l'on dé-

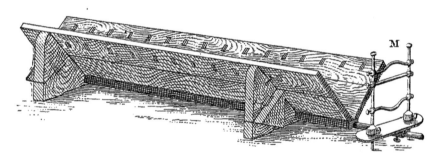

FIG. 23. — Gouttière de Claude Bernard avec mors perfectionné.

sire à l'aide de dispositions particulières (fig. 23, 24
et 25) : elles sont percées de trous donnant passage aux
cordes qui servent à attacher l'animal.

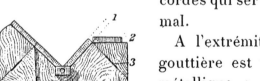

FIG. 24. — Gouttière de Claude
Bernard, vue en bout : 1, 2, 3,
positions qu'on peut donner aux
ailes.

A l'extrémité antérieure de la
gouttière est fixée une forte tige
métallique : c'est sur elle que
peut glisser et tourner la pièce
qui sert à fixer la tête, laquelle
porte le nom de *mors*. Ce mors
se compose essentiellement d'une
barre transversale pouvant glisser sur deux guides ver-

ticaux, et qu'on introduit dans la bouche de l'animal,

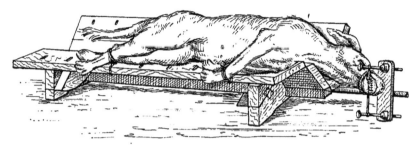

FIG. 25. — Gouttière de Claude Bernard : une aile en position 1, l'autre en position 2 (animal sur le flanc).

FIG. 26. — Gouttière de Claude Bernard, les deux ailes en position 3 (animal sur le ventre).

en arrière des canines. Il y est maintenu par une forte ligature du museau.

Les montants verticaux sont eux-mêmes fixés à une pièce (voir la figure 26) pouvant glisser sur une longue tige, sur laquelle on la maintient dans la position désirée par une vis de pression.

Le mors de Claude Bernard a été un peu perfectionné (fig. 23). Sur les montants verticaux peuvent glisser trois barres transversales : l'une, médiane, est introduite dans la bouche ; les deux autres, par leur rapprochement de la

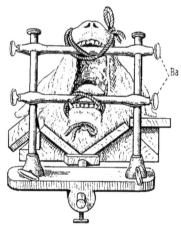

FIG. 27. — Mors à double barre pour opération dans la gueule: Ba barre mobile du mors.

barre médiane appuyant sur le nez et sous la mâchoire inférieure, maintiennent la bouche fermée. Un autre perfectionnement a consisté à dédoubler la barre transversale médiane : dans ces conditions, on peut faire des opérations la gueule étant ouverte (fig. 27).

Grâce au rabattement possible des ailes de la gouttière et du mouvement du mors sur la tige, on conçoit facilement qu'on puisse immobiliser l'animal dans toutes les positions voulues : sur le dos, sur le côté, sur le ventre.

TABLE DE JOLYET. — La gouttière de Claude Bernard est basse et, pour être à hauteur d'opération, doit être placée sur une table assez élevée. Jolyet a alors imaginé de condenser, pour ainsi dire, la table et la gouttière en

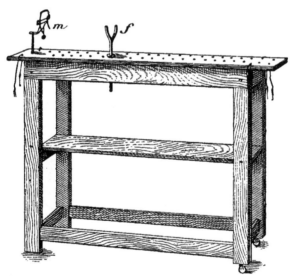

FIG. 28. — Table de Jolyet : *m* mors, *f* fourche embrassant le dos ou le ventre de l'animal.

un seul appareil. Celui-ci (fig. 28) se compose, en principe, d'une table dont le dessus est situé à bonne hauteur pour opérer : elle est percée de trous pour la fixation des membres. Ces trous, de forme particulière, peuvent recevoir une clavette rattachée à la boucle de corde dans laquelle on prendra, en nœud coulant, le membre de l'animal. La table peut basculer autour d'un axe transversal et prendre des inclinaisons diverses.

A l'une de ses extrémités est fixée une tige verticale pouvant se déplacer longitudinalement par rapport à la table et aussi dans le sens de la hauteur. C'est sur elle que se meut le mors, composé de deux branches verticales et de trois branches horizontales (fig. 29). La branche transversale à introduire dans la gueule de l'animal est une double barre. Des deux autres, l'une, de forme arquée et qu'on peut rapprocher à l'aide d'une vis, sert à maintenir la mâchoire supérieure ; l'autre, droite, fixe la mâchoire inférieure et glisse, à l'aide de deux prolongements verticaux, dans des trous percés dans les barres moyennes ; elle se fixe dans la position voulue par des vis de pression.

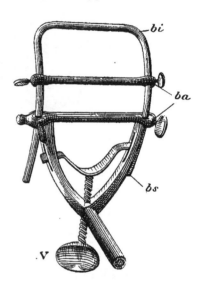

Fig. 29. — Détail du mors de Jolyet : *bi* branche inférieure; *bs* branche supérieure ; *ba* barres du mors dédoublées; V vis servant à fixer le museau.

Dans le milieu de la table se trouve une fourche qu'on peut monter et descendre : elle sert, selon les besoins, à exhausser le milieu du corps de l'animal.

Au-dessous de la planche trouée formant le dessus de la table, il s'en trouve une seconde destinée à recevoir les instruments et les objets de pansement.

APPAREILS DE TATIN, CZERMACK, MALASSEZ. — Ces appareils ne diffèrent guère que par la forme de la pièce servant à fixer la tête. Pour attacher les membres, on a

toujours une plaque percée de trous, soit métallique et en
forme de cuvette, comme dans l'appareil de Malassez,
soit une simple planche de bois. Une tige métallique verticale, placée à l'une des extrémités de cette plaque, sert
à fixer le mors ou l'appareil qui en tient lieu.

Fig. 30. — Appareil de Tatin : modèle pour le rat.

Dans *l'appareil de Tatin* (fig. 30 et 31), l'appareil fixateur de la tête consiste en une tige courbée ayant à peu
près la courbure du crâne.

Cette tige se termine, à l'une de ses extrémités, par
une articulation à boule qu'on peut immobiliser dans la
position que l'on désire par une vis de pression.

Fig. 31. — Appareil de Tatin : modèle pour le chat.

L'autre extrémité de la tige, recourbée à angle droit,
se bifurque. On peut saisir le cou de l'animal entre les
deux branches de cette fourche. D'autre part, un anneau
glissant sur la tige, et fixé où l'on veut par une vis, sert
à embrasser l'ensemble des deux mâchoires vers le bout

du museau de l'animal. Un simple coup d'œil suffit pour comprendre ce dispositif.

L'*appareil de Malassez* n'est, en somme, qu'une modification, mais fort ingénieuse, de celui de Tatin. Là encore (fig. 32) on trouve une fourche pour embrasser le cou de l'animal et un anneau pour prendre le bout du museau. Le perfectionnement consiste surtout en ce qu'on peut avoir des fourches et des anneaux de rechange propor-

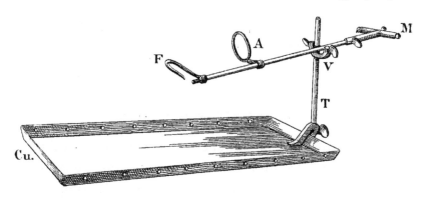

FIG. 32. — Appareil à contention de Malassez : Cu cuvette métallique ; F fourche embrassant le cou ; A anneau pour le museau, maintenant le bout du nez de l'animal ; M manette pour manœuvrer A et F ; V vis de pression ; T tige support mobile.

tionnés à la grosseur de l'animal. De plus, la fourche et l'anneau sont portés chacun à l'extrémité d'une tige. Ces deux tiges parallèles peuvent glisser l'une sur l'autre, ce qui permet de rapprocher l'anneau de la fourche. La tige de cette dernière est plus longue que celle qui porte l'anneau, et présente à son extrémité une manette par laquelle on peut la saisir quand on veut s'emparer de l'animal. De cette manière, on immobilise la tête, sans se mettre à portée des mâchoires ou des griffes. C'est cette tige que l'on fixe à hauteur et inclinaison variables sur celle qui est dressée verticalement sur les rebords de la planchette en cuvette où sont percés les trous destinés à l'attache des membres. Cette dernière tige peut être déplacée le long du rebord.

Dans l'*appareil de Czermack* (fig. 33 et 34), deux

pièces basculant l'une sur l'autre, et qu'on rapproche à l'aide d'une vis, maintiennent, l'une la mâchoire supérieure, l'autre la mâchoire inférieure; l'axe de rotation du mouvement de bascule est constitué par une barre transversale

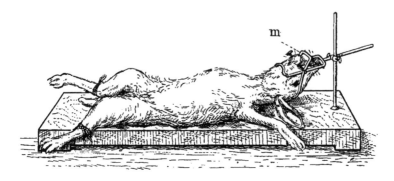

FIG. 33. — Appareil de Czermack : *m* mors.

qu'on introduit dans la bouche, en arrière des canines : tout l'ensemble du mors est fixé à une tige pouvant se déplacer horizontalement et verticalement le long d'une autre tige.

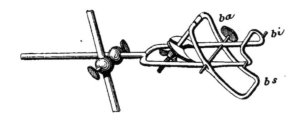

FIG. 34. — Détail du mors : *ba* barre du mors ; *bi* branche inférieure; *bs* branche supérieure.

TABLE LABORATOIRE DE R. DUBOIS (voir p. 6, fig. 7). — Comme son nom l'indique, cette table renferme la plupart des choses nécessaires aux physiologistes. Elle est composée d'abord d'un meuble à tiroirs, avec une chambre vitrée centrale, contenant les instruments de vivisection, les appareils enregistrants et enregistreurs, les objets destinés aux pansements, à l'anesthésie, etc. Dans la partie inférieure se trouvent des piles fournissant l'électricité pour l'éclairage, l'excitation électrique, la galvanocaustique et le mouvement d'un soufflet spécial à respiration artificielle faisant mécaniquement l'inspiration et l'expiration.

Au-dessus de la table du meuble se trouve la table à vivisection proprement dite : elle consiste en un grand plateau métallique en forme de cuvette, porté par une forte vis, s'enfonçant dans le meuble et permettant de le monter ou de le descendre à volonté. De plus, cette table peut s'incliner dans divers sens et aussi, disposition très avantageuse, être repoussée en dehors, de façon à découvrir la table du meuble, quand l'opération est terminée. Cette dernière reçoit alors les instruments et appareils explorateurs, enregistreurs, etc.

La grande cuvette métallique est à double fond. Le supérieur, mobile, est percé de trous permettant l'écoulement du sang, de l'urine, etc., qui ne souillent plus l'animal. Le fond inférieur est percé de deux trous seulement, au-dessous desquels sont suspendus deux petits seaux métalliques pour recevoir les liquides. Sur les bords de la cuvette, on peut fixer avec des vis de pression, à la place voulue, une série de tiges verticales servant à attacher les membres, fixer les mors, supporter la petite lampe électrique à support articulé ou photophore, etc.

RÈGLES A SUIVRE POUR ATTACHER LES ANIMAUX. — Quand on veut attacher un animal sur une table à vivisection, il faut d'abord immobiliser les mâchoires : on commence donc par lui mettre le mors. Si celui-ci exige, pour être placé, l'ouverture de la bouche, il faut, malgré les résistances de l'animal, le forcer à l'ouvrir en écartant les mâchoires ou en pinçant les narines.

Le plus souvent, il suffit de présenter le mors en appuyant la barre transversale sur la partie antérieure des arcades dentaires : si le sujet veut crier ou mordre, on en profite pour placer vivement l'instrument. L'animal, alors rendu presque inoffensif, est transporté sur la table où on lui fixe les quatre membres à l'aide de nœuds coulants placés au-dessus des articulations des pattes

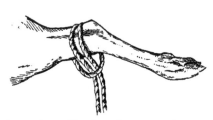

(fig. 35). La position à donner à ces dernières varie suivant l'opération à faire et l'on ne peut rien indiquer de général à ce sujet.

Ces procédés ne conviennent pas pour tous les animaux indistinctement.

Fig. 35. — Nœud coulant pour fixer les membres.

Quand il n'existe pas de mors spécial, dans le cas du Crocodile par exemple, on fait mordre par l'animal un bâton solide et l'on fixe les mâchoires dessus au moyen d'une forte ligature en 8 de chiffre.

Les batraciens et les oiseaux peuvent être cloués par les membres sur un liège ou sur une planche : la tête est immobilisée par une ficelle passée au moyen d'une aiguille au travers de la cloison séparant les narines.

Les poissons peuvent vivre en dehors de l'eau grâce à un courant d'eau injecté par la bouche et sortant par les ouïes : on en profite pour les maintenir de diverses façons et opérer facilement sur l'animal vivant.

Les articulés, crustacés, insectes, etc., sont facilement immobilisés sur une plaque de paraffine très fusible dont on a fait fondre un point avec un fer chaud ; on se sert aussi du plâtre dans le même but.

Enfin, l'ingéniosité de l'opérateur doit, dans certains cas, suppléer au défaut de procédés classiques.

CINQUIÈME LEÇON

Contention physiologique et insensibilisation.

Curarisation et Anesthésie. — Les moyens physiologiques de contention les plus usités consistent à priver l'animal de la faculté de se mouvoir en le paralysant par des poisons. Il en est qui suppriment le mouvement, mais non la sensibilité consciente, comme le curare. D'autres, les anesthésiques, suspendent à la fois les deux, et c'est à eux qu'il convient de s'adresser toutes les fois qu'il n'y a pas de contre-indication expérimentale absolue. En employant de préférence les anesthésiques, l'expérimentateur évite des accidents pouvant résulter de la douleur elle-même; il montre, en outre, qu'il a souci d'épargner des souffrances inutiles, par cela même barbares, et que, s'il se résigne à se servir parfois de procédés douloureux pour les animaux, c'est que les intérêts supérieurs de la science l'exigent impérieusement. En tous cas, s'il ne peut toujours supprimer complètement la douleur, l'expérimentateur doit s'appliquer toujours à l'atténuer.

Les *anesthésiques généraux* : alcool, éther, chloroforme, chloral, etc., abolissent à la fois la sensibilité et la motilité chez tous les organismes animaux et végétaux, d'où le nom qu'on leur a donné. Ils exercent, en outre, leur action sur toutes les parties composant l'organisme.

La chaleur, dans certains cas, et surtout le froid, peuvent conduire au même résultat et par un mécanisme physiologique analogue (1).

Sans être des anesthésiques, les *narcotiques*, et particulièrement certains alcaloïdes comme la morphine, produisent l'engourdissement total de l'individu, mais leur action s'exerce à peu près exclusivement sur les centres nerveux.

La méthode des *anesthésies mixtes* est basée sur l'emploi simultané des narcotiques et des anesthésiques généraux.

L'*anesthésie locale* ne supprime la sensibilité que dans un point déterminé : le froid, la cocaïne sont des anesthésiques locaux. L'atropine, qui maintient la pupille dilatée, et l'ésérine, retirée de la fève de Calabar, qui la contracte, sont des contentifs physiologiques d'un ordre particulier.

On peut encore supprimer la sensibilité et la motilité dans des régions plus ou moins étendues par section des nerfs, de la moelle, par suppression du cerveau, etc. Examinons ces divers procédés.

Curarisation. — Nous aurons bientôt l'occasion de montrer, par des expériences, comment on prouve que l'action du curare s'exerce sur les terminaisons motrices des nerfs. Contentons-nous, pour le moment, d'indiquer la manière de pratiquer la curarisation.

Le *curare* est le suc épaissi et sec d'une liane strychnée, dont les Indiens se servent pour empoisonner leurs flèches. Son apparence est celle du jus de réglisse solide. On l'administre délayé dans l'eau et, sans filtration préalable, par injection hypodermique. Celle-ci se fait de préférence dans le tissu cellulaire sous-cutané du pli de l'aine,

---

(1) Voir : *Leçons de physiologie générale et comparée* de R. Dubois, p. 237 et suiv. 1898. Georges Carré et C. Naud, éditeurs, Paris.

chez les mammifères, si l'on veut une action rapide, ou bien à la patte, dans le cas contraire. On pince la peau entre le pouce et l'index de la main gauche et, à la base de ce pli, au-dessous du point pincé, on introduit la canule aiguillée de la seringue de Pravaz. On presse sur le piston, et, quand la quantité voulue de solution curarique est introduite, on retire la canule aiguillée en pressant la peau sur elle pour fermer l'orifice d'entrée et empêcher le liquide de refluer vers la blessure. Le parallélisme de la peau et du tissu cellulaire est détruit en faisant rouler entre les doigts la partie pincée.

Le curare s'élimine assez rapidement par les urines, c'est pourquoi il n'empoisonne pas quand on l'administre par la bouche, la rapidité de l'absorption étant moindre que celle de l'élimination. L'action d'une injection isolée est, par suite, peu durable, et il faut en faire plusieurs successivement, si l'on veut un effet persistant. Pourtant, on peut s'y prendre autrement : on injecte d'un coup une forte dose de poison et on pose une ligature avec un tube de caoutchouc au-dessus de l'injection. En serrant médiocrement la ligature, l'absorption se fait progressivement, lentement : mais il est préférable de la serrer fortement quand l'effet voulu est produit, et de la desserrer lorsque la motilité reparaît.

L'activité du curare est très variable suivant la provenance, aussi est-il difficile de fixer d'avance la dose à employer.

La paralysie curarique n'atteint pas simultanément tous les groupes musculaires et l'on peut, avec 2 milligrammes de bon curare par kilogramme d'animal, paralyser tous les muscles, sauf ceux du cœur et de la respiration. Ces derniers, néanmoins, sont généralement atteints, et il faut alors éviter l'asphyxie par la respiration artificielle, dont il sera question dans une prochaine leçon.

Anesthésiques généraux. — Les anesthésiques généraux sont très nombreux, mais on n'en utilise guère que
trois en physiologie : l'*éther*, le *chloroforme* et le *chloral*.

Le chloral agit par sa transformation lente dans l'éco-
nomie en chloroforme. C'est un corps solide, très soluble
dans l'eau. Il s'administre en solution aqueuse, soit par
voie stomacale, soit par injection intraveineuse. Dans le
premier cas, la dose est de 3 à 4 grammes pour un
chien de moyenne taille; dans le second, 1 à 2 grammes
suffisent. L'injection intraveineuse de chloral, à la dose
de 1 gramme pour 10 centimètres cubes d'eau et pour
8 kilogrammes d'animal, rend aussi des services pour le
lapin. Elle se pratique par une veine superficielle
d'un membre, préalablement mise à nu. On fait gonfler
cette veine au moyen d'une ligature placée au-dessus du
point d'élection et on y introduit la canule aiguillée
d'une seringue graduée qui, pour éviter les blessures
pouvant résulter des mouvements de l'animal ou de l'opérateur, est réunie à la seringue par un tube de caoutchouc. Après avoir enlevé la ligature, on pousse très lentement l'injection, afin d'éviter une action trop brusque sur
l'endocarde, qui pourrait amener la mort par syncope
réflexe.

Pour la voie stomacale, il y a avantage chez le chien
à se servir d'une sonde œsophagienne surmontée d'un
petit entonnoir. L'opérateur étant assis et la tête du
chien saisie entre les cuisses, on abaisse la mâchoire
inférieure de l'animal et la sonde est facilement introduite. On y verse la solution. Pour ouvrir la gueule d'un
chien, il y a toujours avantage à exercer une pression
vers les dernières molaires, sur les joues, de façon à
faire pénétrer la face interne de celles-ci entre les
mâchoires pour préserver les doigts de l'opérateur. Le
chien, pour ne pas se mordre lui-même, reste la gueule
ouverte.

En faisant ingérer cinq à six centimètres cubes d'alcool éthylique aux lapins, on arrive à les anesthésier facilement. L'alcool est, comme vous le savez, un anesthésique général.

La peau est utilisée comme voie d'absorption seulement chez la grenouille que l'on anesthésie très facilement en la faisant baigner dans une solution aqueuse saturée de chloroforme ou d'éther et étendue de son volume d'eau.

L'immersion, soit dans ce liquide, soit dans des solutions narcotiques ou anesthésiques de chloral, de cocaïne, de tabac, peut servir à la contention d'une foule d'animaux aquatiques.

Les anesthésiques volatils, éther et chloroforme, s'administrent par inhalation à peu près de la même manière.

L'action de l'éther est moins brusque, moins rapide et, par cela même, moins dangereuse pour les animaux délicats : oiseaux, rats, lapins; mais elle est, en général, moins parfaite que celle du chloroforme.

Le procédé le plus simple pour les sujets de petite taille consiste à les introduire dans un récipient de verre proportionné à leur volume, assez grand pour qu'ils ne soient pas asphyxiés, et dont le couvercle, fermant bien, porte à sa face inférieure une éponge imbibée d'éther ou de chloroforme. Dès que le sujet est endormi, on le retire et l'anesthésie est continuée au moyen d'une compresse sur laquelle on verse de temps à autre une goutte de

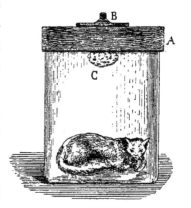

Fig. 36. — Anesthésie du chat. L'animal est dans un bocal dont le couvercle A porte une pièce B servant à fixer l'éponge C.

liquide anesthésique. C'est le meilleur moyen à employer pour les chats, qu'on ne peut guère attacher, sans dangers, qu'en les endormant préalablement (fig. 36).

On doit toujours se servir de chloroforme ou d'éther destinés spécialement à l'anesthésie. Le meilleur chloroforme est celui qui est retiré du chloral : l'éther doit être pur et aussi anhydre que possible.

La manière la plus simple d'administrer les vapeurs d'éther ou de chloroforme à un animal est de lui coiffer le museau avec une *muselière* dans laquelle on

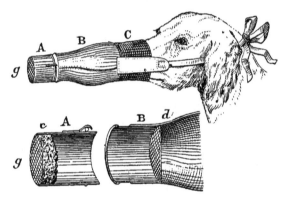

Fig. 37. — Muselière pour l'anesthésie du chien : A bout métallique enfoncé fortement dans le manchon B et fermé en avant par le grillage *g* ; C et *d* manchon de cuir et caoutchouc s'adaptant sur le museau ; *d* grille empêchant le coton imbibé d'anesthésique de toucher les narines de l'animal ; c coton ou éponge.

introduit une éponge imbibée de liquide anesthésique. Cette muselière, de forme particulière (fig. 37), consiste en un manchon de cuir rendu élastique par l'interposition de parties en caoutchouc et qui doit être assez long pour remonter en arrière des commissures des lèvres : on le fixe avec des cordons que l'on noue derrière la tête. Au manchon de cuir fait suite un manchon métallique fermé en arrière par un petit grillage ; un couvercle également grillagé peut fermer la partie antérieure du manchon dans lequel on a placé l'éponge. Celle-ci se trouve ainsi maintenue entre deux toiles métalliques à larges mailles. Le but de ce dispositif est, d'une part, de laisser passer l'air qui doit se mélanger aux vapeurs anesthésiques, et, d'autre part, d'empêcher le liquide anesthésique, qui est très caustique, d'arriver au contact du nez de l'animal.

Par cette méthode, l'anesthésie est rapide, mais elle n'est pas exempte de dangers.

L'animal peut mourir d'un réflexe dont le point de départ est dans les premières voies respiratoires et qui amène l'arrêt du cœur, ou bien d'intoxication vraie, par une syncope respiratoire, ce qui est le cas *de beaucoup* le plus ordinaire.

On peut remédier à ce dernier accident par la respiration artificielle et les tractions méthodiques rythmées de la langue, dont il sera question dans une prochaine leçon.

Mais il est toujours préférable d'éviter les accidents que d'avoir à y remédier.

La syncope cardiaque réflexe, aussi bien que la syncope respiratoire du début, résultent toujours de l'arrivée dans les voies respiratoires d'un air trop chargé de vapeurs anesthésiques. Le chloroforme surtout est difficile à manier, à cause de sa forte tension de vapeur.

Il importe donc de diluer l'anesthésique dans une quantité d'air connue, assez grande pour éviter l'action toxique brusque, tout en conservant au mélange la valeur insensibilisatrice. C'est sur ce principe que repose la *méthode des mélanges titrés de Paul Bert.*

Pour faire les mélanges titrés, on peut se servir dans les laboratoires de deux gazomètres de Dulong conjugués (fig. 38), d'une contenance de 150 litres environ. Ils sont équilibrés très exactement par des contrepoids, pour que l'animal n'ait aucun effort à faire en aspirant dans leur intérieur : deux tubes à robinet débouchent dans ces gazomètres, l'un sert à les charger du mélange anesthésique, l'autre à les mettre en communication avec l'animal. Pour que le chloroforme ne soit pas dissout trop facilement par l'eau, la surface de celle-ci est réduite au minimum, car c'est dans un espace annulaire que descendent les cloches (fig. 39, schéma).

Quand on veut charger un gazomètre, on ferme l'un

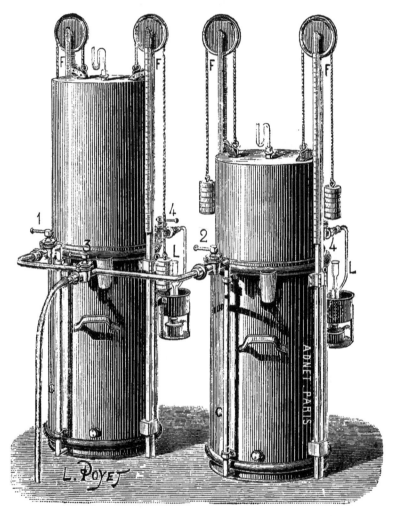

Fig. 38. — Gazomètres de Dulong conjugués (appareil de Saint-Martin) : 1, 2, 3, 4, ro
binets; L, barboteur; F, contrepoids.

des deux tubes, l'autre est mis en relation avec un barboteur contenant la proportion voulue de chloroforme (10 gr. pour 100 litres d'air), et, en augmentant le contrepoids, on amène l'air à se précipiter dans le gazomètre en passant à travers le barboteur.

Quand le gazomètre est plein, on l'équilibre exactement et, fermant le robinet du tube d'arrivée de l'air, on met l'autre en communication avec l'animal. Cette communication se fait à l'aide d'un tube de caoutchouc que l'on assujettit à l'une des branches transversales d'un tube en T à double soupape : la branche verticale du T s'enfonce à travers un bouchon qui ferme l'extrémité d'une muselière adaptée exactement sur le museau de l'animal. Les soupapes sont disposées de telle manière que, à l'inspiration, c'est celle qui établit la communication avec le gazomètre qui s'ouvre et, à l'expiration, celle qui communique avec l'air libre. La figure 40 représente le tube à soupapes que l'on emploie. On peut aussi se servir des soupapes de Müller (fig. 41).

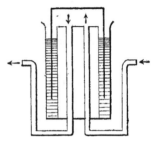

FIG. 39. — Schéma du gazomètre : les flèches indiquent la direction du courant gazeux.

FIG. 40. — Tube à soupapes.

Dans la pratique, les deux tubes des gazomètres servant à mettre l'animal en rapport avec les gaz qu'ils contiennent sont réunis, par un tube transversal, à une troisième tubulure perpendiculaire, et c'est à celle-ci qu'est raccordée la muselière. Cela permet de ne pas interrompre l'anesthésie et de mettre alternativement, par un simple jeu de robinets, l'animal en rapport avec l'un ou l'autre des gazomètres ; de cette façon, on peut recharger l'un des gazomètres quand l'animal respire dans l'autre : s'il a été endormi avec le mélange à 10 %, on continue l'anesthésie avec un mélange plus faible à 8 % et même à 6 %.

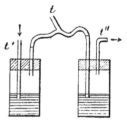

FIG. 41. — Soupapes de Müller : *t* tube en relation avec la muselière; *t'* tube d'entrée du gaz ; *t''* tube de sortie.

Dans ces conditions, l'anesthésie avec le chloroforme peut être continuée sans dangers pendant deux heures, mais il faut bien savoir que, malgré toutes les précautions, l'intoxication chloroformique est toujours progressive et que la mort arrive fatalement au bout d'un certain temps. Elle a toujours lieu alors par un arrêt respiratoire. Un animal peut périr en respirant assez longtemps un mélange à 4 % incapable pourtant de l'anesthésier, mais le sommeil provoqué par cette méthode est remarquablement régulier et tranquille.

Les lapins sont très facilement tués par le chloroforme, à moins qu'il ne soit inhalé sous forme de mélanges titrés à 4 ou 5 %.

Avec la machine à anesthésier de R. Dubois (fig. 42), on fait aussi respirer des mélanges titrés d'air et de chloroforme, mais ils sont fabriqués au fur et à mesure au lieu d'être préparés d'avance. Les gazomètres ont le grand inconvénient de n'être pas portatifs, étant très lourds, et d'être fort encombrants. Ce sont des appareils de laboratoire servant, d'ailleurs, à d'autres usages. La machine à anesthésier est moins volumineuse qu'un tambour d'infanterie. Elle se compose essentiellement d'un corps de pompe dans lequel se meut un piston : par suite d'un dispositif spécial, celui-ci, aspirant et foulant, amène toujours l'air par un même tube aspirateur en relation avec le corps de pompe et le refoule également toujours dans un même tube expirateur. Sur le trajet de l'air aspiré se trouve un petit vase dans lequel coule une quantité déterminée de chloroforme à chaque course du piston ; ce petit vase est chauffé et le chloroforme volatilisé est entraîné par le courant d'air dans le corps de pompe. Le mélange anesthésique, qui ressort par le tube expirateur, est injecté dans un masque sans soupapes enfermant incomplètement le museau de l'animal, de manière à ne jamais gêner l'expiration ou l'inspiration :

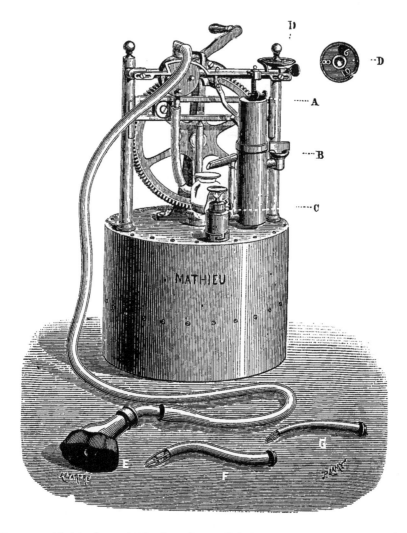

FIG. 42. — Machine à anesthésier du professeur Dubois : A piston plongeur qui, en s'enfonçant dans le vase B de quantités réglées par la pièce D, en fait sortir plus ou moins de chloroforme ; C lampe servant à vaporiser rapidement le chloroforme ; E, F, G, masque et pièces destinées à l'anesthésie par la bouche ou les narines.

l'animal respire, en définitive, dans un courant d'air anesthésique.

L'écoulement du chloroforme dans le vase évaporatoire est commandé par un plongeur qui, à chaque course du

piston, s'enfonce d'une quantité déterminée dans un récipient à bec.

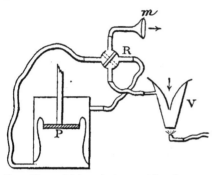

Fig. 43. — Schéma de la machine à anesthésier : *m* masque ; R robinet réglant automatiquement la marche de l'air ; P piston ; V vase où tombe le chloroforme.

Le jeu du piston et celui
du plongeur sont comman-
dés simultanément par une
manivelle que l'on tourne
toujours dans le même sens.
On obtient à volonté, par
le réglage de la machine,
du mélange à 10, 8 et 6 %.
Quand le titre est fixé, peu
importe la vitesse de rotation de la manivelle : le débit seul varie, mais non le titre.

Au besoin, on remplace le masque par des ajutages
de métal permettant d'injecter l'air anesthésique dans les
fosses nasales, l'arrière-bouche et la trachée. Ces ajutages
peuvent en même temps servir d'abaisse-langue et d'écarteurs des mâchoires, mais, comme la machine à anesthésier elle-même, ils sont plutôt destinés à l'anesthésie
humaine.

SYMPTÔMES PRINCIPAUX DE L'ANESTHÉSIE. — Au début de
l'inhalation, l'animal s'agite, grogne ou crie, se plaint,
salive plus ou moins. A cette première période d'agitation,
toujours moins marquée avec les mélanges titrés, suc-
cède une deuxième période, celle de calme, pendant
laquelle les mouvements de la respiration, d'abord accé-
lérés, se ralentissent : la sensibilité disparaît, mais la
tonicité musculaire persiste encore. La troisième période
est celle de la résolution musculaire : si on soulève un
membre, il retombe flasque sur la table d'opération. Au
début de l'anesthésie, la pupille est légèrement dilatée,
mais elle reste contractée pendant toute la durée de
l'anesthésie confirmée.

Si elle se dilate alors, il peut se présenter deux cas :

1° La dilatation est relativement lente et il y a une contraction de l'iris à l'approche d'une bougie (*réflexe oculo-pupillaire* ou *rétinien*): c'est un signe de réveil;

2° La dilatation est brusque, sans contraction irienne possible, et c'est un symptôme de mort imminente par saturation des centres nerveux.

On constate que l'animal est insensible en touchant la cornée, les paupières étant ouvertes. Si celles-ci ne se referment pas brusquement par *réflexe oculo-palpébral*, il est très probable que la sensibilité est abolie. On peut chercher à provoquer d'autres réflexes ou des mouvements volontaires par le pincement des pattes, de la face palmaire principalement. Le dernier réflexe de la vie de relation qui persiste, chez le chien, consiste en un mouvement de la lèvre inférieure quand on excite légèrement la gencive supérieure au niveau des incisives.

L'anesthésie du cheval exige quelques précautions particulières. Il est nécessaire, pour anesthésier convenablement cet animal, de le coucher; cela fait, on débarrasse la tête de ses moyens d'attache, et on la dispose en contre-haut, de façon à placer aisément au-dessous des naseaux le récipient contenant l'anesthésique.

Il est préférable d'employer le chloroforme qui agit très rapidement, est peu dangereux et permet, quand il est pur, de prolonger l'anesthésie autant qu'il est nécessaire. L'éther doit être rejeté, car il en faut une quantité considérable pour obtenir un résultat, et la période d'agitation, qui est très longue, se manifeste par des mouvements désordonnés, excessivement violents, qui épuisent le sujet.

Pour faire inhaler le chloroforme, on en imbibe une éponge de la grosseur du poing et on la dépose dans un récipient quelconque, d'une contenance de quatre à cinq décilitres. Un aide l'approche à environ 0^m,05 de l'orifice des naseaux et un peu au-dessous, pendant que l'on recouvre l'extrémité inférieure de la tête d'un linge destiné à diriger les vapeurs du côté des orifices respiratoires et à éviter la déperdition des vapeurs. Le linge ne doit pas être appliqué très étroitement sur le récipient, mais, au contraire, maintenu à distance, pour faciliter le mélange des vapeurs avec l'air.

En général, avec 3o ou 4o grammes de chloroforme, on obtient l'anesthésie au bout de cinq à sept minutes. On cesse alors l'inhalation et on la reprend de temps à autre, quand reparaît le réflexe palpébral, si l'opération doit être prolongée. Le réveil est toujours long et il faut attendre au moins une demi-heure avant de relever le cheval.

Anesthésie mixte. — Dans cette méthode, on donne simultanément, ou à peu près, un narcotique et un anesthésique. Le meilleur procédé est celui de Dastre et Morat.

Il consiste à administrer à l'animal, dix minutes avant de l'anesthésier, une injection sous-cutanée du liquide suivant :

Eau......................	1 centimètre cube.
Chlorhydrate de morphine..	2 centigrammes.
Sulfate d'atropine..........	2 milligrammes.

La dose est d'un demi-centimètre cube par kilogramme d'animal. Dans ces conditions, on peut alors réduire la proportion de chloroforme dans de telles limites, que deux ou trois grammes suffisent pour une anesthésie parfaite de deux heures. On ne court plus aucun risque en combinant la méthode mixte à celle des mélanges titrés. Avec la muselière, on diminue considérablement les dangers de la syncope cardiaque par suite de la paralysie, par l'atropine, des fibres modératrices du pneumogastrique. L'atropine a encore l'avantage d'empêcher les vomissements, la sputation, les râles qui se montrent souvent avec la morphine seule, pendant la période d'agitation, et de diminuer la déshydratation du biprotéon, qui résulte de l'action de l'agent anesthésique.

C'est un excellent procédé, que l'on peut adopter de préférence, toutes les fois qu'il n'y a pas inconvénient à introduire dans l'organisme à la fois du chloroforme, de la morphine et de l'atropine.

L'anesthésie mixte peut être utilisée également pour le cheval. On injecte 80 centigrammes à 1 gramme de chlorhydrate de morphine dans le tissu sous-cutané, et, cinq minutes après, on donne le chloroforme, ou bien, à sa place, un lavement de chloral de 80 à 100 grammes, après avoir préalablement vidé l'intestin.

On obtient une demi-anesthésie souvent suffisante, en diminuant les doses.

CHALEUR. — On peut anesthésier les grenouilles et d'autres animaux à sang froid, en les immergeant pendant quelques instants dans de l'eau à 35 ou 37° centigrades, et les réveiller très rapidement en les plongeant dans l'eau froide.

SECTION DE LA MOELLE ET DES NERFS SENSITIFS. — Ces opérations permettent d'obtenir la suppression de la sensibilité dans des régions plus ou moins étendues, mais d'une façon complète et définitive.

FROID. — Le froid est utilisé dans le même but, mais principalement pour l'anesthésie locale. Celle-ci peut servir parfois, en supprimant la sensibilité locale consciente, à abolir les mouvements volontaires.

Les reptiles sont presque toujours tués par les inhalations d'éther ou de chloroforme : il y a avantage alors à leur refroidir le cerveau fortement par un jet de chlorure d'éthyle ou d'éther. On peut ainsi manier facilement les vipères.

Au lieu de sectionner ou de détruire la moelle, pour obtenir la contention d'une partie plus ou moins étendue du corps, il est souvent avantageux aussi d'en provoquer seulement la congélation, qui n'agit que d'une manière temporaire.

COMPRESSION DU CERVEAU. — La compression du cerveau permet de plonger les animaux dans un état comateux profond. Ce procédé a l'avantage d'éviter l'emploi des poisons, ce qui est parfois nécessaire. Il faut alors opérer à jeun, pour ne pas provoquer des vomissements : on applique d'abord sur la voûte du crâne, en évitant le sinus longitudinal et en respectant les méninges, une couronne de trépan et, par l'ouverture ainsi obtenue, on introduit une éponge, un bouchon de caoutchouc ou un corps élastique quelconque, que l'on maintient avec un bandage ; en faisant une compression suffisante, le coma ne tarde pas à se produire.

Anesthésie locale. — Cette méthode est très peu employée en physiologie. Les tubes de chlorure d'éthyle que l'on trouve dans le commerce répondent à tous les besoins. Ce liquide agit par le froid que produit son

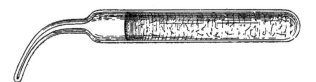

Fig. 44. — Tube à chlorure d'éthyle pour l'anesthésie locale.

évaporation rapide, froid qui est assez considérable pour amener la congélation des tissus. Pour se servir d'un de ces tubes, après l'avoir ouvert on le prend à pleine main, puis on le dispose horizontalement ou verticalement en le renversant (fig. 44), et le liquide s'échappe en mince jet. Celui-ci est dirigé sur la partie à anesthésier, jusqu'à ce qu'elle ait pris une teinte blanche.

La cocaïne n'est utilisée que pour l'anesthésie de la cornée ou des muqueuses, qui se pratique très rarement (1).

---

(1) Pour plus de détails sur l'anesthésie, voir : R. DUBOIS, *Anesthésie physiologique*. Georges Carré, éditeur. Paris, 1894.

SIXIÈME LEÇON

Généralités sur les opérations.

Le vivisecteur est un chirurgien qui opère sur des animaux sains : à part quelques instruments spécialement usités en physiologie, il est appelé à se servir de la plupart de ceux que l'on emploie en chirurgie humaine ou vétérinaire. Comme le chirurgien, il doit s'attacher à supprimer ou atténuer la douleur et l'épuisement nerveux par l'anesthésie, à éviter les pertes de temps et de sang, les délabrements superflus et l'infection. Le physiologiste s'appliquera à mettre bien en évidence les parties sur lesquelles il veut opérer, en conservant leurs rapports naturels avec les parties voisines, qu'il doit, autant que possible, éviter de blesser. C'est de cette façon seulement qu'il se placera dans les conditions d'un déterminisme expérimental rigoureux.

La vivisection est le meilleur exercice préparatoire auquel puissent se livrer les futurs chirurgiens : il devrait être obligatoire pour ceux qui n'ont pas encore opéré sur l'homme vivant, afin d'éviter un apprentissage souvent préjudiciable à ce dernier. Les opérations sur le cadavre ne peuvent guère apprendre que les rapports anatomiques des diverses parties.

Instruments. — Les *instruments tranchants* sont surtout utiles pour pratiquer des ouvertures dans les téguments et les parois viscérales, sectionner des vaisseaux, des nerfs, des ligaments.

Les incisions se font, soit avec le bistouri ou le scalpel, soit avec les ciseaux.

Les *scalpels* sont à manche fixe, lequel doit être en métal, pour éviter les anfractuosités difficiles à nettoyer et permettre la stérilisation à chaud (fig. 45).

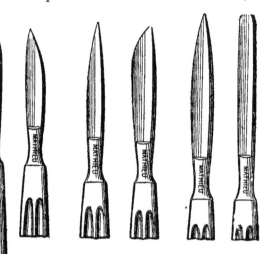

Le scalpel peut être tenu de diverses manières (fig. 46, 47, 48): comme un couteau à découper, comme un archet, ou encore comme une plume à écrire.

L'incision doit être commencée franchement et terminée de même, de façon à conserver aux extrémités de la plaie le parallélisme des diverses couches incisées: en la terminant, on fait basculer légèrement en avant le manche de l'instrument tranchant. La longueur et la direction de la plaie doivent être bien déterminées à l'avance ; l'incision sera pratiquée en une seule fois et non à petits coups.

La lame du scalpel a généralement la forme

Fig. 45.
Scalpels.

d'un fer de lance allongé. Quelquefois, elle n'est tranchante que dans une partie restreinte de son étendue, ou bien sa pointe est boutonnée. Il est utile aussi parfois d'avoir des scalpels recourbés en faucille (fig. 49), etc.

Les *ciseaux* sont tenus le pouce dans un anneau, le médius dans l'autre, l'index servant à guider ou à soutenir la lame. Les incisions doivent être pratiquées fran-

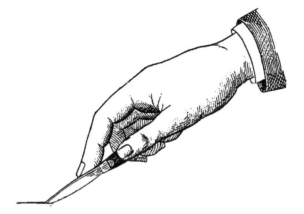

Fɪɢ. 46. — Scalpel tenu comme un couteau à découper.

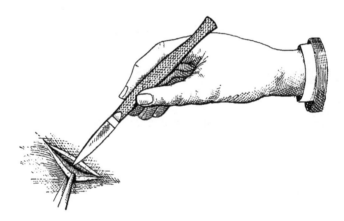

Fɪɢ. 47. — Scalpel tenu comme une plume à écrire.

Fɪɢ. 48. — Scalpel tenu comme un archet.

chement, comme avec le scalpel. On donne aux ciseaux des formes diverses, pour répondre aux différentes indications (fig. 52).

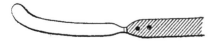

Fig. 49. — Scalpel en faucille.

Les *cisailles* sont aussi utilisées en vivisection pour couper des côtes (*costotome*, fig. 51), ouvrir le canal rachidien, les carapaces de tortues, etc.

Le *ciseau* (fig. 5o) sert à des usages analogues, de même que les *scies* (fig. 53). Ces divers instruments sont em-

Fig. 50. — Ciseaux.

ployés aussi pour ouvrir la boîte cranienne. Les *rugines* servent à nettoyer les os (fig. 54).

Le *trépan* est une sorte de scie annulaire mue par un

Fig. 51. — Costotome.

vilebrequin et destinée à faire des ouvertures limitées dans le crâne (fig. 56).

Il sera question des *instruments piquants* à propos des sutures; nous vous signalerons seulement le *trocart* (fig. 55), stylet à manche et à pointe triangulaire, entouré

d'une canule métallique. Pour s'en servir, on fait pénétrer le stylet dans la gaine, de manière à faire sortir la
pointe par l'extrémité de celle-ci ; puis on plonge le tout

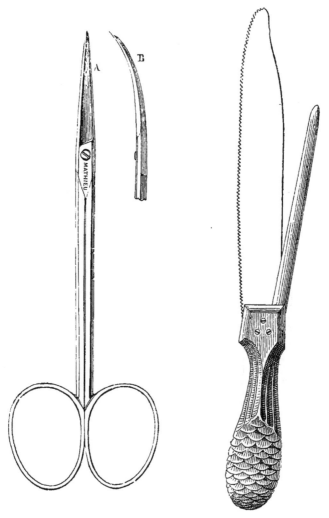

Fig. 52. — Ciseaux : A droits, B courbés
sur le plat.

Fig. 53. — Scie.

dans la partie choisie, en limitant avec le pouce la longueur à faire pénétrer. En retirant le stylet, la gaine-
canule reste en place et permet l'écoulement au dehors
d'un liquide ou d'un gaz contenu dans une cavité, ou bien,
au contraire, l'injection d'un corps fluide.

Les *instruments mousses* rendent, en vivisection, de très grands services. Je vous citerai, en premier lieu, la *sonde*

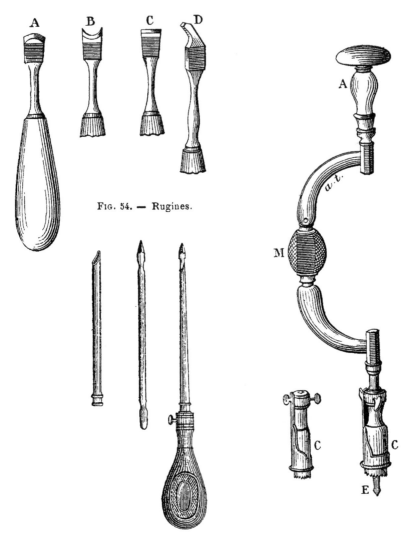

FIG. 54. — Rugines.

FIG. 55. — Trocart.

FIG. 56. —Trépan. A manche du vilebrequin ; M manivelle; C couronne de trépan ; E élévateur.

cannelée (fig. 57) : elle peut être solidement fixée entre les doigts grâce à la palette qui termine l'une de ses extrémités, et la rainure qui existe le long de la tige est très utile pour guider les instruments tranchants, scalpels ou ciseaux. Mais ce n'est pas là son principal mérite. Nous

Fig. 57. — Sonde cannelée.

vous avons dit qu'il importait de ne pas perdre de sang et de faire le moins de délabrements possible, pour ne pas compliquer l'expérience ni changer les rapports des parties. L'emploi de la sonde ou des sondes cannelées répond à ces trois indications, car il permet de supprimer, dans un très grand nombre de cas, l'usage des instruments tranchants.

Le vivisecteur a souvent pour objet de mettre à découvert des vaisseaux ou des nerfs, qui se trouvent dans des interstices musculaires : il lui suffira, pour cela, d'écarter les muscles, de rompre les travées de tissu conjonctif, les aponévroses et les petits vaisseaux qu'il rencontrera. Il atteindra facilement son but avec les sondes cannelées, qui permettent, en outre, de soulever les vaisseaux et les nerfs, pour agir directement sur eux. Les plaies faites par décollement, par arrachement, saignent beaucoup moins

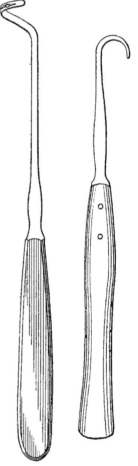

Fig. 58.
Porte-fil.

Fig. 59.
Écarteur.

que les autres. Quand on a l'habitude de la méthode que nous venons de recommander, les scalpels et les

ciseaux ne servent plus guère que pour les ouvertures
de téguments ou de cavités naturelles.

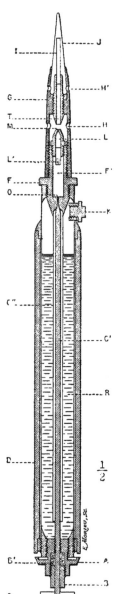

Parmi les instruments mousses, voici
encore les *écarteurs* et les *porte-fils* ou
porte-ligatures, dont le nom et la forme

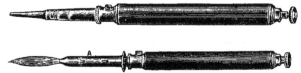

FIG. 61. — Aphyso-cautère et deux formes de couteaux.

indiquent suffisamment le rôle (fig. 58,
59), les *pinces* et les *galvanocautères* et
thermocautères. Ces derniers consistent
essentiellement en des pièces de platine
portées au rouge au moyen d'un cou-

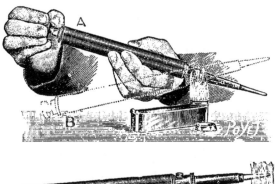

FIG. 62. — Chauffage et allumage de l'aphyso-cautère.

$\frac{1}{2}$

FIG. 60. — Thermocautère
de Déchery (aphyso-cau-
tère).

rant électrique ou de la combustion de
vapeurs très inflammables, comme celles
de la benzine ou de l'éther. On peut
donner à ces pièces la forme de couteaux mousses et s'en servir pour faire
es incisions. Un des thermocautères les plus commodes

est l'*aphyso-cautère* de Déchery, dans lequel l'insufflation
des vapeurs combustibles dans la pièce de platine destinée
à la cautérisation se fait automatiquement. Cet appareil
(fig. 60, 61, 62) se compose d'un manchon résistant R

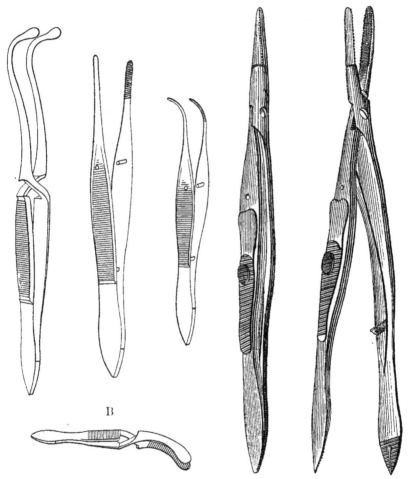

Fig. 63. — Divers modèles de pinces. A pince à verrou, B pince de Claude Bernard

où l'on peut introduire, par l'ouverture fermée par un
bouchon à vis K, de l'éther ou d'autres liquides très
inflammables. Ce manchon étant fermé complètement par
le serrage à bloc de la vis C, on chauffe, sur un bec
Bunsen ou une lampe à alcool (fig. 62), la pièce métallique F sur laquelle est vissée la pièce de platine. Au

bout de quelques minutes de chauffage, on présente à la
flamme l'extrémité du cautère, tout en dévissant le bouchon *c*. L'éther sous pression se précipite alors par l'ori-
lice *o* dans la pièce de platine qui ne tarde pas à rougir,
la combustion étant entretenue par l'arrivée de l'air dans
le cautère par l'orifice H. A partir de ce moment, l'appa-

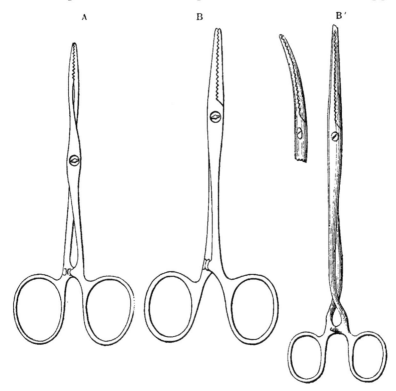

Fig. 64. — Pinces à forcipressure : A de Péan, B B' de Spencer-Wells.

reil fonctionne automatiquement, l'éther restant à une
température assez haute pour que sa pression de vapeur
assure l'insufflation. Les principaux avantages de ce procédé sont l'antisepsie et l'hémostase. Pour cette dernière,
on fait prendre de préférence aux pièces métalliques la
forme de pointes ou de tiges boutonnées permettant de
cautériser de petits vaisseaux ou des surfaces saignantes.
    En dehors des diverses *pinces à disséquer*, droites ou
courbes, petites ou grandes, dont on comprend facilement

les usages (fig. 63), on se sert surtout des *pinces à pres-sion* dont les mors peuvent être cannelés ou bien plats quand on ne veut pas mâcher les parties pincées (pince à verrou porte-aiguille, pince à compression des vais-seaux fig. 63, A et B).

Les plus utiles sont les *pinces hémostatiques* ou *à forci-pressure*, dont l'emploi méthodique est surtout important au point de vue de l'hémostase (fig. 64).

Hémostase. — On peut réduire considérablement les pertes de sang en opérant, comme nous l'avons dit, par dilacération, écartement, arrachement; mais, malgré cela, la rupture de gros vaisseaux entraîne des hémorragies, et leur section s'impose souvent dans le cours des expé-riences. S'il s'agit d'hémorragies survenant pendant l'opé-ration, la meilleure méthode est celle de la *forcipressure*.

On place sur l'extrémité des vaisseaux qui saignent des pinces à forcipressure, autant que cela est néces-saire, et on les abandonne en place. Elles restent fermées solidement par l'élasticité de leurs branches et grâce à un cran d'arrêt situé près de l'anneau : après le pincement, on fait subir à l'extrémité vasculaire une torsion. A la fin de l'opération, on les enlève toutes, sauf celles qui pin-cent l'extrémité de gros vaisseaux, sur lesquelles il est nécessaire d'appliquer une ligature au catgut. La pression et le mâchage dans les petits vaisseaux suffisent pour arrê-ter définitivement l'écoulement du sang.

Il n'est pas toujours facile, surtout chez de petits ani-maux, ou bien dans certains organes, comme le cerveau, d'appliquer la méthode de la forcipressure. On place alors des ligatures préalables sur les plus gros vaisseaux, et on a soin de faire la section du vaisseau entre deux liga-tures, pour éviter les hémorragies récurrentes.

Dans certains cas, par exemple pour les hémorragies osseuses, comme celles de la boîte cranienne ou des organes parenchymateux tels que glandes ou cerveau, on se sert avec avantage de petits fragments d'amadou battus au marteau et imbibés de perchlorure de fer. Le coton hydrophile, imprégné de perchlorure de fer et séché, est aussi très utile.

Il n'y a pas lieu de revenir sur le galvanocautère et le thermocautère, dont nous avons signalé les avantages, mais dont l'usage se trouve fort restreint par l'application de la méthode de dilacération et de forcipressure.

Lorsqu'on ne voit pas bien le point d'où vient le sang, on exerce une compression sur le vaisseau principal afférent et on éponge avec soin la plaie : en cessant la compression, on voit alors sourdre le sang et il devient possible d'agir soit avec les pinces, soit avec le cautère ou l'amadou perchloruré.

LIGATURES. — Les ligatures se placent quelquefois sur un nerf, pour supprimer sa continuité physiologique sans en pratiquer la section, mais le plus ordinairement elles servent à lier les vaisseaux. Deux cas peuvent se présenter : ou bien il s'agit d'une artère coupée dont on veut arrêter l'hémorragie, ou bien on se propose de fixer une canule dans un vaisseau. Dans le premier, on saisit avec une pince l'extrémité du vaisseau ; puis le fil à ligature, guidé par le bord inférieur de la pince abandonnée à elle-même, est conduit au-dessous du bout libre du vaisseau : un des chefs étant enroulé autour de l'extrémité du médius de la main gauche et fixé par le pouce, l'autre est tenu entre le pouce et l'index de la main droite. Le fil étant arrivé au point voulu, on fait un double nœud que l'on serre en fixant le chef de droite comme celui de gauche et en appuyant la pointe des deux index sur le nœud. La ligature doit être assez serrée pour rompre la tunique interne de l'artère, mais non pour couper ses parois. On fait ensuite un second nœud de la même manière. Si l'artère est entière mais blessée, on passe une ligature au moyen d'un porte-fil et on opère comme ci-dessus.

Pour introduire une canule dans un vaisseau, on soulève celui-ci sur une sonde cannelée et, au moyen d'un porte-fil ou d'une pince courbe, on place trois fils : le premier au-dessus du lieu d'élection, le second au-dessous et le troisième au niveau de ce point. Le premier pourra servir d'abord à soulever le vaisseau et aussi à le comprimer pour suspendre l'écoulement du sang : plus tard, il sera employé pour la ligature définitive, quand on voudra retirer la canule. Le second a le même rôle à jouer. Quant au troisième, il est destiné à lier les parois de l'artère sur la gorge de la canule. Celle-ci est introduite par une ouverture en bec de flûte pratiquée avec des ciseaux fins sur un des côtés du vaisseau. La pointe des ciseaux doit être dirigée dans le même sens que devra l'être celle de la canule : on serre le fil comme pour une ligature ordinaire.

Sutures et pansements. — Les sutures profondes, ainsi que les ligatures, chez les animaux que l'on veut conserver, doivent toujours être faites au *catgut* stérilisé, qui n'est autre chose que de la corde de boyau préparée d'une manière spéciale. Ce fil a sur les autres l'avantage de disparaître, d'être digéré et résorbé peu à peu par les tissus après avoir servi à leur réunion. Il facilite même cette dernière : c'est ainsi que des fils de catgut tendus entre les deux bouts d'un nerf divisé facilitent leur soudure en servant de conducteurs à la substance nerveuse en réparation.

Pour les sutures superficielles, on se sert de fils de soie stérilisés : ils sont souples, résistants et donnent un nœud solide.

Les sutures à points séparés (fig. 65), dont la suture

enchevillée n'est qu'une variété (fig. 66), sont les plus
employées.

Les opérations sur l'intestin nécessitent des sutures
particulières dont il sera question à propos de celles-ci.

Il faut toujours éviter, avec le plus grand soin, d'inter-
poser entre les lèvres de la plaie, dont les bords doivent
toujours être très nets, des débris de coton, de fil, de
poils, de membranes muqueuse ou dermique ou bien
encore de tissus séreux, comme le péritoine, graisseux,
conjonctif, osseux, etc.

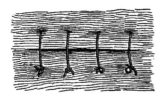 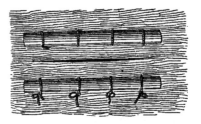

FIG. 65. — Suture à points séparés.   FIG. 66. — Suture enchevillée.

Pour certaines sutures, comme celle de la paroi abdominale, il est préférable de ne pas faire une réunion comprenant toute l'épaisseur des lèvres de la plaie ; mais on
rapprochera, au moyen du catgut, les surfaces de section
des plans de même espèce et on unira péritoine à péritoine, muscle à muscle, derme à derme : les sutures de
tissus hétérogènes ne valent rien. Quand ces sutures par-
tielles auront été faites, on pourra les consolider par une
suture générale.

Les *aiguilles* dont on se sert sont généralement courbes
et à bords tranchants. On peut les manier à la main ou
les emmancher dans un porte-aiguille (fig. 67). L'aiguille
du professeur Auguste Reverdin, dont le chas, s'ouvrant
à volonté sur le côté, supprime l'opération de l'enfilage,
rend de grands services (fig. 68).

Quand on a pris toutes les précautions d'asepsie et

d'antisepsie que nous indiquerons dans la prochaine leçon, les plaies se réunissent par première intention, c'est-à-dire sans suppuration.

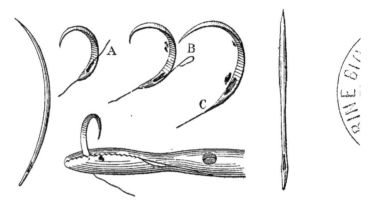

Fig. 67. — Aiguilles et pince porte-aiguille.

Pour éviter la pénétration des germes de l'air, il est bon de saupoudrer les sutures extérieures d'iodoforme et de les recouvrir d'une légère couche de collodion iodoformé.

Si l'on craint la suppuration, ou bien si celle-ci s'est

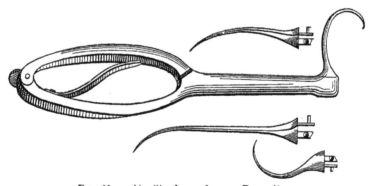

Fig. 68. — Aiguille du professeur Reverdin.

déjà produite, il vaut mieux se contenter de laver la plaie de temps en temps avec de la gaze stérilisée trempée dans une solution aseptique.

Dans beaucoup de cas, le pansement ouvert suffit : la plaie est alors abandonnée à l'air libre.

Il est parfois utile de protéger certaines plaies, comme

celles qui résultent de la fixation d'une canule dans la paroi abdominale d'un chien. On se sert alors de bandes de toile ou de gaze, de coton hydrophile, toujours aseptisés ou imprégnés de solutions antiseptiques d'acide phénique ou borique, salicylique, etc. L'animal a de la tendance à arracher avec les dents pansement et canule : on immobilise alors la tête en fixant sur le cou un collier composé de barrettes de bois parallèles reliées par une ficelle. On utilisera aussi les appareils plâtrés ou des corsets faits dans le genre du collier dont il vient d'être question, pour empêcher l'animal de se gratter avec les pattes ou de se frotter sur les objets environnants.

ÉCLAIRAGE. — Dans les opérations, l'éclairage a une grande importance. Pour éclairer convenablement une salle de vivisection, il faudrait de la lumière venant de tous côtés, et principalement d'en haut, car il est parfois difficile de saisir au fond d'une plaie une artériole ou un filet nerveux à peine visible à l'œil nu.

Les appareils à gaz sont difficilement mobiles et ont l'inconvénient de dégager trop de chaleur. Si la lumière est fournie par une lampe à récupération éclairant au-dessous d'elle, la tête de l'opérateur est trop chauffée, ou bien elle fait écran lorsqu'il veut opérer : les tissus mis à nu se dessèchent. Enfin, les vapeurs anesthésiques ou de collodion peuvent s'enflammer ; celles du chloroforme fournissent un gaz très toxique au contact de la flamme.

Pour toutes ces raisons et pour d'autres encore, on doit préférer la lampe à incandescence électrique, montée en photophore mobile, comme dans la table à vivisection de R. Dubois.

SEPTIÈME LEÇON

Asepsie et antisepsie.

Alors même que le sujet serait destiné à être sacrifié après l'expérience, le vivisecteur doit appliquer, aussi rigoureusement que le chirurgien, les règles de l'antisepsie et de l'asepsie, qu'il utilisera tour à tour et, le plus souvent, simultanément.

C'est une mauvaise discipline que d'avoir deux manières d'opérer, car certains détails de la méthode anti-infectieuse seront fatalement négligés quand on voudra l'appliquer exceptionnellement pour conserver des animaux vivisectés.

Il arrive aussi que l'on se décide tardivement à sauver un animal pour observer les suites d'une opération, et si l'asepsie et l'antisepsie n'ont pas été pratiquées dès le début, l'infection ne peut plus être évitée. Enfin, en opérant proprement, les blessures que peut se faire l'opérateur, ou ses aides, ne seront jamais dangereuses.

L'animal ayant été bien fixé sur la table à vivisection et les points où doit porter l'opération étant bien déterminés, les poils seront coupés, soit à la tondeuse s'ils sont assez durs, soit aux ciseaux, sur une large étendue autour de l'emplacement que doit occuper l'incision. On terminera par le rasoir et le savon. Malgré cela, la tonsure sera encore nettoyée avec une brosse dure, du savon noir et de l'eau chaude. Après l'avoir essuyée soigneusement avec de la gaze hydrophile aseptisée de la façon qui sera montrée tout à l'heure, on la lavera bien avec de la même gaze trempée dans une solution de sublimé à 1 pour 1000. Pour éviter les erreurs, cette solution, qui est toxique, devra être colorée en bleu.

La gaze imbibée de sublimé recouvre la tonsure jusqu'au moment de l'opération.

Avant de commencer celle-ci, les mains de l'opérateur et celles des aides, les instruments, les pièces pour pansements, sutures, etc., seront stérilisés de la manière suivante.

Les instruments doivent être, comme nous l'avons dit, entièrement en métal, autant que possible sans rivets, à articulations simples, faciles à ouvrir.

On les fera bouillir, pour les dégraisser, pendant quinze minutes dans une solution aqueuse de carbonate de soude ou de potasse à 1 pour 100. Les mors des pinces seront frottés dans cette même solution avec une brosse dure, ainsi que toutes les autres anfractuosités.

Les instruments retirés de la solution alcaline bouillante seront immergés dans la solution suivante, contenue dans des cuvettes à photographie en verre ou en porcelaine :

Acide phénique cristallisé	10 grammes.
Alcool à 90°..............	100 —
Eau	1000 —

Quand on opérera sur des nerfs ou sur du tissu nerveux, moelle ou cerveau, on aura soin d'essuyer avec de la gaze aseptique les instruments imprégnés de la solution phéniquée, dont l'activité n'est pas négligeable.

Les scalpels et les instruments piquants seront placés dans une cuvette, les pinces, les ciseaux, les écarteurs dans une autre, afin de ne pas émousser les pointes et les lames et de ne pas se blesser en prenant les instruments mousses. Ces cuvettes seront placées à portée de la main de l'opérateur.

Dans un autre vase bien fermé se trouveront des

compresses de 12 centimètres carrés et des tampons de gaze hydrophile destinés à remplacer les éponges, pour étancher le sang, laver la plaie ou garnir les cavités.

Le récipient et la gaze auront été stérilisés à l'autoclave de Chamberland, à une température de 120°, pendant une demi-heure.

Cet autoclave se compose d'un cylindre de cuivre à paroi épaisse, muni d'un couvercle permettant une occlusion hermétique, d'un panier de toile métallique destiné à recevoir les objets à désinfecter, d'un manomètre, d'un robinet de purge et d'une soupape de sûreté (fig. 69).

Pour s'en servir, on verse au fond du cylindre une quantité d'eau dont la hauteur reste inférieure de quelques millimètres au fond du panier métallique.

On y dispose les objets à stériliser, puis on ferme

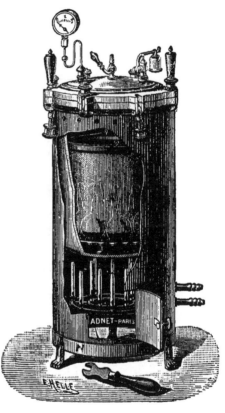

FIG. 69. — Autoclave.

exactement le couvercle au moyen de forts boulons répartis sur tout son pourtour.

On allume les becs de gaz situés sous l'autoclave, et on a soin de laisser le robinet de purge ouvert, afin que la vapeur, au fur et à mesure de sa production, chasse tout l'air contenu dans l'appareil, ce dont on est averti quand un jet de vapeur s'en échappe.

On ferme alors le purgeur, afin de faire monter la pression.

Lorsque le manomètre marque 120°, soit une atmosphère, on ouvre violemment le purgeur pour détendre la vapeur et chasser l'air qui est encore resté emprisonné dans les tissus à stériliser.

Cette manœuvre doit être répétée deux ou trois fois lorsqu'il s'agit de désinfecter des étoffes, des masses serrées de pansements.

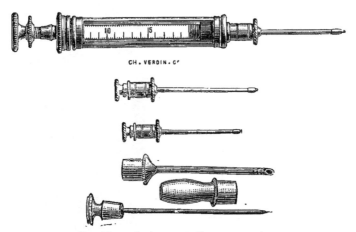

FIG. 70. — Seringue et diverses canules.

Quand l'autoclave renferme des liquides, il ne faut plus l'ouvrir après que la pression intérieure a monté, autrement ceux-ci, entrant brusquement en ébullition, seraient projetés en dehors des récipients.

L'autoclave permet la stérilisation des instruments, mais il a l'inconvénient de les faire rouiller. Il est surtout utile pour la stérilisation des liquides, de la gaze et des seringues.

Ces dernières sont construites d'une manière spéciale pour supporter une température de 120°.

Celles de Debove et autres (fig. 70) sont entièrement démontables, munies d'un piston en amiante et d'aiguilles de platine iridié, ce qui permet de les stériliser à la flamme sans leur faire perdre leur dureté : c'est donc un avantage sur les aiguilles en acier trempé.

Les objets en gomme ou en caoutchouc, comme les sondes, ne supportent pas la stérilisation à l'autoclave ou le contact du sublimé. On les fait tremper dans une solution d'acide sulfureux, que l'on peut d'ailleurs obtenir instantanément par le mélange d'acide chlorhydrique dilué avec du bisulfite de soude.

A côté de la gaze hydrophile stérilisée doit se trouver une cuvette renfermant la solution bleue de sublimé au millième.

D'une part, ces précautions étant prises, il faut que, de l'autre, les mains de l'opérateur et celles des aides soient nettoyées avec la plus scrupuleuse attention. Il ne suffit pas de les tremper dans la solution antiseptique de sublimé, car la matière grasse dont elles sont enduites ne permet pas la pénétration et l'imbibition des reliefs et des innombrables petits sillons de la surface cutanée. Voici la règle à suivre :

1° Avec un cure-ongles, il faut fouiller minutieusement le dessous et le pourtour des ongles;

2° On brosse énergiquement les ongles et la peau avec une brosse dure, du savon noir et de l'eau chaude;

3° On sèche les mains en les frottant avec de la gaze stérilisée, principalement dans les replis onguéaux;

4° On repasse dans tous les coins avec de la gaze imprégnée d'alcool à 90°, pour permettre à la solution de sublimé de pénétrer effectivement la peau. Les doigts seront préalablement débarrassés des bagues qui peuvent nuire au nettoyage et sont facilement attaquées par les composés mercuriques des solutions antiseptiques.

L'opérateur et les aides doivent être revêtus de blouses de toile à manches fermées, stérilisées à l'autoclave.

On évitera, autant que possible, le contact des poussières, des pellicules de la tête ou de la barbe, la chute malencontreuse d'un lorgnon dans la plaie, etc., etc.

Les fils destinés aux sutures et aux ligatures doivent être stérilisés avec le plus grand soin.

Le catgut auquel nous donnons la préférence est celui qui est préparé par la méthode du professeur A. Reverdin.

La corde à boyau, dont se compose le catgut, ne doit pas avoir été graissée, comme ont coutume de le faire les fabricants : elle est portée lentement et entretenue pendant deux heures à une température de 140° dans un flacon bouché avec du coton, préalablement stérilisé au four Pasteur et immergé dans un bain d'huile muni d'un régulateur de température.

Les fils enroulés sur des bobines de verre sont saisis avec une pince stérilisée et plongés dans l'alcool absolu, dans lequel on les conserve.

Quand on veut les utiliser, on les fait préalablement tremper dans une solution aqueuse phéniquée à 3 pour 100.

La soie sera baignée pendant 24 à 48 heures dans une solution de sublimé à 1 pour 1000 et conservée dans un flacon à l'émeri renfermant de l'éther iodoformé à 10 pour 100. On la retrempe dans la solution de sublimé au moment de l'employer.

Quand on veut obtenir rapidement une solution de sublimé avec l'eau, on le triture avec cent fois son poids d'alcool et on ajoute l'eau.

L'alcool a l'inconvénient d'augmenter le pouvoir coagulant du bichlorure de mercure. On peut alors le remplacer par un peu de sel marin. Le mélange de chlorure de sodium et de bichlorure de mercure forme un sel double très soluble dans l'eau.

Le biiodure de mercure dissous à l'aide d'un peu d'iodure de potassium ou de sodium fournit à 1 pour 1000 une bonne solution antiseptique, moins coagulante que celle de bichlorure.

Ces liquides ont l'inconvénient de déposer sur les instruments de métal un enduit noir et de les attaquer, c'est pourquoi il est préférable de les immerger dans l'eau phéniquée.

Il faut éviter de mettre ces liquides antiseptiques en contact avec les nerfs et aussi avec le péritoine quand on opère sur l'abdomen : ils peuvent altérer le fonctionnement physiologique des premiers et être trop facilement absorbés par le second.

Quand les intestins ou des viscères sont attirés en dehors de la cavité abdominale, on a soin de les recevoir dans des compresses chaudes de gaze hydrophile aseptique humide.

Nous passons sous silence, pour le moment, les précautions particulières qui doivent être prises au cours de certaines opérations : nous y reviendrons à propos de ces dernières.

TROISIÈME PARTIE

PROPRIÉTÉS GÉNÉRALES DES NERFS
ET DES CENTRES NERVEUX

HUITIÈME LEÇON

Excitants mécaniques, physiques et chimiques
du système nerveux.

Le système nerveux est formé par l'association de cellules ou plastides qui portent le nom de *neurones*. On peut distinguer dans ces plastides deux parties : un corps centràl, qui renferme le noyau, et un certain nombre de prolongements plus ou moins longs et plus ou moins ramifiés, qui mettent ces plastides en relation, soit avec d'autres plastides nerveux, soit avec l'extérieur. Ces prolongements sont appelés *cellulipètes* quand ils conduisent une impression vers le neurone, et *cellulifuges* quand ils conduisent au contraire cette impression à un autre neurone, ou même à un autre plastide, par exemple musculaire.

Nous avons représenté ici un certain nombre de types de neurones (fig. 71).

On distingue deux espèces de neurones : 1° les neurones moteurs, dont le prolongement, qui est en relation avec la périphérie, est cellulifuge : l'ensemble de ces prolongements forme les nerfs moteurs; 2° les neurones sensitifs, dont le prolongement analogue est, au contraire, cellulipète : l'ensemble de ces prolongements forme les nerfs sensitifs.

Il existe des nerfs mixtes dont le tissu est formé par le groupement de ces deux ordres de prolongements.

Les nerfs moteurs ou centrifuges conduisent vers la périphérie les impressions venant des centres ner-

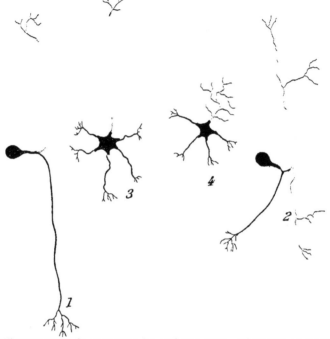

Fig. 71. — Différents types de neurones : les prolongements cellulipètes ou protoplasmiques sont en bleu, les prolongements cylindraxiles ou cellulifuges en rouge. 1 et 2 cellules sensitives, 3 et 4 cellules de Golgi.

veux; les nerfs sensitifs ou centripètes conduisent, au contraire, vers les centres les impressions venant de la périphérie; les nerfs mixtes ont le double rôle.

On appelle terminaison nerveuse les points · où les nerfs moteurs ou sensitifs sont en relation avec la périphérie.

Normalement, les fibres sensitives sont mises en action par les excitations extérieures et les fibres motrices ont, comme excitants naturels, les impressions parties des neurones moteurs.

Les excitations naturelles peuvent être remplacées par des excitations artificielles : on peut faire porter ces dernières, soit sur les terminaisons nerveuses ou sur les troncs nerveux, soit sur les centres eux-mêmes. Quand on excite les terminaisons périphériques des nerfs, on se place dans les conditions normales, et souvent l'excitation est suivie d'un mouvement réflexe. En excitant directement les centres, on remplace l'excitation venant de la périphérie, mais qui se produit aussi sous l'influence de la volonté.

On peut également sectionner un nerf et exciter soit son bout central, soit son bout périphérique. Dans le premier cas, c'est l'excitation périphérique normale avec conduction vers les centres qui est remplacée; dans le deuxième, c'est l'excitation centrale avec conduction vers la périphérie.

Les excitants du système nerveux sont de diverses sortes : ils peuvent être divisés en mécaniques, chimiques, physiques.

Excitants mécaniques. — Les chocs, les pincements, les tiraillements, sont autant d'excitants du système nerveux, surtout des nerfs dont nous nous occuperons particulièrement dans cette leçon. Ils ont le grand inconvénient de ne pouvoir être gradués facilement et ensuite de détruire plus ou moins, d'altérer l'intégrité des nerfs; aussi sont-ils peu employés.

Excitants chimiques. — Un grand nombre de corps chimiques, particulièrement les acides et les alcalis, et même des sels neutres, quand ils sont à un certain degré de concentration, produisent une excitation des nerfs. Ce mode d'excitation permet de graduer plus facilement les effets qu'avec les excitants mécaniques, mais il a l'inconvénient de détruire ou d'altérer la continuité du nerf. Il doit donc aussi être repoussé dans la grande majorité des cas.

Excitants physiques. — Ce sont les plus employés, et, parmi eux, l'excitant électrique, sous forme de courant, est le plus usuel.

Nous croyons devoir, à cette occasion, donner quelques définitions et explications à l'usage de ceux que leurs études préalables n'auraient pas suffisamment familiarisés avec les notions d'électricité indispensables pour comprendre ce qui va suivre.

On appelle *courant* le flux d'électricité qui traverse un corps conducteur, comme un fil métallique par exemple, lorsqu'on réunit, à l'aide de ce corps, deux points qui ne sont pas à la même tension électrique, ou, comme l'on dit encore, au même *potentiel.* La différence de potentiel porte le nom de *force électromotrice* et son unité de mesure est le *volt.* Le point ou pôle d'où part le flux est dit à un potentiel plus élevé ou positif, l'autre est négatif.

L'*intensité* du courant est la quantité d'électricité qui traverse le conducteur, son unité de mesure est l'*ampère.* Cette intensité, pour une même force électromotrice, est fonction de la difficulté avec laquelle le courant traverse le conducteur ou *résistance.* Si on appelle E la force électromotrice, R la résistance, l'intensité I sera donnée par la formule $I = \dfrac{E}{R}$. L'unité de résistance est l'*ohm.*

On peut faire comprendre facilement ces notions à l'aide d'une comparaison qui, sans être d'une justesse absolue, est extrêmement frappante. Soient deux réservoirs remplis d'eau à des niveaux différents et réunis par un tube. Un courant d'eau s'établira du plus élevé au plus bas. La pression résultant de la différence de niveau est comparable à la force électromotrice ; le débit, qui est proportionnel à cette pression et qui est comparable à l'intensité, est inversement proportionnel à l'étroitesse du tube de communication, qui représente la résistance.

Un courant est instantané quand les points, réunis par le conducteur, se mettent immédiatement en équilibre électrique, et nous comparons ce fait au cas de deux vases communiquants dont les niveaux, préalablement différents, ne tardent pas à s'établir identiques. Il est continu lorsque les différences de potentiel restent persistantes. Les machines électriques, d'où l'on tire des étincelles, donnent des courants instantanés, les piles des courants continus. Ceux-ci sont encore appelés *voltaïques* par les physiologistes.

On appelle *induit* le courant qui prend naissance dans un conducteur, lorsque l'on fait passer un flux d'électricité dit courant inducteur dans un conducteur voisin. C'est seulement au moment où ce courant commence à passer, ou quand il cesse de passer, que se produit l'induit, d'où deux courants : induit de fermeture et induit d'ouverture)1). Ces courants portent encore, en physiologie, le nom de courants *faradiques.*

Excitateurs. — En principe, un excitateur se compose de deux fils métalliques en relation avec les deux pôles d'une pile ou d'une bobine. Dans la pratique, on donne à ces excitateurs des formes variables suivant leur usage.

Le plus simple est l'*excitateur à pointe ou à crochets* (fig. 72 et 73), qui se compose de deux fils de pla-

---

(1) On dit qu'un courant ou le circuit qu'il traverse est fermé, lorsqu'il y a communication conductrice entre les deux points à potentiels différents : la fermeture est le moment où on établit cette communication ; le courant ou circuit est ouvert quand la communication est interrompue : l'ouverture est le moment de cette interruption.

tine droits ou recourbés à leur extrémité, qui sont noyés, sauf la pointe, dans une enveloppe de gutta, pour qu'on puisse les manier sans dériver le courant. Chacun des fils possède une borne qu'on relie avec les deux

Fig. 72. — Excitateur à pointe.

pôles du générateur du courant par un conducteur bien isolé et souple, pour ne pas gêner les mouvements. Une modification de l'excitateur à pointe est l'*excitateur à compas* (fig. 74) : deux tiges de gutta contenant chacune

Fig. 73. — Excitateur à crochet.

un fil de platine, qui dépasse l'extrémité de la tige, sont articulées vers leur milieu, et, de cette manière, les pointes peuvent être plus ou moins écartées. Une vis de pression fixe l'écartement voulu.

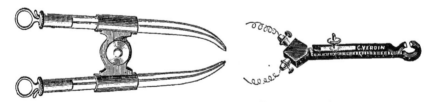

Fig. 74. — Excitateur à compas.   Fig. 75. — Excitateur à verrou.

Quand l'excitateur est à crochets, on peut recouvrir ces derniers en dehors par une couche de gutta. De cette manière, seules les parties prises dans les crochets sont excitées par le passage du courant.

Un perfectionnement de plus est réalisé dans l'*excitateur à verrou* du professeur Dastre (fig. 75).

Avec cet appareil, le nerf, reposant sur les crochets de platine recouverts de gutta en dehors, est emprisonné par un demi-anneau de même substance, que l'on peut rapprocher de celui qui isole les crochets.

FIG. 76. — Excitateur à interrupteur.

Dans tous ces modèles d'excitateurs, on peut adjoindre un bouton interrupteur permettant de lancer le courant à volonté ou de l'interrompre avec la main même qui tient l'excitateur, comme dans la figure 76.

Ce dernier dispositif est très commode lorsqu'on veut, par exemple, exciter des points bien déterminés du système nerveux central.

FIG. 77. — Excitateur pour le sciatique de la grenouille.

Voici (fig. 77) un modèle commode pour l'excitation du sciatique de la grenouille. On le fixe par ses deux pointes sur la plaque de liège où est étendu l'animal; une glissière et une articulation permettent de le faire monter ou descendre et de l'écarter plus ou moins de la tige qui le fixe.

Au lieu de fils de platine, on emploie souvent, en physiologie, des *électrodes impolarisables*.

Chacune se compose d'un tube de verre T effilé en pointe à l'une de ses extrémités. Celle-ci est bouchée avec une pâte de kaolin et d'eau salée à 7 pour 1000. Une tige d'argent A, recouverte de chlorure d'argent fondu, est mise, d'une part, en contact avec la bouillie de kaolin et, d'autre part, sort d'une certaine longueur, par la grosse extrémité du tube, au travers d'un petit bouchon C. L'intérieur du tube est rempli de la solution de sel marin à 7 pour 1000 (fig. 78).

Ces électrodes s'emploient rarement comme excitateurs : elles servent surtout à recueillir les courants qui se produisent dans les nerfs ou dans les muscles et dont nous aurons bientôt l'occasion de parler.

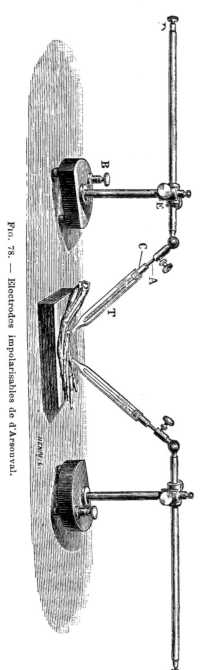

Fig. 78. — Électrodes impolarisables de d'Arsonval.

Courants voltaïques et faradiques. — Pour exciter les nerfs ou les centres, on se sert soit de *courants continus ou voltaïques*, soit de courants *induits ou faradiques*. La pile employée le plus souvent est celle de Grenet. Elle se compose d'un pôle de charbon de cornue et d'un pôle de zinc maintenus par une tige et que l'on peut faire plonger à volonté dans un liquide constitué de la façon suivante :

Bichromate de potasse............... 100 parties.
Acide sulfurique.................... 100 —
Eau .... 1000 —

On se sert aussi de la pile de Daniel, principalement quand il est utile d'avoir des courants constants.

Pour fermer et ouvrir le courant, on se sert d'un levier-clef qui peut être utilisé de deux manières diverses, suivant que l'on veut ou non intercaler une

Fig. 79. — Levier-clef.

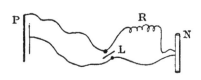

Fig. 80. — Moyen de lancer un courant par l'ouverture du levier-clef : P pile, L levier-clef, R résistance, N nerf.

résistance dans le circuit. Ce levier-clef (fig. 79) se compose d'une barre métallique réunie par une borne à l'un des pôles de la pile : il peut, en oscillant, venir au contact avec un bloc en relation lui-même avec le deuxième pôle par une autre borne. Quand on opère sans intercalation de résistance, le circuit est fermé par l'abaissement de la barre et son contact avec le bloc. Dans le cas contraire, on fait partir des deux bornes du levier-clef, comme pour une dérivation, un nouveau circuit comprenant la résistance R (fig. 80). Comme la résistance de la clef est nulle tant que celle-ci est abaissée, tout le courant passe à travers, et c'est seulement quand on la relève que le nouveau circuit est parcouru. L'intensité

du courant qui le traverse est donnée par la loi $I = \dfrac{E}{R}$,
E étant la force électromotrice et R la résistance. Cette
résistance est le plus souvent connue d'avance ; ce sont
des séries de fils fins dont on fait traverser des lon-

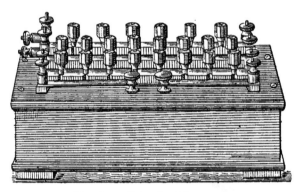

FIG. 81. — Boîte de résistance.

gueurs de plus en plus grandes et graduées en ohms. La
disposition pratique est la *boîte de résistance* (fig. 81) ; en
enlevant telle ou telle cheville numérotée, on intercale
un fil de 10^{ohms}, 20 ^{ohms}, etc. Quand on ne connaît pas la
résistance du fil qu'on intercale, on peut la mesurer par
la méthode du *pont de Wheatstone* (fig. 82).

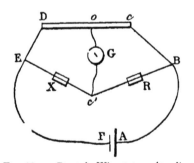

FIG. 82. — Pont de Wheatstone (explication dans le texte).

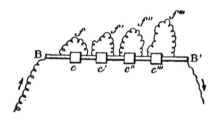

FIG. 83. — Rhéocorde (explication dans
le texte).

Soit un circuit dédoublé en son milieu : 1° AB*c*DEF où
*c*D est un fil métallique de grande résistance ; 2° AB*c*'EF.
On intercale entre B et *c*' une résistance connue R,
entre *c*' et E la résistance inconnue X, puis on cherche

sur la barre cD un point o tel que oc' ne soit traversé par aucun courant (ce dont on s'assure avec un
galvanomètre). Quand ce point o est trouvé, on a $\dfrac{X}{R} = \dfrac{Do}{\overline{oc}}$.
La barre Dc est graduée en millimètres et on mesure
facilement les distances Do et oc.

On se sert souvent d'un *rhéocorde*, qui n'est qu'une
forme particulière de boîte de résistance (fig. 81), pour
diminuer dans les proportions que l'on veut l'intensité
du courant.

Soient B et B' (fig. 83) deux bornes métalliques reliées
par une barre brisée, dont la continuité est rétablie par
des chevilles c, c', c'', et dont les différents segments sont
réunis, en outre, par des fils fins.

Quand toutes les chevilles sont en place, le courant
traverse la barre. Mais, si l'on enlève la cheville c, le fil
f sera parcouru : si c'est c', f' sera aussi traversé, et
ainsi de suite ; plus on enlève de chevilles, plus on
accroît la résistance et plus aussi, suivant la loi de
Ohm $I = \dfrac{E}{R}$, on diminue l'intensité.

Toutes les fois qu'on veut agir avec précision, il est
nécessaire de connaître exactement d'une part la force
électromotrice, d'autre part l'intensité du courant dont on
fait usage. On y arrive par l'intercalation, dans le circuit,
d'un *voltmètre* et d'un *ampèremètre*, le premier gradué
en volts, le deuxième en milliampères, les courants
employés étant toujours faibles.

Quand on veut changer le sens du courant, soit continu, soit induit, on intercale sur le circuit un *commuta-
teur* analogue à ceux dont se servent les physiciens.

Quand on fait usage de courants continus, l'excitation
ne se produit qu'à l'ouverture et à la fermeture.

Pendant tout le temps que passe le courant continu,
il ne se produit donc aucun effet, sauf cependant des

phénomènes électrotoniques dont il sera question plus tard : c'est donc la variation de l'état électrique du nerf qui produit son excitation.

Pour faire usage des courants induits, on se sert du *chariot de Dubois-Reymond* (fig. 84), petit appareil d'in-

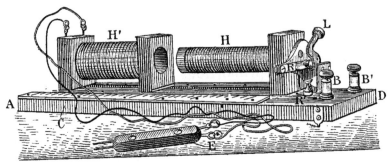

Fɪɢ. 84. — Chariot de Dubois-Reymond : B B' bornes, L levier réglant le trembleur, H bobine inductrice, H' bobine induite, E excitateur.

duction dont la bobine inductrice peut s'enfoncer plus ou moins dans la bobine induite, ce qui permet de graduer l'excitation. On peut alors employer, soit le choc induit d'ouverture ou de fermeture du courant inducteur, ce qui amène des excitations isolées, soit encore l'interruption et le rétablissement rapide du courant inducteur à l'aide d'un trembleur, ce qui amène des excitations rapprochées.

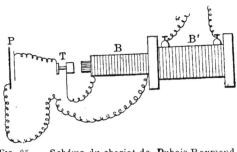

Fɪɢ. 85. — Schéma du chariot de Dubois-Reymond : P pile, T trembleur, B bobine inductrice, B' bobine induite.

Le trembleur consiste en une petite lame élastique terminée par un bloc de fer doux venant buter contre une pointe en relation avec un des pôles de la pile, la lame elle-même étant en relation avec l'autre pôle par le fil inducteur (fig. schématique 85).

Au centre de la bobine est une tige de fer doux ; c'est

en face de cette tige qu'est placé le trembleur. Quand le courant passe, celui-ci est attiré et rompt le courant, puis il le rétablit par suite de l'élasticité de la lame qui vient à nouveau toucher la pointe. Il y a autant d'induits produits que d'ouvertures et de fermetures du courant inducteur.

Pour obtenir un choc induit, on fixe le trembleur, de manière qu'il ne puisse pas vibrer, et l'on ouvre ou ferme le courant inducteur avec un levier-clef.

En étudiant le nerf moteur, nous aurons l'occasion d'indiquer les actions variables du courant continu, du choc induit et des induits répétés à bref intervalle.

Ajoutons enfin que l'on peut produire aussi l'excitation du système nerveux par des étincelles d'électricité statique (machine électrique ou bouteille de Leyde). Mais c'est de beaucoup l'électricité dynamique qui est le plus employée.

On se sert quelquefois d'un mode d'excitation improprement appelé *unipolaire*, car il consiste, en réalité, à mettre un pôle de l'excitateur à la terre et l'autre sur le point que l'on veut exciter.

NEUVIÈME LEÇON

Propriétés des nerfs.

COURANTS NERVEUX. — Deux points d'un corps brut dont la conductibilité n'est pas parfaite sont rarement au même potentiel et, par conséquent, donnent naissance à un courant quand on les réunit par un fil métallique. Pour les corps organisés, même quand la conduction est suffisante, on trouve toujours dans des points asymétriques de leur surface une différence de tension tant qu'ils sont en vie (1). Nous avons montré que, dans une carotte, le côté de la tige est toujours positif par rapport au côté de la racine. La lésion de ces corps produit aussi des effets électriques et, quand on coupe la carotte, la surface de section est toujours négative par rapport à la surface naturelle. Nous allons trouver dans les nerfs des phénomènes analogues, et quelques-uns nouveaux, correspondant à leur état d'excitation. Prenons un tronçon de nerf de grenouille, par exemple : il possède une surface naturelle et deux surfaces de section; si l'on réunit la première à l'une des deux autres par un conducteur, celui-ci est parcouru par un courant allant de la surface naturelle à la surface de section. En d'autres termes, la première est positive par rapport à la seconde.

---

(1) Cela tient à ce que, vivants, ils ne sont jamais à l'état de repos et sont le siège de nombreux phénomènes ; mais, quand ils sont morts, cette différence de tension disparaît, comme on peut le montrer sur une carotte tuée par la chaleur ou la dessiccation.

Voici comment on réalise l'expérience prouvant l'existence de ce courant. On prend le tronçon de nerf sur une grenouille vivante, en ayant bien soin de ne pas léser sa surface, et l'on pose ce nerf sur deux des électrodes impolarisables dont il a été question dans la leçon précédente (fig. 86), de manière que la surface naturelle repose sur l'une et la surface de section sur l'autre; on réunit alors ces électrodes par deux fils avec les bornes d'un *galvanomètre* très sensible (fig. 87), en intercalant dans le trajet un levier-clef, afin de pouvoir ouvrir ou fermer à volonté le circuit. L'aiguille du galvanomètre étant immobile et le circuit ouvert, on ferme brusquement ce dernier : on voit alors l'aiguille dévier dans un sens qui prouve que le courant passe bien comme il vient d'être dit (1). Le courant ainsi obtenu est très faible; pour le déceler, il faut donc, comme nous le disions, un galvanomètre très sensible. Nous employons celui de Thomson, rendu astatique pour supprimer l'influence magnétique de la terre et muni d'un barreau aimanté permettant de régler sa sensibilité. Il doit être installé sur une borne, pour éviter toute trépidation du sol; il ne faut s'en approcher qu'après s'être débarrassé de toute pièce métallique pouvant l'impressionner. Les bobines doivent être à fil fin et long pour les recherches sur les courants nerveux, car la résistance extérieure du circuit est très grande. Le fil de cocon auquel sont suspendues les aiguilles aimantées porte un petit miroir pouvant réfléchir les numéros d'une règle graduée; ceux-ci sont observés à l'aide

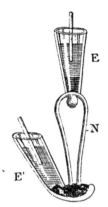

Fig 86. — Nerfs sur les électrodes impolarisables. EE' électrodes. N nerf.

---

(1) La position des pôles du galvanomètre a été déterminée d'avance pour une déviation dans un sens donné, en y rattachant les pôles connus d'une pile.

d'une lunette munie d'un réticule. Le miroir étant bien immobile, on note à quelle division de la règle graduée correspond le fil de ce réticule. L'expérience ainsi disposée, on ferme le circuit. Alors défilent dans la lunette

Fig. 87. — Galvanomètre de Thomson.

un certain nombre de numéros, jusqu'à ce que l'aiguille se fixe dans un état de déviation déterminé. On lit ensuite le numéro nouveau correspondant au fil du réticule. On conçoit que ce procédé donne une très grande sensibilité. En effet, si la règle et la lunette sont assez loin du miroir, une très faible déviation de ce dernier suffira pour faire défiler un nombre considérable de numéros devant le réticule de la lunette.

Au lieu d'un galvanomètre, on peut se servir d'un électromètre, particulièrement de l'*électromètre capillaire de Lippmann*, dont vous trouverez la description dans tous les traités de physique. Il faut toujours avoir soin de mettre en relation avec le mercure du tube le pôle négatif, quand on se sert de cet instrument. Il est commode pour photographier des variations de potentiel.

Après cette première constatation, à savoir que, dans un nerf à l'état de repos, la surface naturelle est positive et la surface de section négative, on peut, à l'aide du même dispositif et en variant la position du tronçon de nerf par rapport aux électrodes, faire les remarques suivantes : 1° Quand les deux électrodes portent chacune sur une surface de section, le courant est nul ; 2° quand elles sont appliquées sur deux points symétriques de la surface naturelle du tronçon, il n'y a pas de courant ; 3° quand elles réunissent deux points dissymétriques, il y a un courant moins fort que dans le premier cas et qui va du point le plus rapproché du milieu du tronçon à celui qui en est le plus éloigné. C'est donc au milieu de la surface naturelle du tronçon que le potentiel est maximum ; il va en décroissant, au fur et à mesure que l'on se rapproche des deux bouts du tronçon : il est minimum sur les surfaces de section et, par rapport aux autres points de celle-ci, c'est au centre même de cette surface qu'il est le plus faible. Il décroît donc de la circonférence au centre.

Au lieu de prendre un tronçon de nerf isolé, si l'on découvre simplement le nerf sur un animal et que, une électrode étant en contact avec la surface du nerf, on enfonce l'autre dans sa profondeur, on constate les mêmes phénomènes que ci-dessus, c'est-à-dire un courant allant de la superficie vers la profondeur. Mais, si l'on excite le nerf, on voit l'aiguille du galvanomètre revenir à o et même le dépasser en sens inverse, ce qui indique l'apparition d'un nouveau courant inverse du premier. C'est ce que Dubois-Reymond avait nommé *variation négative* et que l'on doit appeler *courant d'action* ou mieux *d'excitation*. Ainsi donc, dans un nerf excité, la profondeur est positive par rapport à la surface : c'est l'inverse de ce qui a lieu à l'état dit de repos. Cette expression de courant de repos est mauvaise, attendu que jamais un organe vivant n'est au repos moléculaire; par ce fait même qu'il est vivant, il se passe des manifestations continuelles dans son intérieur, alors même qu'il est intact. Mais, si vous produisez sur l'un de ses points une lésion, comme celle qui résulte d'une section, les conditions de la nutrition sont changées en ce point, et il n'est pas étonnant que l'on constate une différence de potentiel relativement forte entre le point intact de la surface et le point lésé par la section.

Le courant dû aux phénomènes normaux, dont l'activité peut n'être pas la même aux divers points (d'où des différences de potentiel), pourrait s'appeler *trophique*, celui qui suit l'excitation *courant d'excitation* et le courant produit par une lésion *courant traumatique*.

Électrotonus. — Nous disions dans une précédente leçon que, pendant qu'un nerf est traversé par un courant continu, il ne se produit rien et que c'est seulement à l'ouverture et à la fermeture du courant qu'il y a excitation : en effet, le muscle commandé par le nerf moteur que l'on excite ne se contracte pas pendant toute la durée du passage du courant, mais le nerf lui-même est le siège de certains phénomènes. Si, excitant un nerf à l'aide de deux pôles de pile PP', on place en dehors du segment compris entre les deux pôles deux électrodes impolarisables, *p*, *p'*, reliées aux deux bornes d'un galvanomètre, on peut voir que, pendant tout le temps que le courant continu passe, les portions du nerf situées en dehors du tronçon excité sont le siège d'un courant de même sens que le premier (fig. 88) : c'est ce qu'on appelle le courant *électrotonique*. Il se produit encore d'autres phénomènes ; ce sont des variations dans l'excitabilité du nerf au voisinage des deux pôles du courant continu.

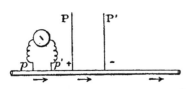

Fig. 88. — Dispositif pour l'étude de l'électrotonus : P P' pôles de pile, *p p'* électrodes en relation avec les deux bornes d'un galvanomètre.

La sensibilité aux excitations est augmentée au voisinage du pôle négatif (*catelectrotonus*) et diminuée dans le voisinage du pôle positif (*anelectrotonus*), à la fermeture du circuit et pendant que le courant passe ; c'est l'inverse à l'ouverture.

Si le courant électrotonisant est très fort, il y a au pôle positif suppression totale de l'excitabilité et de la conductibilité du nerf : ceci permettra d'expliquer, quand nous étudierons le nerf moteur, les variations d'excitabilité qu'il présente à l'ouverture et à la fermeture avec des courants d'intensité différente et de sens différents.

Voici comment il est possible d'étudier les variations électrotoniques dues à un courant continu. On met à nu un nerf moteur, le nerf sciatique de la grenouille par exemple. Pour découvrir ce nerf, il faut fendre la peau de la cuisse sur la région dorsale et, les muscles étant mis à nu, pénétrer à l'aide d'une sonde cannelée dans le deuxième interstice musculaire à partir du bord externe du membre, interstice qui sépare le biceps du demi-membraneux et au fond duquel se trouve le nerf accompagné de l'artère fémorale (fig. 89). Le nerf est placé sur deux électrodes où l'on peut lancer un courant de pile à l'aide d'un levier-clef.

Dans le voisinage de l'électrode négative (1) est placé un excitateur transmettant au nerf des chocs induits, et, par un glissement graduel de la bobine induite, on s'arrange de manière que l'excitation soit juste insuffisante pour provoquer une réaction du muscle lorsque le nerf n'est pas traversé par le courant continu (excitation de fermeture). Celui-ci étant lancé, le muscle réagit sous l'influence du choc induit qui, tout à l'heure, était insuffisant.

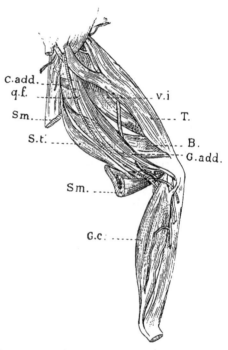

Fig. 89. — Cuisse de grenouille disséquée : T muscle triceps fémoral, B biceps, *q.f* carré fémoral, C *add* court adducteur de la cuisse, G *add* grand adducteur de la jambe, *v.i* vaste interne, S*m* semi-membraneux, S.*t* semi-tendineux, G.*c* gastro-cnémien.

Si le courant est renversé de manière que l'électrode négative soit à la place de la positive (courant ascendant), sans changer de place l'excitateur maintenant près du pôle positif, on voit alors qu'un choc induit qui était juste suffisant pour provoquer la réaction du muscle devient insuffisant lorsque ce courant passe (2).

_____

(1) Nous supposons d'abord cette électrode placée plus près du muscle que des centres (courant descendant).

(2) A l'interruption du courant (excitation d'ouverture ou de rupture), l'inverse se produit : c'est donc au pôle négatif que se montre alors la diminution de l'excitabilité nerveuse et au pôle positif l'augmentation.

CONDUCTIBILITÉ DU NERF; MESURE DE SA VITESSE. — Les excitations portées sur un point déterminé d'un nerf cheminent tout le long de ce nerf, particulièrement dans le sens centripète pour les nerfs sensitifs et dans le sens centrifuge pour les nerfs moteurs. Pour que cette conductibilité existe, il faut que le nerf ait son intégrité absolue. Voici comment on le démontre. 1° Le sciatique d'une grenouille est mis à nu et excité : immédiatement la patte correspondante entre en contraction. 2° On serre fortement le tronc du nerf entre les mors d'une pince au-dessous du point d'excitation et l'on excite à nouveau : la patte ne se contracte plus. C'est pour cette raison que, dans les expériences faites sur les nerfs, il faut prendre les plus grands soins de ne pas les tirailler, les écraser, etc., bref de ne pas les léser d'une façon quelconque, car on pourrait, sinon détruire complètement toute conductibilité, au moins l'amoindrir considérablement.

Il est possible de déterminer avec quelle vitesse les excitations se propagent le long des nerfs, soit pour amener l'effet direct (conduction centrifuge, nerf moteur), soit pour amener l'effet réflexe (conduction centripète, nerf sensitif). Cette détermination étant basée sur ce qu'on appelle les *temps perdus*, c'est-à-dire qui s'écoulent entre l'excitation d'un organe et le moment où il y répond, nous renvoyons son étude à un chapitre ultérieur (Voir quatrième partie, leçon 13).

La vitesse de la conductibilité nerveuse varie beaucoup suivant les conditions. La fatigue, le froid retardent cette vitesse. L'excitation se propage dans les nerfs de part et d'autre du point excité; si la conductibilité paraît plutôt centrifuge dans les nerfs moteurs et centripète dans les nerfs sensitifs, cela tient au mode de terminaison de ces deux sortes de nerfs, qui ne peuvent réagir que par leur bout central pour les nerfs sensitifs et par leur bout périphérique pour les nerfs moteurs.

DIXIÈME LEÇON

Centres nerveux.

Moelle épinière. — Les centres nerveux, d'où émanent les nerfs dont nous venons de nous occuper, sont constitués par *l'encéphale* d'une part, et de l'autre par la *moelle épinière.* C'est là le système *cérébro-spinal.* A côté de ce système existe encore celui du *grand sympathique* dont nous parlerons ultérieurement.

La moelle épinière (fig. 90) est ce long cylindre blanchâtre contenu dans le canal formé par la succession des arcs neuraux des vertèbres et qui s'étend depuis le trou occipital jusqu'aux vertèbres lombaires inclusivement. Elle fait suite au bulbe rachidien ou moelle allongée, sans ligne de démarcation.

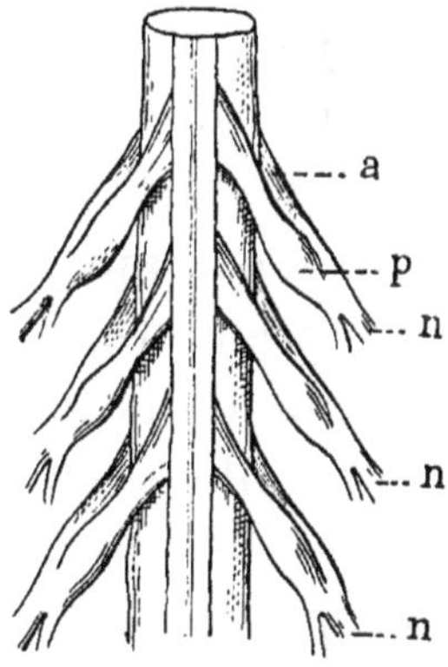

Pour l'atteindre et opérer sur elle, il faut nécessairement détruire partiellement l'étui osseux qui l'environne.

Fig. 90. — Tronçon de moelle épinière avec les racines des nerfs rachidiens : *a* racine antérieure, *p* racine postérieure, *n* nerf rachidien.

Cette *mise à nu de la moelle* ne peut se faire commodément que par la face dorsale. On opère de la façon suivante.

L'animal, jeune et vigoureux, chien ou lapin, est bien fixé, après anesthésie, le ventre appliqué sur la table à vivisection : sous le ventre on glisse un billot, de manière à faire bomber la région de la colonne vertébrale sur laquelle on veut opérer. La région cervicale et la région lombaire sont les plus commodes. On incise la peau suivant la crête formée par les apophyses épineuses, puis on isole cette dernière des masses musculaires qui s'y insèrent, soit à l'aide d'un scalpel ou d'une gouge, soit avec le couteau du thermocautère, qui a l'avantage d'éviter l'hémorrhagie. Ensuite, après avoir mis à nu les arcs neuraux et les apophyses articulaires, la région est soigneusement ruginée. Il ne reste plus qu'à détacher à droite et à gauche les arcs neuraux; pour cela, on se sert de petites cisailles minces et pointues, qu'on glisse dans l'intervalle de deux vertèbres. La section préalable des apophyses épineuses favorise l'opération. Les deux arcs étant coupés, on arrache avec une pince la pièce osseuse ainsi isolée et la moelle apparaît entourée de ses méninges. Pendant cette opération, il faut faire bien attention, en glissant les cisailles, de ne pas léser la moelle.

La première ouverture étant faite, la dénudation se continue de la même manière, mais avec plus de facilité. Quand elle a été faite sur une longueur suffisante, on soulève les méninges avec une petite pince à dents de souris et on les incise. Il est possible alors de faire sur la moelle soit des sections, soit des excitations localisées.

RACINES ANTÉRIEURES ET POSTÉRIEURES. — Les *nerfs rachidiens* sont ceux qui émanent de la moelle : ils appartiennent à la catégorie des *nerfs mixtes*, c'est-à-dire qu'ils renferment, à la fois, des fibres sensitives et des fibres motrices. Mais, au moment de se mettre en relation avec la moelle, ces deux ordres de fibres se séparent en deux faisceaux distincts : l'un qui se jette dans la partie postérieure de la moelle, c'est la *racine postérieure*, et l'autre dans la partie antérieure, c'est la *racine antérieure*. Cette séparation se fait dans le canal rachidien ; de sorte que, pour expérimenter sur les racines, il est nécessaire d'ouvrir le canal, absolument comme lorsqu'on veut opérer sur la moelle. Il existe une exception pour les deux premières paires de racines cervicales chez le chat.

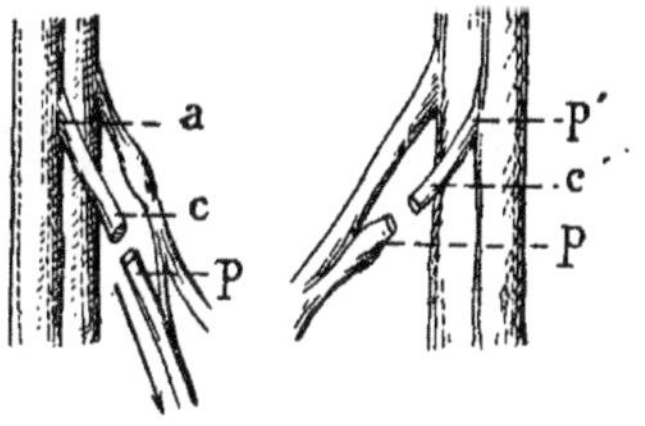

Nous étudierons plus tard le point d'aboutissement de ces racines ; examinons pour le moment leurs propriétés.

FIG. 91. — Racines antérieures et postérieures : *a* racine antérieure, *p'* racine postérieure, *c* hout central, *p* bout périphérique.

Les racines postérieures et antérieures naissent sur deux sillons longitudinaux, tracés sur la moelle et formant cannelure, par un certain nombre de filets qui se réunissent bientôt en un seul tronc. La racine postérieure est la seule facile à voir, lorsqu'on a ouvert le canal, parce qu'elle masque la racine antérieure placée au-dessous : elle présente un petit renflement ganglionnaire (fig. 91). Ces deux racines sont néanmoins facilement isolables à l'aide d'un petit crochet mousse (fig. 92) : on peut alors les sectionner ou les exciter séparément.

En sectionnant une racine antérieure, nous paralysons les muscles où se rend le nerf correspondant à cette racine, tandis qu'en coupant la racine postérieure, c'est l'insensibilité de la région où le nerf se distribue que l'on détermine.

De plus, nous constatons que l'excitation d'une racine antérieure provoque des mouvements dans un groupe restreint de muscles en rapport avec la racine excitée, alors que celle de la racine postérieure fait naître une vive douleur, accusée par les cris de l'animal.

FIG. 92. — Crochet mousse pour isoler les racines des nerfs rachidiens.

De ces deux ordres de constatations, on est en droit de conclure : 1° que les racines antérieures renferment des fibres motrices ; 2° que les racines postérieures contiennent des fibres sensitives.

Excitons maintenant, après section préalable des deux racines, soit le bout séparé de la moelle ou bout périphérique, soit le bout encore en relation avec elle ou bout central. Nous voyons que : 1° l'excitation du bout central de la racine postérieure donne lieu à une vive douleur, tandis que celle du bout périphérique ne produit rien : les fibres sensitives sont donc centripètes ; 2° l'excitation du bout périphérique de la racine antérieure provoque des contractions localisées, mais non celle du bout central : les fibres motrices sont donc centrifuges.

On pourrait penser que le nerf moteur est en même temps sensitif, car l'excitation du bout périphérique de la racine antérieure peut arracher des cris à l'animal.

Ce résultat est obtenu seulement à la condition que la racine postérieure correspondante ne soit pas coupée ; aussi admet-on que la racine antérieure renferme des *fibres récurrentes* allant de la racine antérieure à la racine postérieure en formant une anse (fig. 93). Avec ce schéma, il faut admettre que les fibres qui donnent la sensibilité à la racine antérieure ont leur origine dans la moelle ou ses enveloppes. On pourrait

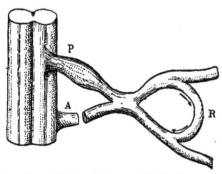

Fig. 93. — Schéma de la sensibilité récurrente. A racine antérieure, P racine postérieure, R Fibres récurrentes.

peut-être donner une autre interprétation plus en rapport avec ce fait que la section d'un nerf mixte, même très loin de la moelle, abolit sa sensibilité récurrente, et alors exprimer par le schéma ci-dessous le phénomène en question (fig. 94).

POUVOIR CONDUCTEUR DE LA MOELLE. — Après avoir sectionné la moelle épinière dans sa totalité, vers le milieu de sa longueur par exemple, on constate, en excitant les surfaces de section, que l'excitation du bout central provoque de la douleur et celle du bout périphérique des mouvements. La moelle est donc susceptible

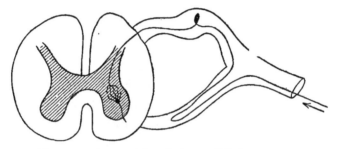

FIG. 94. — Autre schéma de la sensibilité récurrente.

de conduire les excitations sensitives dans le sens centripète et les excitations motrices dans le sens centrifuge ; en outre, les points du corps situés au-dessous de la section sont privés de sensibilité consciente et de mouvement volontaire.

Examinons maintenant quelles sont les régions de la moelle qui servent à la conduction.

Lorsqu'on fait une coupe transversale du cylindre médullaire, on voit qu'il est presque complètement partagé dans le sens longitudinal par deux sillons profonds, l'un dorsal, l'autre ventral, et qu'il présente, en outre, quatre sillons parallèles aux premiers, mais moins profonds : deux à droite, deux à gauche (fig. 95). Ce sont les deux *sillons antéro-latéraux* et les deux sillons *postéro-latéraux*.

De plus, la structure interne de la moelle n'est pas homogène. Au milieu d'une gaine de couleur blanche constituée par des fibres nerveuses, on aperçoit une masse centrale en forme d'X (*ac*), d'aspect grisâtre, qui est formée par des plastides nerveux. Les deux branches de l'X placées en avant s'appellent les *cornes antérieures*, les deux tournées en arrière sont les *cornes postérieures*.

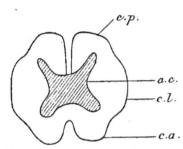

FIG. 95. — Coupe de la moelle : *cp* cordon postérieur, *ac* axe central gris, *cl* cordon latéral, *ca* cordon antérieur.

Au lieu de considérer une coupe, si nous examinons maintenant la moelle dans sa longueur, nous voyons qu'elle est constituée par : 1° l'axe gris central (*ac*); 2° les cordons postérieurs (*cp*) situés entre le sillon postérieur et les deux sillons postéro-latéraux; 3 les cordons latéraux (*cl*) entre les sillons postéro-latéraux et antéro-latéraux; 4° les cordons antérieurs (*ca*) entre le sillon antérieur et les deux

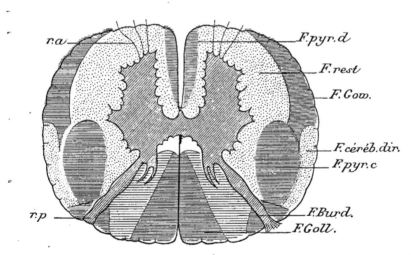

FIG. 96. — Coupe de la moelle. F *pyr. d.*, faisceau pyramidal direct; F *rest.*, faisceau restant; F *Gow.*, faisceau de Gowers; F *céréb. dir.*, faisceau cérébelleux direct; F *pyr. c.*, faisceau pyramidal croisé; F. *Burd.*, faisceau de Burdach; F *Goll*, faisceau de Goll; *ra* racine antérieure; *rp* racine postérieure.

sillons antéro-latéraux. Chacun de ces cordons est en réalité d'une complexité assez grande, comme on peut s'en assurer par la figure ci-jointe (fig. 96). Le cordon postérieur se décompose en faisceaux de Goll et de Burdach; le cordon latéral en faisceaux de Gowers, cérébelleux direct, pyramidal croisé, faisceau restant; enfin, le cordon antérieur comprend le faisceau pyramidal direct et le faisceau restant ou fondamental. Les neurones dont les prolongements forment ces cordons sont contenus : 1° dans l'écorce cérébrale pour les faisceaux directs et croisés; 2° dans les ganglions des racines postérieures. pour les faisceaux de Goll et de Burdach; 3° dans la substance grise médullaire pour les autres. Les cordons moteurs sont figurés en rouge, les sensitifs en bleu.

Les neurones médullaires sont groupés ou isolés.

Les neurones groupés sont : en 1, des plastides radiculaires de nerfs moteurs et des plastides d'association (cellules *cordonales*, dites *tautomères*, quand elles associent deux neurones du même côté de la moelle, *hétéromères* quand ce sont des neurones de deux côtés, et *hecatéromères* quand l'association est à la fois directe et croisée) ; en 2 et 3 sont des neurones analogues; en 4 des neurones donnant le faisceau cérébelleux direct *(colonne de Clark)*; en 5 et en 8 des cellules cordonales.

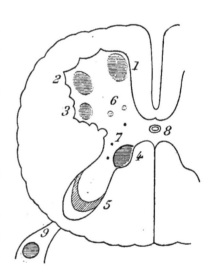

Fig. 97. — Distribution des neurones dans la moelle (rouge moteurs, bleu sensitifs, explication dans le texte).

Les neurones isolés sont, en 6, des neurones radiculaires antérieurs dont le prolongement cellulifuge passe par la corne postérieure, et des neurones cordonaux moteurs; en 7 des neurones cordonaux (fig. 97) (1).

_____

(1) Dans la racine postérieure, en 9 nous .avons un dernier groupement de

Chacun de ces cordons est susceptible d'être exploré séparément, soit dans le sens centripète, soit dans le sens centrifuge, si l'on fait une section transversale de la moelle vers le milieu de sa longueur.

Les cordons, de même que l'axe gris de la moelle, peuvent aussi être sectionnés séparément (fig. 98, 99 et 100).

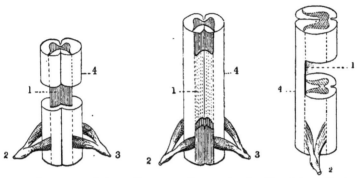

FIG. 98. — Destruction de la substance blanche.

FIG. 99. — Destruction de la substance grise.

FIG. 100. — Destruction de la moelle moins les cordons postérieurs.

Dans ces trois figures : 1 substance grise, 2, 3 racines des nerfs rachidiens, 4 substance blanche.

Excitons, avec une pointe fine, les cordons antérieurs par exemple, nous avons : bout central, rien; bout périphérique, mouvement. Sectionnons ces cordons antérieurs (ce qui peut se faire assez facilement à l'aide d'une lame courbée en forme de petite faucille et à pointe boutonnée) : nous obtenons alors une paralysie partielle des muscles innervés par les nerfs se détachant au-dessous de la section. La sensibilité n'étant pas atteinte par cette opération, on peut conclure de ces faits que les cordons antérieurs servent à la conductibilité motrice et que celle-ci s'exerce dans le sens centrifuge. Les cordons latéraux nous donnent des résultats analogues, sauf que l'excitation produit de la douleur : c'est au faisceau de Gowers qu'il faut attribuer cette manifestation, et peut-être au faisceau cérébelleux direct.

neurones, les cellules radiculaires postérieures, qui sont les neurones d'origine des faisceaux de Goll et de Burdach.

Répétons les mêmes explorations sur les cordons postérieurs.

L'excitation du bout central produit une vive douleur; celle du bout périphérique, rien. La section n'abolit pas la sensibilité des régions placées au-dessous, sauf la sensibilité tactile, mais celle-ci disparaît après la section de la colonne de substance grise, laquelle est inexcitable par elle-même, au moins à l'aide des agents artificiels, aussi bien dans le bout central que dans le bout périphérique. La section des cordons antéro-latéraux ne donne rien au point de vue de la sensibilité; mais, cette section faite, si l'on coupe la substance grise, même en respectant les cordons postérieurs, la sensibilité disparaît au-dessous de la section, à l'exception cependant des impressions tactiles.

Comme conclusion de tous ces faits, il ressort : 1° que les cordons antérieurs et latéraux sont exclusivement moteurs et à conduction centrifuge, sauf les faisceaux de Gowers et cérébelleux direct déjà signalés; 2° que la voie normale de la conduction sensitive, sauf pour le tact, est l'axe gris de la moelle; 3° que les cordons postérieurs constituent une voie de conduction sensitive pour les

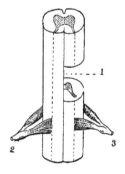

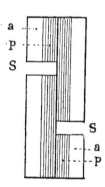

Fig. 101. — Hémisection de la moelle : 1 section partielle, 2, 3 racines rachidiennes.

Fig. 102. — Deux hémisections alternes et superposées. S, S section, *a* substance blanche, *p* substance grise.

excitations artificielles, laquelle est centripète : c'est la voie de conduction normale pour les sensations tactiles.

Pratiquons maintenant, non plus des sections totales, mais des hémisections divisant la moelle jusqu'aux sillons antérieur et postérieur (fig. 101).

Dans ces conditions, ni la sensibilité ni la motricité ne seront *complètement* détruites dans les membres

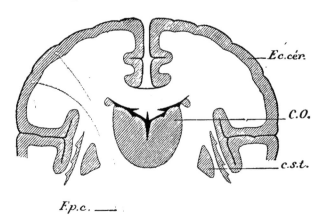

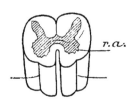

Fig. 103. — Voie motrice directe. E *cér.*, écorce cérébrale ; C O., couche optique ; *c. st.*, corps strié ; F *p.* c., faisceau pyramidal croisé ; F *p. d.*, faisceau pyramidal direct ; *ra*, racine antérieure.

situés au-dessous de la section, du côté de cette section; d'où résulte la preuve que la conduction est partiellement croisée. La conduction directe est due au faisceau pyramidal croisé, la conduction croisée au faisceau pyramidal direct, pour les voies motrices : pour les voies sensitives, la conduction directe est due au faisceau de Gowers et la conduction croisée aux faisceaux de Goll et de Burdach (fig. 103 et 104).

Deux demi-sections (fig. 104) pratiquées à des hauteurs différentes, l'une à droite, l'autre à gauche, abolissent complètement la sensibilité dans les régions placées plus bas; mais il faut que les hémisections soient complètes,

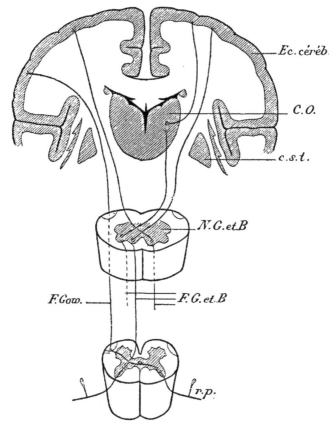

Fig. 104. — Voie sensitive directe. E *cérébr.*, écorce cérébrale; C O, couche optique; C *st.*, corps strié; N G et B, noyau de Goll et de Burdach; F G et B, faisceau de Goll et de Burdach; F *Gow.*, faisceau de Gowers; *rp*, racine postérieure.

un pont, même étroit, de substance grise suffisant à la conduction. Quant à la motricité, elle n'est pas complètement abolie, car il peut se faire encore un peu de conduction croisée.

Il est à noter cependant que les excitations sensitives suivent plutôt la voie croisée et les excitations motrices la voie directe.

POUVOIR RÉFLEXE DE LA MOELLE. — Après avoir sectionné
la moelle d'une grenouille et laissé cette dernière se
reposer quelque temps de l'excitation due au traumatisme, on constate que l'animal reste immobile si on ne
l'excite pas, mais qu'il répond à chaque excitation par

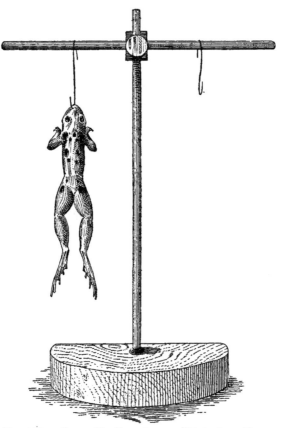

FIG. 105. — Grenouille disposée pour l'étude des réflexes.

des mouvements appropriés. Ces mouvements, qui ne
sont pas produits par un acte volontaire succédant à une
perception consciente, sont appelés *mouvements réflexes*,
ou plus simplement *réflexes*.

Voici le dispositif le plus commode pour étudier ces
réflexes.

On prend une grenouille et, avec de forts ciseaux, on
coupe la colonne vertébrale à la hauteur d'une ligne tan-

gente aux deux tympans. La moelle se trouve comprise dans la section et on est averti que celle-ci est bien totale par un cri particulier que pousse l'animal. On l'accroche alors par la mâchoire inférieure à une tige horizontale, de manière que les pattes pendent verticalement (fig. 105). Les nerfs des quatre membres prennent leur origine au-dessous de la section.

L'animal étant bien immobile, on pince légèrement une des pattes inférieures : cette patte se relève en un

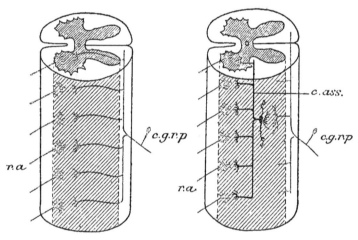

Fig. 106 et 107. — Schéma d'un réflexe : *c. g. r. p.*, plastide du ganglion de la racine postérieure ; *c. ass.*, plastide d'association ; *ra*, racine antérieure.

mouvement brusque pour retomber bientôt après. Si l'on pince un peu plus fort, les deux pattes postérieures entrent en action, mais le mouvement est plus énergique du côté pincé. Si l'on pince plus fort encore, le membre antérieur du côté excité se meut à son tour; enfin, quand l'excitation est encore plus forte, les quatre membres s'agitent.

Parfois, ces mouvements réflexes sont parfaitement appropriés à un but déterminé. Ainsi, quand on place en un point du corps d'une grenouille à moelle coupée un petit fragment de papier imbibé d'acide sulfurique, l'animal s'en débarrasse avec sa patte, en la portant exactement au point lésé et sans faire de mouvements désordonnés.

On explique les mouvements réflexes par une transmission de la sensation aux plastides des ganglions des racines postérieures, où se rendent les fibres sensitives, et le passage de l'excitation dans les plastides des cornes antérieures, d'où sortent les racines motrices ; enfin, par une transmission de cette excitation tout le long du nerf moteur. Il y a parfois un plastide intermédiaire entre le plastide sensitif et le plastide moteur (fig. 106 et 107).

La généralisation des réflexes se fait par les communications qui existent : d'une part d'un côté de la moelle à l'autre, d'autre part entre les différents étages de l'axe gris.

Les mouvements réflexes peuvent se produire même quand la moelle n'est pas séparée de l'encéphale, mais alors ils sont en général conscients. Dans ce dernier cas, ils se montrent moins énergiques pour une même excitation, parce qu'une partie de celle-ci est employée à mettre en mouvement les centres encéphaliques.

ONZIÈME LEÇON

Centres encéphaliques.

Les *centres encéphaliques* sont ceux qui sont contenus dans la cavité du crâne ; ils font suite sans démarcation à la moelle et, comme elle, sont composés partiellement de substance grise, constituant les véritables centres, et de substance blanche ou partie conductrice : on les divise en bulbe, cervelet, tubercules quadrijumeaux, cerveau.

Bulbe. — Le *bulbe* (fig. 108) ou encore *moelle allongée*, qui prolonge directement la moelle, a des limites tout

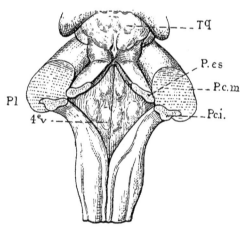

Fig. 108. — Bulbe rachidien ou moelle allongée, quatrième ventricule. T *q.*, tubercules quadrijumeaux ; P *c. s.*, pédoncules cérébelleux supérieurs ; P *c. m.*, pédoncules cérébelleux moyens ; P *c. i.*, pédoncules cérébelleux inférieurs ; 4ᵉ v. quatrième ventricule.

à fait artificielles : en bas un léger étranglement ou *collet du bulbe*, en haut la *protubérance annulaire*. Sa face

inférieure repose sur la gouttière basilaire de l'occipital,
sa face supérieure correspond à l'espace occipito-atloï-
dien. C'est par là qu'on ^y arrive le plus souvent et le
plus commodément pour l'expérimentation. Pour cela,
l'animal étant fixé sur la face ventrale, la tête est fléchie
de manière à tendre la face postérieure du cou; on
divise alors les muscles cervicaux suivant la ligne
médiane pour ne pas avoir d'hémorrhagies; après les
avoir écartés avec des crochets, on aperçoit au fond de
la plaie une membrane blanchâtre unissant l'occipital à
l'atlas. L'incision de cette membrane, qui provoque
l'écoulement du *liquide céphalo-rachidien*, met à nu la
face supérieure du bulbe, dont on ne voit d'ailleurs
qu'une très petite portion, appelée région du *calamus*.
On s'aperçoit alors que le sillon postérieur de la moelle
s'élargit beaucoup dans cette région, donnant naissance
à un espace qui porte le nom de *quatrième ventricule*,
espace délimité d'autre part par les *pédoncules cérébelleux*. Le fonds de cet espace de forme losangique,
partiellement recouvert par le cervelet, porte le nom de
plancher du quatrième ventricule; sur ce plancher sont
répartis un certain nombre de *noyaux gris* qui sont des
centres. Mais, avant d'aborder l'étude de ces centres,
examinons d'abord le bulbe au point de vue de la conduction, qui est ici comme dans la moelle motrice et
sensitive.

En faisant une hémisection, nous constatons que, ni
d'un côté ni de l'autre du corps, au-dessous de la section, il n'y a de paralysie ni d'anesthésie complète; nous
voyons pourtant que c'est le côté du corps opposé à la
section qui est le plus atteint : la transmission dans le
bulbe est donc surtout croisée. Ce fait est bien en
rapport avec les données anatomiques de l'entrecroisement des cordons blancs médullaires au niveau du
bulbe (fig. 109).

L'entrecroisement des cordons figurés par le schéma produit un morcellement de la substance grise, morcellement donnant naissance à des îlots de cette substance qui ne sont autres que des noyaux d'origine des nerfs craniens. Enfin, on trouve des noyaux gris nouveaux, qui sont : 1° les noyaux de Goll et de Burdach, relais des fibres sensitives montant vers les écorces cérébelleuse et cérébrale (fig. 109); 2° les olives, relais peu connu entre le cervelet et la moelle; 3° des noyaux superficiels localisés sur le plancher du quatrième ventricule.

Parmi ces centres, les plus importants sont les *centres respiratoire, circulatoire* et *diabétique*.

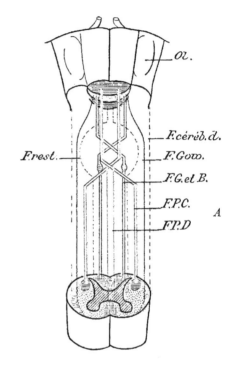

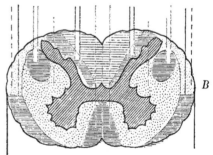

CENTRE RESPIRATOIRE.
— Le bulbe étant à nu, en enfonçant un instrument juste au-dessus de la pointe du V formé par l'écartement des

Fig. 109. — Entrecroisement des cordons blancs au niveau du bulbe A : *ol.*, olive; F *céréb. d.*, faisceau cérébelleux direct; F *Gow.*, faisceau de Gowers; F G et B faisceau de Goll et de Burdach; F P C faisceau pyramidal croisé; F P D faisceau pyramidal direct; F *rest.*, faisceau restant. B coupe en plus grand.

cordons postérieurs, dans le point nommé *bec du calamus scriptorius*, nous provoquons une suspension immédiate et définitive des mouvements respiratoires.

Les dimensions de la lésion n'ont pas besoin d'être considérables : trois millimètres suffisent.

On emploie souvent ce procédé en physiologie, pour sacrifier les animaux; il n'est pas besoin de mettre le bulbe à nu et l'on peut opérer de l'extérieur de la façon suivante. On saisit d'une main le museau de l'animal pour fixer solidement la tête, de l'autre on enfonce à un ou deux centimètres en arrière de la bosse occipitale un instrument à la fois pointu et tranchant par le bout, connu sous le nom de *tue-chien* (fig. 110), en lui donnant une direction oblique, comme si l'on voulait le faire

FIG. 110. — Tue-chien.

ressortir par le nez. Il passe ainsi entre l'occipital et l'atlas et vient buter contre la gouttière basilaire; on le fait osciller dans le sens transversal, à droite, puis à gauche : la section du bulbe est alors accomplie dans le lieu d'élection et les mouvements respiratoires s'arrêtent subitement. Il existe donc bien dans cette région un centre présidant à la respiration; il est même double, car l'hémisection du bulbe arrête d'un côté seulement les mouvements respiratoires.

Le centre respiratoire bulbaire est automatique, mais il est influencé par un centre cérébral, lequel est lui-même excité par la veinosité du sang. Toutes les fois que celui-ci devient asphyxique, les mouvements respiratoires se précipitent et il y a *dyspnée*. Toutes les fois, au contraire, que le sang est suroxygéné, comme on peut le faire par la respiration artificielle, il y a cessation des mouvements respiratoires ou *apnée*. Ce centre est aussi soumis à l'action des impressions sensitives venues, soit de l'extérieur par les nerfs généraux ou cutanés, soit du poumon par l'intermédiaire des pneumogastriques (1).

Après la section du bulbe, la respiration seule est abolie ; toutes les autres fonctions, sauf la conduction, persistent et on peut entretenir la vie en faisant la respiration artificielle.

CENTRE CIRCULATOIRE. — Un peu en dehors du centre respiratoire se trouvent, à droite et à gauche, des centres circulatoires dont la lésion détermine l'arrêt du cœur. Cette lésion n'agit d'ailleurs que par l'intermédiaire des pneumogastriques, et après leur section aucun effet n'est plus produit (2).

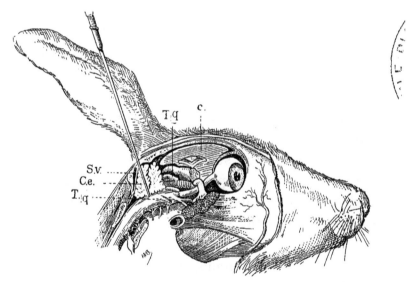

Fig. 111. — Piqûre diabétique : *c* cerveau, T *q* tubercules quadrijumeaux, S v sinus veineux, Ce cervelet, T *g* trijumeau.

CENTRE DIABÉTIQUE (3). — Pour provoquer un diabète, qui ne sera que momentané d'ailleurs, l'animal choisi de

---

(1) Voir, pour plus de détails : Action du système nerveux sur la respiration, 5ᵉ partie.

(2) Pour plus de détails, voir l'Innervation de la circulation, 6ᵉ partie.

(3) Ce centre est situé entre une ligne transversale unissant les deux tubercules dits de Wengel et une autre ligne joignant les deux noyaux d'origine des pneumogastriques.

préférence est le lapin. Voici comment on procède. Comme il faut opérer par l'extérieur, on doit forcément traverser le cervelet (fig. 111), car le centre, dont la lésion provoque l'apparition du sucre dans les urines, est recouvert par cet organe. On prend un petit instrument aplati et tranchant à son extrémité (fig. 112), large de 3 millimètres environ et présentant sur le milieu de ce tranchant une pointe de 1 millimètre de long. Après avoir reconnu la bosse occipitale supérieure, on enfonce

FIG. 112. — Instrument pour la piqûre diabétique.

cet instrument à travers le crâne, en le dirigeant de manière à le faire passer au milieu de la ligne qui joint les deux conduits auriculaires, jusqu'à ce que la pointe de l'instrument rencontre l'os basilaire. Grâce à cette pointe, la portion tranchante de l'instrument n'atteint pas les cordons antérieurs. Quelques heures après cette opération, on trouve du sucre dans les urines.

La cause de son apparition est une action vaso-motrice viscérale transmise par les splanchniques et agissant indirectement sur le foie.

Cervelet. — Cet organe, situé immédiatement au-dessus du bulbe, présente cette particularité que, indépendamment des centres gris internes, formant le *corps dentelé*, il a une couche corticale de plastides nerveux. Il est composé de trois lobes : un médian et deux latéraux. Une membrane parfois ossifiée, ou *tente du cervelet*, le sépare des centres encéphaliques supérieurs. Il est relié au bulbe par les *pédoncules cérébelleux inférieurs* et aux hémisphères par les *pédoncules cérébelleux supérieurs*. Enfin, ses deux lobes latéraux sont rattachés entre eux par une sorte de cravate qui passe au-dessous du bulbe, ce sont les *pédoncules cérébelleux moyens.* Ces pédoncules sont constitués comme suit.

a) Les inférieurs : 1° par une partie des faisceaux sensitifs venant des noyaux de Goll et de Burdach et qui ont leur terminaison dans l'écorce cérébelleuse ; 2° par le faisceau cérébelleux direct venant de la colonne de Clark et ayant sa terminaison dans la même écorce ; 3° par le faisceau cérébelleux moteur, ayant son origine dans l'écorce du cervelet et descendant dans la moelle ; 4° par

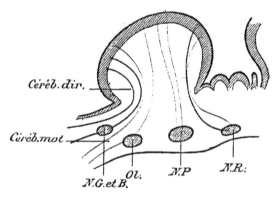

Fig. 113. — Constitution des pédoncules cérébelleux. N G et B, noyaux de Goll et de Burdach ; Ol., olive ; N P, noyau du pont ; N R, noyau rouge ; *Céréb. dir.*, faisceau cérébelleux direct ; *Céréb. mot.*, faisceau cérébelleux moteur.

le faisceau olivaire allant de l'écorce cérébelleuse à un un noyau gris, dit *olive,* situé dans le bulbe.

b) Les moyens : par des fibres ayant leur origine dans l'écorce cérébelleuse d'un côté, et aboutissant à celle de l'autre côté, après un relais dans les noyaux gris de la protubérance dits noyaux du pont (fig. 113).

c) Les supérieurs : par des fibres sensitives et motrices, allant les unes de l'écorce du cervelet au noyau de substance grise dit noyau rouge, situé dans les pédoncules cérébraux, les autres de ce noyau rouge à l'écorce cérébelleuse (fig. 113). Les pédoncules cérébelleux moyens composent en grande partie la *protubérance* ou *pont de Varole.*

Il est possible de faire porter sur ce cervelet, ou sur ses pédoncules, des excitations à l'aide d'instruments perforant le crâne; on peut aussi faire son ablation, auquel cas il faut ouvrir la boîte cranienne.

La lésion des pédoncules cérébelleux inférieurs produit une incurvation en arc de cercle du côté excité et

Fɪɢ. 114. — Lésion des pédoncules cérébelleux inférieurs. Mouvements en aiguille de montre (les flèches indiquent le sens du déplacement de l'animal).

peut même provoquer des mouvements dits en aiguille de montre, c'est-à-dire que le train antérieur de l'animal décrit alors une circonférence dont le train postérieur est le centre (fig. 114).

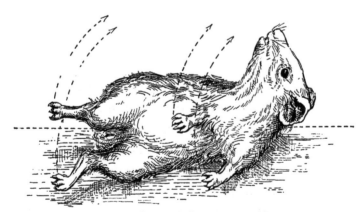

Fɪɢ. 115. — Lésion des pédoncules cérébelleux moyens. Mouvements en tonneau.

La lésion des pédoncules cérébelleux moyens provoque les mouvements dits en tonneau : l'animal est alors entraîné d'une façon irrésistible (caractéristique de tous ces mouvements) dans une giration autour de l'axe de son corps (fig. 115).

Enfin, la lésion des pédoncules cérébelleux supérieurs

Fɪɢ. 116. — Lésion des pédoncules cérébelleux supérieurs. Mouvements de manège.

détermine les mouvements de manège (fig. 116). L'animal tourne en cercle comme un cheval de cirque : le centre du cercle est situé du côté de la lésion. Nous verrons que la lésion des pédoncules cérébraux produit le même effet.

Fɪɢ. 117. — Effet de l'ablation du cervelet : l'animal ne peut plus garder son équilibre.

Les lésions du cervelet ou son ablation amènent l'incoordination dans les mouvements, c'est-à-dire une démarche désordonnée, chancelante, comme dans l'ivresse (fig. 117).

Tubercules quadrijumeaux. — Ceux-ci forment les centres situés immédiatement au-dessus du cervelet. On ne peut les atteindre que par une ouverture de la boîte cranienne; leur ablation provoque, entre autres phénomènes, l'immobilisation de la pupille, qui ne réagit plus sous l'influence des variations de l'éclairage, comme cela a lieu à l'état normal : rétrécissement à la lumière, élargissement dans l'obscurité. L'expérience est surtout facile à réaliser sur une grenouille dont les tubercules (ici *bijumeaux* ou lobes optiques), très dévèloppés, plus que les hémisphères, sont facilement accessibles après ouverture de la boîte cranienne (fig. 125). Les tubercules quadrijumeaux semblent avoir un certain rôle dans la perception visuelle. Quand on enlève exclusivement les hémisphères à un animal, il peut suivre des yeux une lumière qu'on déplace ; après l'ablation des tubercules quadrijumeaux, cet effet ne se produit plus.

Cerveau. a) *Pédoncules cérébraux.* — Les fibres blanches de la moelle et du bulbe qui remontent vers les centres encéphaliques supérieurs, augmentés des pédoncules cérébelleux supérieurs, constituent les pédoncules cérébraux. Ceux-ci ne peuvent être atteints qu'après ouverture du crâne, à moins qu'ils ne soient lésés par un instrument perforant les parois osseuses Les pédoncules sont le siège de réactions motrices et sensitives; leur action produit des hémiparalysies et des hémianesthésies croisées. Dans le cas de section d'un pédoncule cérébral, on a la paralysie du corps du côté opposé à la section (cela n'a rien d'étonnant, puisque le croisement du faisceau pyramidal se fait plus bas dans le bulbe) et une paralysie faciale du même côté, les noyaux moteurs d'origine du nerf cranien étant du côté de la section.

Leur lésion provoque aussi, comme celle des pédoncules cérébelleux supérieurs, avec lesquels d'ailleurs ils ont des relations anatomiques très étroites, des mouvements de manège irrésistibles.

b) *Hémisphères cérébraux.* — Ceux-ci sont constitués par l'épanouissement des fibres blanches des pédoncules cérébraux, par des fibres commissurales et par des centres gris qui sont : 1° *l'écorce cérébrale* périphérique; 2° les *couches optiques* et les *corps striés* centraux. Il y a deux hémisphères séparés entre eux par une fente profonde, *grande scissure, scissure interhémisphérique.*

α) Pour expérimenter sur les hémisphères, il faut ouvrir la boîte cranienne.

On peut, soit enlever toute la calotte, soit pratiquer seulement, à l'aide d'un trépan, de petites ouvertures circulaires localisées au point où l'on veut faire porter les recherches.

Voyons d'abord comment se fait l'enlèvement total de la calotte (fig. 118). L'animal étant anesthésié, fixé sur le ventre et la tête bien immobilisée, on pratique sur la ligne médiane une incision partant de la ligne interoculaire et s'étendant jusqu'en arrière du crâne. Cette incision porte jusqu'à l'os; elle se fait sans hémorrhagie notable. La peau est rabattue des deux côtés

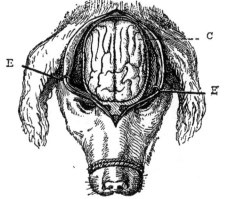

Fig. 118. — Cerveau de chien mis à nu : c cerveau, E E érignes.

et, après section de l'aponévrose temporale, on détache les insertions du muscle temporal dans la por-

tion supérieure ; cette partie de l'opération se fait
avantageusement au thermocautère. On rugine ensuite
le périoste du crâne dénudé, puis, soit à l'aide d'une
scie, soit plutôt à l'aide d'une lime tranchante analogue à celles que l'on emploie pour fendre les têtes
de vis, on trace un sillon circulaire délimitant la calotte à enlever. Tant qu'on attaque seulement la table
externe des os il n'y a pas de sang, mais, aussitôt
que l'on arrive au diploë, l'hémorragie se déclare ; on
l'arrête avec de l'amadou imbibé de perchlorure de fer.
Quand la calotte est presque détachée, on la fait sauter
d'un seul coup, en introduisant dans la rainure une
rugine à laquelle on imprime un mouvement de bascule.
D'autres fois, l'opération se fait autrement : une ouverture
étant ménagée dans le crâne, on fait sauter fragments
par fragments la boîte osseuse à l'aide d'une forte pince.

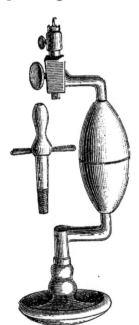

Fig. 119. — Trépan.

On arrive ainsi à découvrir la dure-
mère qui présente un sinus veineux
médian très important. A l'aide d'une
aiguille introduite avec précaution,
pour ne pas léser la substance nerveuse sous-jacente, on passe un fil sous
le sinus, à ses parties antérieure et
postérieure, et on fait deux ligatures.
La dure-mère peut être incisée entre
ces deux ligatures sans hémorrhagie
et le cerveau, enveloppé seulement par
l'arachnoïde et la pie-mère, se présente à l'expérimentateur.

L'enlèvement d'une rondelle osseuse se fait à l'aide d'une couronne
de trépan (fig. 119), petite scie annulaire mue par un vilebrequin et dont
on peut régler la profondeur d'incision à l'aide d'un bu-
toir concentrique à cette scie. Le centre de l'instrument

est occupé par une tige pointue, dite élévateur, qu'on
enfonce au point voulu et qui sert à fixer le trépan et à
retirer la rondelle lorsqu'elle a été détachée. L'élévateur
ne doit dépasser la couronne de trépan que de 2 à 3 millimètres.

Dans cette opération, il y a aussi un écoulement sanguin
par les vaisseaux du diploë, écoulement que l'on peut arrêter soit avec de
l'amadou, soit avec
de la cire à modeler.
Inutile de dire qu'il
faut employer de
grandes précautions
dans les derniers
temps de l'opéra-
tion, pour ne pas lé-
ser le cerveau avec
la couronne de tré-
pan. Arrivé sur la
dure-mère, on l'in-
cise, en prenant les
précautions indi-

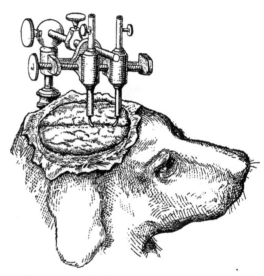

Fig. 120. — Excitation du cerveau du chien.

quées plus haut, si elle est traversée par un tronc veineux important au point découvert.

La figure 120 représente le cerveau du chien mis à nu
totalement. On peut alors l'exciter dans des points
déterminés (fig. 121) et constater qu'à telle excitation de
l'écorce correspond tel mouvement. A la partie antérieure des hémisphères on aperçoit, perpendiculaire à
la grande scissure, un sillon transverse dit *sillon crucial* :
c'est l'excitation de la circonvolution entourant ce sillon,
ou *gyrus sigmoïde*, qui provoque surtout des mouvements. Il est à remarquer que les mouvements se produisent du côté opposé à celui de l'excitation. Celle-ci
doit être relativement faible et très superficielle, pour ne

pas léser avec les pointes de l'excitateur la substance grise et pour éviter les irradiations. On peut arriver à trouver des points spéciaux provoquant inévitablement tel ou tel mouvement (fig. 121). L'anesthésie doit être très peu profonde : il est même préférable de la suspendre complètement au moment des excitations.

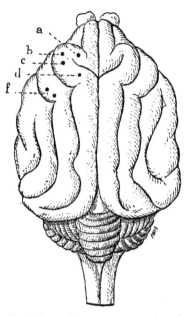

FIG. 121. — Centres moteurs chez le chien : *a* muscles de la nuque, *b* extenseurs et adducteurs de la patte antérieure, *c* fléchisseurs et rotateurs de la patte antérieure, *g* muscles de la patte postérieure, *f* muscles de la face.

Chez l'homme il existe aussi des points spéciaux (fig. 122), localisés autour de la scissure de Rolando et qui produisent, par leur excitation, des mouvements déterminés (ce sont les points de départ des faisceaux pyramidaux directs et croisés dans l'écorce céré-

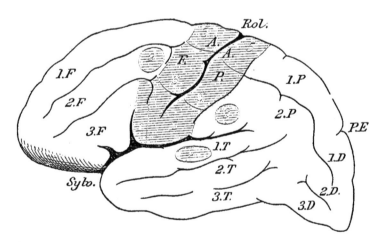

FIG. 122. — Centres corticaux cérébraux chez l'homme. *Sylv.*, scissure de Sylvius, *Rol.*, scissure de Rolando ; P E, scissure perpendiculaire externe ; 1, 2, 3, F circonvolutions frontales ; F A frontale ascendante ; P A pariétale ascendante ; 1 P 2 P circonvolutions pariétales ; 1, 2, 3, D circonvolutions occipitales ; 1, 2, 3, T circonvolutions temporales ; 5 centre pour les membres inférieurs, 6 pour les membres supérieurs, 7 pour la face (les centres 1. 2. 3. 4. sont des centres spéciaux ; 1, aphasie ; 2, agraphie ; 3, cécité verbale ; 4, surdité verbale).

brale) : en 5 on a des mouvements des membres supérieurs, en 6 des membres inférieurs, en 7 de la face. Il
est à remarquer que ces points de départ des cordons

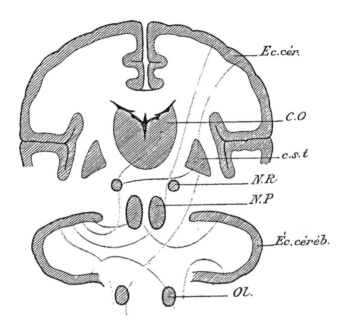

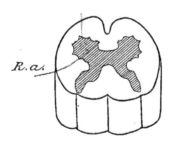

F̲ɪɢ. 123. — Voie motrice indirecte. Ec. *cér.*, écorce cérébrale; C O couche optique;
C *st.*, corps strié; N R noyau rouge; *N* P noyau du pont; Ec. *céréb.*, écorce cérébelleuse; O*l.*, olive; R. *a.*, racine antérieure.

moteurs sont aussi les points d'arrivée des faisceaux
sensitifs (cordons de Goll et de Burdach). Les fibres
motrices, comme les fibres sensitives d'ailleurs, peuvent
avoir des trajets plus ou moins compliqués, ainsi que le
montrent les schémas ci-joints, soit pour aller de l'écorce

à un muscle, soit pour apporter à l'écorce les impressions de la périphérie (fig. 123 et 124).

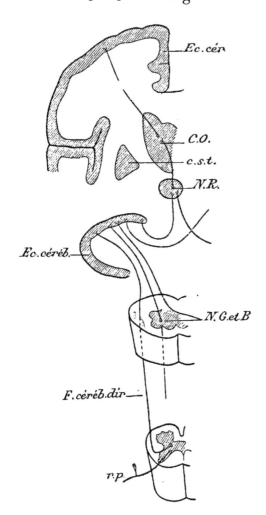

β) *Ablation*. — Pour enlever les hémisphères en totalité, on se sert soit du manche aplati d'un scalpel, soit d'une petite curette ou mieux d'une spatule. L'opération est surtout facile chez les oiseaux et les jeunes mammifères, à cause du peu de solidité de la boîte cranienne et de la facilité avec laquelle on arrête les hémorrhagies. Avec le bord tranchant de la spatule, on pénètre entre les hémisphères et les tubercules quadrijumeaux . Quand on a rencontré la base du crâne, on relève la spatule en avant en la glissant sous les hémi-

Fig. 124. — Voie sensitive indirecte. Ec. *céréb.*, écorce cérébrale; C O couche optique; *cst.*, corps strié ; N R noyau rouge ; Ec. *céréb.*, écorce cérébelleuse; N G et B noyaux de Goll et de Burdach; F *céréb. dir.*, faisceau cérébelleux direct; *r p* racine postérieure.

sphères, tranchant ainsi les nerfs optiques et olfactifs.

L'ablation des hémisphères se fait aussi avec une grande facilité chez la grenouille.

Les animaux opérés ont perdu exclusivement la sensibilité consciente et la motricité volontaire, mais toutes les autres fonctions sont conservées. La grenouille, placée dans l'eau, nage; l'oiseau, jeté dans l'air, vole; mais ils ne savent plus éviter les obstacles. Si on introduit des aliments dans la bouche, la déglutition, la digestion, l'absorption, la défécation, etc., s'effectueront comme à l'état normal; seulement, l'animal placé à côté de la nourriture ne la prend pas spontanément et reste en état de stupeur. Il suffit de laisser des portions relativement faibles des hémisphères pour que les mouvements volontaires ne soient pas abolis.

Au lieu d'enlever la totalité des hémisphères, on peut se contenter de les décortiquer, de les dépouiller de leur couche grise à l'aide d'un filet d'eau chaude, à une pression suffisante pour éviter les hémorrhagies, ou bien encore de détruire cette couche grise par le thermocautère. Le résultat est le même que dans l'ablation totale.

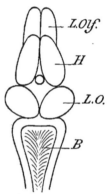

Fig. 125. — Encéphale de la grenouille : L *olf* lobes olfactifs ; H hémisphères ; L O lobes optiques ; B bulbe.

γ) *Couches optiques et corps striés.* — Ces noyaux gris sont susceptibles d'être excités ou détruits après ouverture du crâne, soit en les mettant à nu par l'ablation d'une certaine quantité de l'écorce cérébrale et de la substance blanche qui les entoure, soit en agissant à travers les couches en question. Il est possible aussi de les détruire par hémorrhagies expérimentales ou injections interstitielles : on constate alors que les couches optiques sont des centres sensitifs et les corps striés des centres moteurs.

Les couches optiques se trouvant sur le trajet des fibres sensitives montant des cordons postérieurs à l'écorce cérébrale sont considérées, pour cette raison, comme centres servant de relais sensitifs, et les *corps striés* situés sur le trajet d'une partie des fibres descen-

dant de l'écorce vers les cordons antérieurs sont considérés comme des relais moteurs.

Il existe dans le cerveau des centres thermiques qui
ont été nettement mis en évidence par nos recherches
sur la calorification chez les marmottes. Ces centres ne
se trouvent pas situés dans la couche corticale des
hémisphères, car un sujet engourdi se réveille et se
réchauffe complètement après la destruction de cette
couche, tandis qu'après l'ablation des couches optiques
et des corps striés, tout réchauffement automatique est
impossible (1).

Système sympathique. — A côté du système nerveux
cérébrospinal, nous trouvons le système nerveux grand
sympathique.

Celui-ci est formé d'une double chaîne ganglionnaire :
les deux chaînes, dont les ganglions nerveux sont reliés
par des fibres longitudinales, sont situées à droite et à
gauche de la colonne vertébrale qu'elles accompagnent
dans toute sa longueur. Chaque ganglion reçoit d'une
paire rachidienne un filet ou *rameau communiquant*, qui
établit la connexion avec le système cérébrospinal.
Nous étudierons le système sympathique à propos de
l'innervation du cœur et des vaisseaux.

_____

(1) RAPHAEL DUBOIS. Recherches sur le mécanisme de la thermogenèse et du
sommeil chez les mammifères. *Annales de l'Université de Lyon*, 1896.

QUATRIÈME PARTIE

PROPRIÉTÉS GÉNÉRALES DES MUSCLES

DOUZIÈME LEÇON

Propriétés générales des muscles.

Les muscles sont les organes actifs du mouvement : on les divise, suivant leurs caractères histologiques, en *muscles lisses* et en *muscles striés*. Ce sont les propriétés de ces derniers que nous étudierons plus spécialement. Ils sont formés par l'empilement de disques alternativement clairs ou *disques minces* et obscurs ou *disques épais* (fig. 126). Ces fibres réunies en *faisceau* sont enveloppées d'une membrane conjonctive ou *aponévrose* et se terminent par des *tendons*.

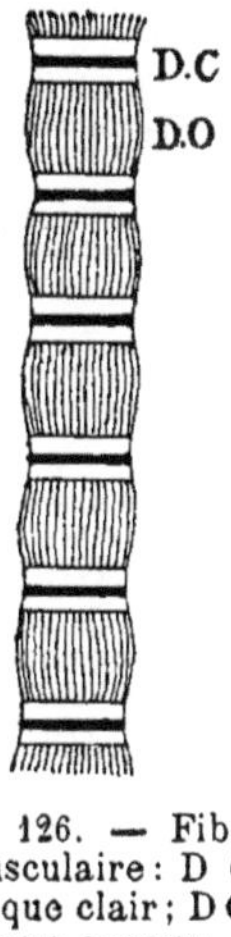

FIG. 126. — Fibre musculaire : D C, disque clair ; D O, disque opaque.

Irritabilité, élasticité, contractilité. — Les muscles sont irritables, c'est-à-dire qu'ils réagissent sous l'influence des excitants. Ces derniers sont les mêmes que ceux des nerfs dont il a été question dans la huitième leçon; mais, avec le muscle, le résultat de l'excitation est la contraction musculaire, qui consiste en un *raccourcissement* et un *épaississement* du muscle.

72

On peut se demander s'il y a, en même temps, variation de volume. L'expérience suivante démontre qu'il ne
se produit, sous ce rapport, aucun changement appréciable.

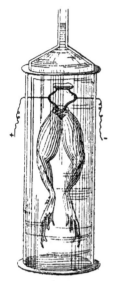

On introduit le train postérieur d'une
grenouille dans un flacon rempli d'eau
et fermé à l'aide d'un bouchon traversé
par un tube capillaire et par deux fils
électriques pouvant exciter ce train postérieur (fig. 127).

A l'état de repos des muscles, l'eau
monte à un certain niveau dans le tube
capillaire. Si on lance un courant dans
les fils, les muscles se contractent et
cependant le niveau ne varie pas sensiblement.

Fig. 127. — Dispositif
pour montrer qu'en
se contractant, un
muscle ne change
pas de volume.

Le raccourcissement et le gonflement
des muscles sont étudiés à l'aide d'instruments dits *myographes* : les uns sont
directs, les autres *à transmission*.

Nous allons étudier le raccourcissement du muscle,
d'abord par le procédé direct, ensuite par celui de la
transmission.

Le myographe direct (fig. 128) se compose essentiellement d'un levier horizontal pouvant osciller autour
d'un point fixe. A ce levier sont rattachés deux fils :
l'un, terminé par un crochet, va se fixer au tendon du
muscle en expérience; l'autre, de direction inverse et
réfléchi sur une poulie, est tendu par un petit poids ou
ressort destiné à ramener le levier à l'équilibre, quand
il en a été dévié par la contraction du muscle.

Dans le myographe à transmission (fig. 129), le membre
a son tendon rattaché par un fil au levier d'un tambour
récepteur; ce dernier est conjugué à un tambour enregistreur à l'aide d'un tube en caoutchouc.

Le myographe direct pour l'étude du gonflement du

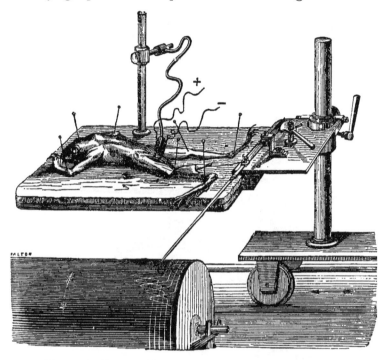

FIG. 128. — Myographe direct de Marey pour l'étude du raccourcissement du muscle.

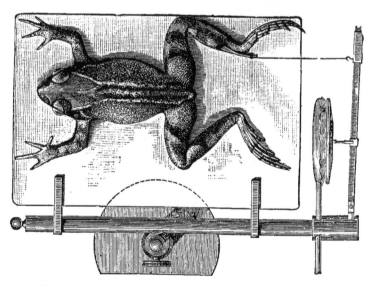

FIG. 129. — Myographe à transmission pour l'étude du raccourcissement du muscle.

muscle est composé d'un simple levier pouvant osciller

autour d'un point fixe et reposant sur le muscle, non
loin de son point d'oscillation (fig. 130). Quand le muscle
se gonfle, le levier est naturellement soulevé.

Avec le modèle *à transmission*, on fait reposer sur le

Fig. 130. — Myographe direct pour le gonflement du muscle (ici le cœur).

muscle le levier d'un tambour récepteur conjugué à un
tambour enregistreur (fig. 131).

Nous nous occuperons du fonctionnement des myographes à propos de la secousse musculaire, dans la
prochaine leçon.

Quand le muscle s'est contracté, il revient, l'excitation
cessant, à son état d'équilibre; il en est de même lorsqu'il a été allongé par une traction modérée : c'est ce
qui constitue l'*élasticité musculaire*.

Le muscle est, en effet, un organe faiblement et parfaitèment élastique, c'est-à-dire : 1° qu'il faut un faible poids pour l'allonger; 2° qu'il reprend exactement sa forme quand la traction cesse.

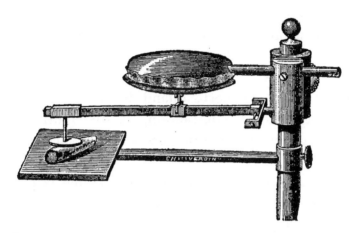

FIG. 131. — Myographe à transmission pour le gonflement du muscle.

Une trop forte traction détruit ou plutôt rend imparfaite l'élasticité du muscle.

·Pour le démontrer, prenons un gastrocnémien *g* de grenouille, fixons-le par un de ses tendons *t* et accrochons à l'autre *t'* des poids de plus en plus forts : ce dernier porte, en outre, un index *i* qui se déplace devant une règle graduée *r* (fig. 132).

On constate que, pour des poids faibles, l'index revient à son point de départ, quand la traction est supprimée, tandis que, pour des poids forts, le muscle reste allongé après l'enlèvement de la charge.

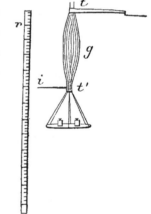

FIG. 132. — Etude de l'élasticité musculaire : *g* gastrocnémien de grenouille, *t t'* ses tendons, *r* règle graduée, *i* index.

Ce même dispositif permet aussi de voir de quelle longueur un muscle s'allonge pour une traction donnée.

On peut encore chercher quel est le poids susceptible

d'amener la rupture du muscle et mesurer ainsi sa
ténacité.

Courants électriques musculaires. — Le muscle est
le siège de manifestations électriques analogues à celles
des nerfs. A l'état d'inaction, sa surface naturelle a
un potentiel plus élevé que sa surface de section. De
même que pour le nerf, quand le muscle entre en
action, c'est-à-dire en contraction, la distribution électrique change et le potentiel baisse à la surface naturelle.

On étudie ces manifestations électriques par le procédé
employé pour les nerfs, ou bien encore au moyen de la
patte galvanoscopique. Celle-ci n'est autre chose qu'une
patte, de grenouille détachée de l'animal, à laquelle le
nerf sciatique disséqué avec soin et sectionné près de son
origine centrale reste attaché. Nous avons vu dans la ne
vième leçon comment on doit procéder.

Les muscles et les nerfs, surtout chez les animaux à
sang froid, gardent pendant un certain temps leurs
propriétés physiologiques, ce qui permet de faire avec
la patte galvanoscopique quelques expériences intéres-
santes.

Si nous excitons, à l'aide d'un excitateur relié à
une pile ou à la bobine d'induction, le nerf de la patte
galvanoscopique, nous obtenons aussitôt une contraction.

Mais on peut se passer de la pile et de la bobine pour
arriver au même résultat.

Il suffit de relever avec un petit crochet de verre C
l'extrémité du nerf sciatique N, de façon qu'elle vienne
toucher un point de la surface naturelle du muscle M
(fig. 133), pour que la patte se contracte. Cela tient à ce
qu'au moment où le contact a été établi, le nerf a été
parcouru par un courant allant de la surface naturelle

du muscle à la surface de section, cette dernière étant négative ou mieux à un potentiel inférieur par rapport à la première.

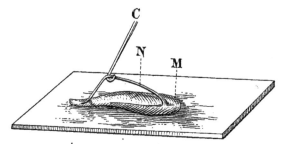

FIG. 133. — Patte galvanoscopique.

On peut faire une expérience analogue en se servant d'une seconde patte et en mettant le nerf sciatique de la première en contact d'une part avec la section, et d'autre part avec la surface des muscles de cette patte; mais, après

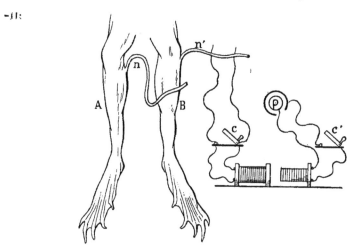

FIG. 134. — Contraction induite : A B, pattes de grenouilles, *nn'* leurs nerfs sciatiques, *p* pile, *cc'* leviers-clefs.

cette contraction, on peut en provoquer une deuxième en excitant le nerf de la seconde patte. Cela n'est pas surprenant, puisque la contraction de cette dernière amène une modification dans la distribution de l'électricité et un renversement du courant d'inaction. On a donné à ce phénomène le nom de *contraction induite* (fig. 134).

On comprend facilement qu'en disposant à la suite les unes des autres un certain nombre de pattes galvanoscopiques de la même manière, on puisse, en excitant le nerf sciatique de la première, faire contracter toutes les autres (fig. 135).

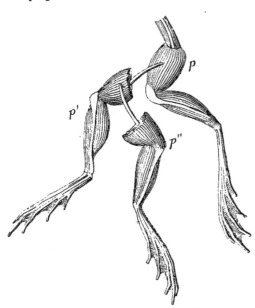

Si la patte inductrice est en état de contraction permanente, c'est-à-dire de tétanos musculaire, la patte induite est maintenue dans le même état.

Fig. 135. — Série de pattes galvanoscopiques, *p p′ p″* induisant chacune par sa contraction une contraction dans la suivante.

Plaques motrices. - Le nerf moteur es. en relation avec le muscle qu'il commande par des terminaisons spéciales qui ont reçu le nom de *plaques motrices*. La destruction ou la paralysie de ces terminaisons suffit pour que le muscle ne réponde plus quand le nerf est excité. Nous allons prouver cette assertion par l'étude de l'action du curare sur ces plaques.

Comme vous le savez, le curare est un poison paralysant : nous avons mis à profit cette propriété comme moyen de contention.

Pour que la motricité s'exerce, il faut d'abord qu'il y ait intégrité : 1° des centres moteurs ; 2° des nerfs moteurs ; 3° des muscles. On peut se demander, d'une part, si c'est sur un de ces trois éléments que le curare porte son action, et, d'autre part, si la sensibilité est conservée chez l'animal curarisé.

Par une première expérience, on démontre que la contractilité musculaire n'est pas abolie sur l'animal paralysé par le curare : il suffit pour cela d'exciter directement ses muscles par l'électricité et on les voit se contracter. Ce n'est qu'avec de très hautes doses de poison que cette contractilité est affaiblie (fig. 136).

Chez la grenouille curarisée, mais dont les muscles se contractent bien sous l'influence d'une excitation électrique directe, on constate, en outre, que celle d'un nerf quelconque n'est suivie d'aucun effet. Pourtant le curare n'empoisonne pas le nerf, comme on peut s'en assurer en faisant tremper, par exemple, le nerf sciatique d'une patte galvanoscopique dans un verre de montre contenant une solution de curare : l'excitation de ce nerf produit une contraction.

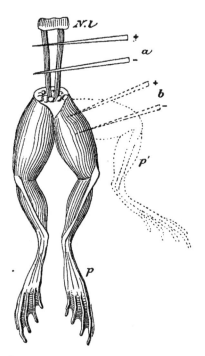

Fig. 136. — Expérience montrant que le muscle n'est pas atteint dans l'empoisonnement curarique : en *a*, l'excitation des nerfs lombaires, N *l* ne produit rien, en *b* l'excitation de la patte *p* produit une contraction.

L'expérience suivante va vous montrer que les centres ne sont pas atteints non plus et que seuls les points de contact des nerfs et des muscles, c'est-à-dire les plaques motrices, sont paralysés. Ces dernières ne sont pas frappées sans retour, car après l'élimination du poison, la motricité reparaît. Quant à la sensibilité, elle persiste tout entière.

Après avoir fendu la peau du dos d'une grenouille, depuis l'anus jusqu'à la dernière vertèbre, on aperçoit une pièce osseuse, ou *hypostyle*, sur laquelle s'appuie

le bassin ; en la reséquant, on met à nu : 1° l'aorte médiane; 2° à droite et à gau-
che trois filets nerveux,
qui sont les origines des
sciatiques des deux pattes
(fig. 137).

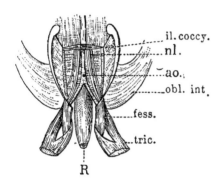

FIG. 137. — Mise à nu des nerfs lombaires et de l'aorte chez la grenouille :
il.coccy muscle iléococcygien, *nl* nerfs
lombaires, *ao* aorte, *obl.int* muscle oblique interne, *fess* muscle fessier, *tric* muscle triceps fémoral, R rectum.

A l'aide d'une pince fine
et courbée nous passons un
fil, de manière à laisser au-
dessus de lui les deux paires
nerveuses et au-dessous
l'aorte. Nous passons également le fil sous les deux
ischions. Les deux bouts
ramenés sous la face ventrale de la grenouille sont liés
solidement (fig. 138). De cette ma-
nière, par suite de la compression
de l'aorte, la communication vasculaire est interrompue entre le
train antérieur et le train postérieur de l'animal; mais, les nerfs
étant au-dessus de la ligature,
la communication nerveuse persiste.

On injecte alors, dans la partie
antérieure de l'animal, un demi-
centimètre cube environ d'une
solution de curare à 1 pour 100.
Ce train antérieur ne tarde pas à
se paralyser, mais, en pinçant une
patte de devant, on voit les pattes
de derrière réagir violemment.

FIG. 138. — Grenouille préparée
pour montrer l'intégrité des
centres et la persistance de la
sensibilité après l'empoisonnement curarique: *N* nerfs lombaires, L ligature.

Au lieu de protéger tout le
train postérieur contre l'empoisonnement, on peut ne
garantir qu'une patte en la liant entièrement, sauf le scia-

tique laissé libre. Cette patte seule répond aux excitations.

Ceci prouve : 1° que dans le train antérieur paralysé la sensibilité persiste, puisqu'on peut provoquer des mouvements en l'excitant; 2° que la moelle épinière, bien que baignée par le poison, est intacte au point de vue fonctionnel, puisque les réflexes peuvent encore se produire.

Vous avez vu, d'autre part, que le muscle et le nerf moteur ne sont atteints ni l'un ni l'autre. Cependant, il y a paralysie. Il faut donc, de toute nécessité, que ce soient les terminaisons nerveuses, c'est-à-dire les plaques motrices, qui soient frappées.

TREIZIÈME LEÇON

Excitation des nerfs moteurs et des muscles.

Une excitation isolée, soit d'un muscle, soit de son nerf moteur, produit une *secousse musculaire*, contraction rapide, suivie immédiatement d'un relâchement. Une série d'excitations cause une série de secousses. Si elles sont suffisamment rapprochées, ces secousses se fusionnent et la contraction devient permanente : c'est ce qu'on appelle le *tétanos expérimental*. Les excitations électriques sont de beaucoup les plus commodes pour étudier ces phénomènes.

Dans la secousse et surtout dans le tétanos, il y a production de chaleur avec élévation de la température du muscle.

Secousse musculaire. — Pour étudier la secousse musculaire, voici comment on procède : on sectionne la moelle d'une grenouille en arrière de l'encéphale, pour supprimer tout mouvement volontaire. Après l'avoir étendue sur le ventre et fixée par les pattes avec des épingles sur une plaque de liège, on met à nu : 1° un nerf moteur; 2° un muscle commandé par ce nerf.

Le choix porte généralement sur le nerf sciatique et sur le muscle gastrocnémien.

Vous avez vu dans la neuvième leçon comment on procède pour découvrir le nerf sciatique. Après l'avoir mis à nu, on le charge avec précaution sur les deux crochets d'un excitateur spécial planté dans la plaque de liège (fig. 72). Pour empêcher le dessèchement, il faut placer au-dessus du nerf une petite bande de papier à filtrer, imprégnée d'une solution aqueuse à 7 pour 1000 de chlorure de sodium, qui constitue un *sérum artificiel*.

Ensuite, la peau de la jambe étant fendue, on aperçoit le muscle gastrocnémien qui est le plus interne. Vous détachez ce muscle depuis son tiers supérieur jusqu'au point où son tendon renferme un petit sésamoïde, et vous sectionnez le tendon soit au-dessus, soit au-dessous de cet os. La plaque de liège est alors fixée au myographe et celui-ci à la tige verticale du chariot mobile, lequel est placé parallèlement au cylindre. Il ne reste plus qu'à faire passer dans le tendon un petit crochet terminant le fil attaché au levier du myographe (fig. 130).

Il faut s'arranger de manière que le levier soit perpendiculaire à l'axe du cylindre enregistreur; puis, à l'aide d'une vis *ad hoc*, on approche la pointe de la plume terminant le levier jusqu'au contact du cylindre recouvert d'une feuille de papier noirci.

Les deux bornes de l'excitateur sont alors mises en relation, soit avec les pôles d'une pile, soit avec les deux pôles d'une bobine, en intercalant dans le circuit un levier-clef permettant de lancer le courant à volonté. La plume appuyant sur le cylindre trace un cercle sur celui-ci tant qu'elle n'est pas dérangée de sa position.

Quand, après avoir fait plusieurs tours, le cylindre a atteint une vitesse uniforme, qui doit être de un tour par seconde environ, le zinc de la pile étant baissé, nous lançons le courant à l'aide du levier-clef et nous obtenons une courbe graphique (fig. 139).

Vous voyez qu'elle se compose de deux parties, une ascendante correspondant au raccourcissement du muscle,

une descendante tracée pendant son retour à la longueur primitive.

Après cette première secousse provoquée par la fermeture du circuit de la pile, le muscle reste en repos
tant que le courant passe. Mais, si l'on ouvre le circuit,
ou, ce qui revient au même, si l'on interrompt le courant,
une deuxième secousse semblable à la première s'effectue. Ce phénomène se produit avec un courant moyeu
soit ascendant, soit descendant.

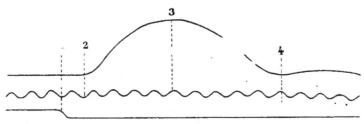

Fig. 139. — Secousse musculaire : 1 début de l'excitation marqué par un signal, 2 début
de la contraction, 3 fin de la période ascendante de la courbe, 4 fin de la période
descendante. La ligne ondulée est le tracé d'un signal conjugué à un diapason chronographe à 100 vibrations par seconde.

La période d'ascension de la courbe est toujours
plus petite que celle de la descente. La durée totale
d'une de ces secousses est de quelques centièmes de
seconde, mais on peut la faire varier expérimentalement, comme nous vous le montrerons plus tard.

Temps perdu. — Le muscle ne répond pas immédiatement à l'excitation directe ou à celle de son nerf
moteur, c'est-à-dire qu'il s'écoule un certain temps
entre le moment de l'excitation et celui de la secousse :
cet intervalle s'appelle *période latente* ou *temps perdu.*

Il se constate et se mesure de la façon suivante.

On intercale dans le circuit primaire d'une bobine d'induction, dont l'induit doit servir d'excitant (fig. 140), un
signal de Depretz, dont la plume est placée sur la même
génératrice du cylindre que celle du myographe.

Quand on ferme le circuit, le stylet du signal marque

ce moment précis, et ce n'est qu'un peu après que commence la courbe de contraction. Au moyen d'un diapason chronographe rattaché à un autre signal, on évalue

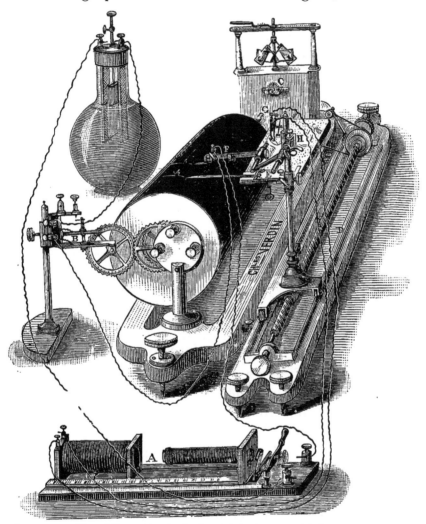

Fig. 140. — Dispositif pour l'étude de la période latente : A bobine, B interrupteur, E myographe, F signal, H vis de réglage, G excitateur (le diapason chronographe et son signal ne sont pas figurés).

facilement en centièmes de seconde la durée de la période latente représentée par cet intervalle (graphique 139).

Si le diapason a 100 vibrations doubles par seconde, chacune des oscillations complètes correspondra à un centième de seconde.

Dans le cas de l'excitation portant sur la partie moyenne du sciatique d'une grenouille en bon état, on compte, en général, un centième de seconde entre le moment de l'excitation et le début de la courbe de contraction.

Par le temps perdu on peut mesurer la *vitesse de la conductibilité nerveuse*, soit motrice, soit sensitive.

Pour effectuer cette mesure, dans le cas du nerf moteur, on excite celui-ci d'abord près, puis loin du muscle, en notant chaque fois le temps perdu.

Connaissant, d'une part, la différence des temps perdus et, d'autre part, la distance des points excités, on en conclut facilement la vitesse de propagation de l'excitation dans le nerf (fig. 141).

Pour le nerf sensitif, le dispositif reste le même, sauf que l'on excite le nerf d'une patte alternativement plus ou moins près des centres et que l'on note les temps perdus des contractions de l'autre patte (fig. 142). Grâce à ce même temps perdu, on peut encore s'assurer que l'excitation de fermeture d'un courant de pile naît au pôle négatif et que l'excitation d'ouverture ou de rupture naît au pôle positif.

En effet, si les électrodes embrassent entre elles un long segment de nerf, le temps perdu n'est pas le même à l'ouverture et à la fermeture.

Quand le pôle positif est plus près du muscle que des centres, le courant est ascendant et, dans ce cas, le temps perdu de l'excitation de fermeture est plus long que celui de l'excitation d'ouverture; c'est l'inverse qui se produit quand le courant est descendant, c'est-à-dire quand le pôle positif est plus près des centres que du muscle.

La durée que met l'excitation à parcourir le segment compris entre les deux électrodes correspond à la différence des temps perdus.

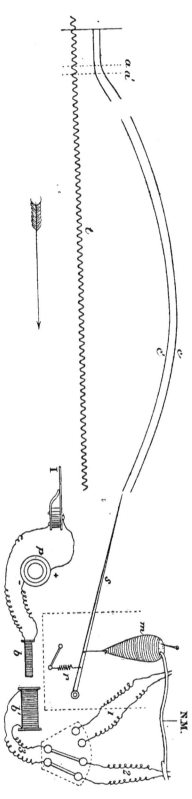

Fig. 141. — Mesure de la conductibilité dans le nerf moteur : P pile, i interrupteur, b bobine inductrice, b' bobine induite, 1, 2 positions de l'excitateur d'abord près, puis loin du muscle, N M nerf moteur, m muscle, s plume du myographe, r ressort antagoniste, c courbe avec 1, c' courbe avec 2, a début de la contraction c, a' début de la contraction c'.

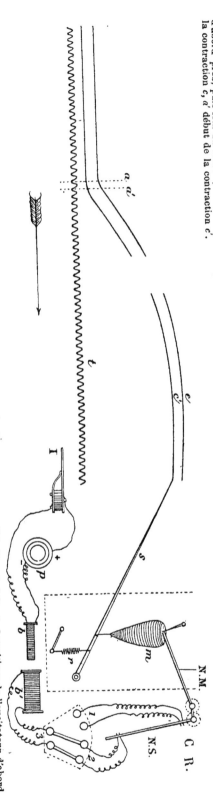

Fig. 142. — Mesure de la conductibilité dans le nerf sensitif : P pile, I interrupteur, b bobine inductrice, b' bobine induite, 1, 2 positions de l'excitateur d'abord près, puis loin du centre, N M nerf moteur, m muscle, s plume du myographe, r ressort antagoniste, c courbe avec 1, c' courbe avec 2, a début de la contraction c, a' début de la contraction c', N S nerf sensitif, C. R centre réflexe.

Suivant la force du courant appliqué au nerf moteur et sa direction, l'effet produit n'est pas toujours le même.

Lorsque le courant est faible, qu'il soit ascendant ou descendant, on n'a de contraction qu'à la fermeture.

Pour un courant moyen, la contraction se produit également à l'ouverture et la fermeture, comme vous l'avez déjà vu.

Enfin, si le courant est fort, la contraction se montre seulement à l'ouverture, dans le cas où il est ascendant, et à la fermeture seulement s'il est descendant.

Voici comment on peut expliquer ces particularités : 1° L'excitation de fermeture est plus forte que l'excitation d'ouverture; 2° à l'ouverture, l'excitation naît au pôle positif, à la fermeture au pôle négatif; 3° ce n'est que pour les courants forts qu'il y a interruption de la conductibilité nerveuse au pôle positif pour la fermeture et au négatif pour l'ouverture. Nous ne reviendrons pas sur ce que nous avons dit dans la neuvième leçon, à propos de l'électrotonus.

L'étude du temps perdu permet encore de faire une remarque intéressante, à savoir : que c'est pendant la période latente que se produit l'excitation induite, provoquant la contraction d'une patte galvanoscopique dont le nerf repose sur un muscle qui se contracte.

Sur la plaque de liège d'un *myographe double* (fig. 143) on dispose deux pattes de grenouille attachées chacune à l'un des leviers. Le nerf sciatique de l'une est en relation avec un excitateur, le nerf sciatique de l'autre repose sur la première, dans la position décrite pour la contraction induite : on lance un courant, les deux pattes se contractent et tracent chacune une courbe. Si la contraction de la première patte provoquait celle de la seconde, le temps perdu de la deuxième serait exactement le double de celui de la première : or il n'y a qu'un retard insignifiant (0″,001).

Il est possible de donner à l'expérience une forme plus saisissante.

En excitant un cœur de tortue sur lequel repose le sciatique d'une patte galvanoscopique, à cause de la

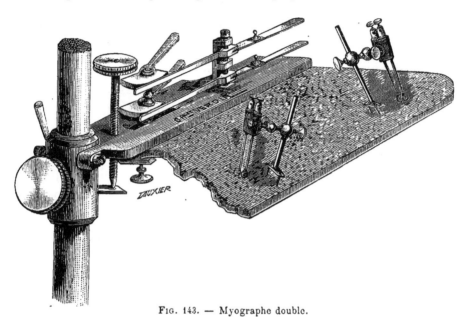

Fig. 143. — Myographe double.

grande différence de temps perdu, on voit la patte se contracter avant le cœur.

Tétanos expérimental. — Si les excitations portées sur un nerf moteur se répètent à courts intervalles, le muscle qui commençait à revenir à son état d'équilibre n'a pas le temps d'y arriver, quand il est sollicité par une deuxième excitation. La courbe tracée par le

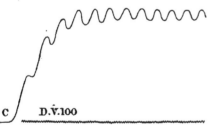

Fig. 144. — Excitations en nombre insuffisant pour produire le tétanos : C, courbe du myographe, DV 100 tracé du diapason à 100 vibrations.

myographe est alors une sinusoïde (fig. 144).

Plus les excitations deviennent fréquentes, plus cette

sinusoïde a de tendances à se confondre avec une ligne droite, et enfin, quand la fréquence est suffisante, soit 3o excitations environ par seconde, le muscle reste contracté et la plume trace une ligne droite (fig. 145). Si l'excitation est prolongée plus longtemps, le muscle se relâche peu à peu et la droite se rapproche progressivement de celle que trace la plume à l'état de repos du muscle.

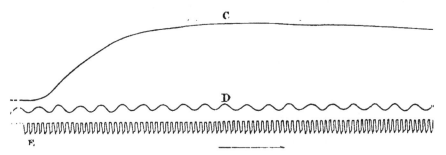

FIG. 145. — Courbe de tétanos expérimental : C courbe du myographe, D diapason, E excitations.

Cette contraction permanente porte le nom de *tétanos expérimental*.

Voici comment les expériences sont réalisées.

Tout étant disposé pour prendre des tracés myographiques, on fixe sur l'axe du cylindre enregistreur une roue dentée : une autre roue dentée s'engrène avec la première et sert d'interrupteur de courant. Dans ce but, elle porte latéralement des chevilles qui soulèvent et laissent retomber alternativement, suivant le moment de la rotation, une tige portant une petite pièce élastique en platine (fig. 146).

Au moment du soulèvement de la tige, cette pièce vient en contact avec une pointe également en platine.

Si la tige d'une part, la pointe d'autre part, sont reliées par des bornes au circuit de la pile, il y aura autant de passages et d'interruptions de courant que la roue aura de chevilles pour un tour de cette roue.

En faisant tourner le cylindre plus ou moins vite, comme il commande la roue interruptrice par celle qui est fixée sur son axe, on a soit des secousses séparées, soit des secousses plus ou moins fusionnées, soit un tétanos complet.

Le même résultat est obtenu en se servant, comme interrupteur, d'une roue métallique dont la surface latérale est alternativement formée de plaques de cuivre et de plaques d'ébonite. Cette face de la roue frotte contre une lame de cuivre.

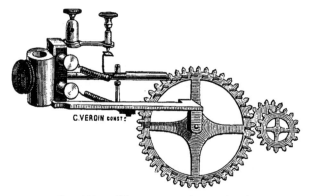

FIG. 146. — Tétano-moteur à roue dentée.

La lame d'une part, la roue métallique d'autre part, sont respectivement reliées à une borne de pile.

Pendant la rotation, il se fera donc des interruptions d'autant plus fréquentes que celle-ci sera plus rapide.

Si l'on veut tétaniser d'emblée, on se servira avec avantage de la succession d'induits d'une bobine à trembleur.

ONDE MUSCULAIRE. — Lorsqu'on excite localement et directement un muscle isolé, il se gonfle au point excité et le renflement produit chemine de proche en proche : c'est ce qu'on appelle l'*onde musculaire*. On mesure sa vitesse en plaçant deux leviers sur le muscle, à une certaine distance l'un de l'autre, et en prenant, d'autre part, le tracé d'un diapason chronographe. L'onde soulève sur son passage, l'un après l'autre, les deux leviers. Le temps

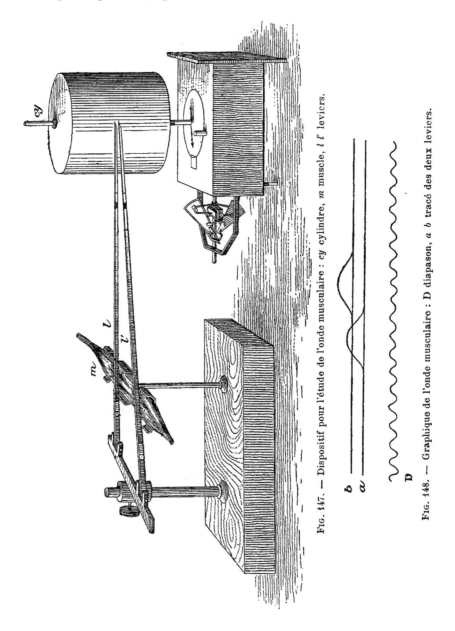

Fig. 147. — Dispositif pour l'étude de l'onde musculaire : *cy* cylindre, *m* muscle, *l l'* leviers.

Fig. 148. — Graphique de l'onde musculaire : D diapason, *a b* tracé des deux leviers.

écoulé est mesuré par le tracé des vibrations du diapason compris entre les génératrices correspondant au début des deux soulèvements (fig. 147 et 148).

CHALEUR PRODUITE PAR LE MUSCLE. — Quand un muscle se contracte fréquemment ou longtemps, sa température s'élève, ainsi qu'on le constate à l'aide d'un thermomètre assez sensible. Mais, avec les *aiguilles thermoélectriques*, on peut mettre en évidence jusqu'à la minime élévation de température résultant d'une seule secousse musculaire.

Lorsque deux métaux différents sont soudés par couples et les métaux de même nom réunis par des fils conducteurs, il se produit dans le circuit un courant dès que les deux soudures ne sont plus à la même température (schéma 149). C'est là le principe de la pile thermoélectrique, utilisé pour la construction des aiguilles thermoélectriques (fig. 150). Chacune d'elles est formée d'une tige de fer et d'une de maillechort soudées ensemble.

FIG. 149. — Schéma de la pile thermoélectrique.

Pour éviter tout courant hydroélectrique, la soudure est centrale. De cette façon, quand on enfonce l'aiguille dans un organe pour en explorer la température, ce dernier n'est en contact qu'avec un seul métal. Un manchon de gutta sert de manche isolateur; celui-ci porte deux bornes pour la fixation des fils conducteurs.

Un galvanomètre très sensible, dont les bobines sont à gros fil, est introduit dans le circuit, ainsi qu'un levier-clef.

S'il existe une différence de température entre les soudures des deux aiguilles, il se produit un courant dans le circuit au moment de sa fermeture et l'aiguille du galvanomètre est déviée dans un certain sens. La signification de ce sens est facile à déterminer en plaçant, par exemple, une aiguille dans de l'eau froide et l'autre dans la bouche.

La déviation sera d'autant plus grande que l'écart de température entre les deux soudures sera plus considérable. On pourra évaluer empiriquement la valeur des degrés marqués sur l'échelle du galvanomètre, en

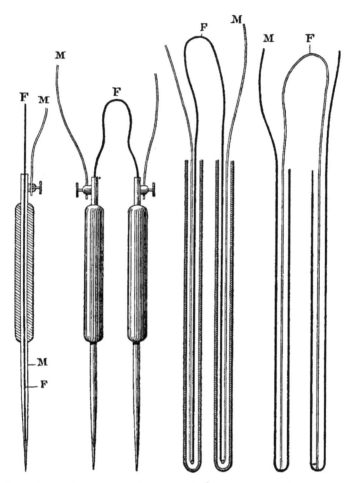

Fig. 150. — Aiguilles et sondes thermoélectriques : F fer, M maillechort.

plongeant les aiguilles dans des liquides de températures différentes, mais préalablement déterminées à l'aide de bons thermomètres.

Pour mettre en évidence l'élévation de température résultant de la contraction musculaire, on enfonce une aiguille dans la patte droite d'une grenouille et l'autre dans la patte gauche : puis, après avoir fermé le circuit

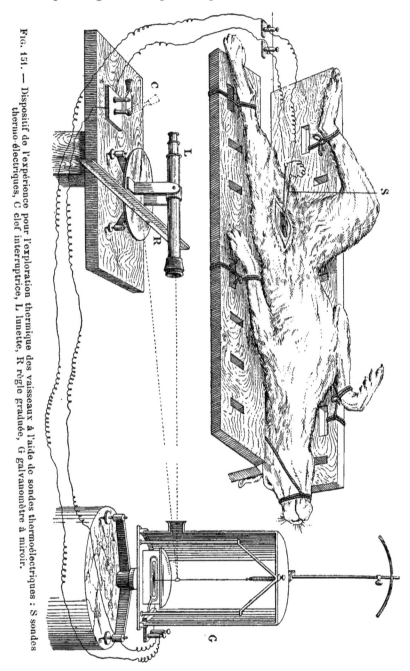

Fig. 151. — Dispositif de l'expérience pour l'exploration thermique des vaisseaux à l'aide de sondes thermoélectriques : S sondes thermo-électriques, C clef interruptrice, L lunette, R règle graduée, G galvanomètre à miroir.

et constaté que le miroir du galvanomètre est immobile, on provoque la contraction d'une des pattes. Presque aussitôt, il se produit une déviation. Pour éviter les mouvements réflexes, il est préférable de détruire préalablement la moelle avec un stylet introduit dans le canal vertébral.

On se sert encore, en physiologie, de *sondes thermoélectriques* pour explorer la température de l'intérieur des vaisseaux (fig. 151). Ce sont de simples aiguilles avec leurs fils métalliques, engainées dans de la gomme élastique ou de l'huile de lin épaissie, et que l'on peut ainsi facilement faire pénétrer, à l'aide de petites ouvertures dans les cavités vasculaires ou autres.

QUATORZIÈME LEÇON

Imbrication des tracés myographiques.

Lorsqu'on veut comparer une série de contractions musculaires les unes avec les autres, il est nécessaire de

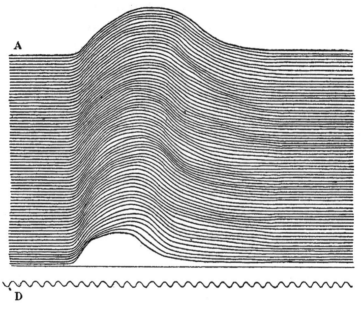

Fig. 152. — Imbrication verticale : A tracé du myographe, D tracé du diapason chronographe.

les grouper, et cela de diverses façons suivant le but proposé. Ces groupements ont reçu le nom d'imbrications; il en est de plusieurs espèces : *imbrication verticale, horizontale, oblique.* Le premier système consiste à avoir toutes les secousses musculaires superposées (fig. 152), le point de départ se faisant toujours au même moment de la rotation du cylindre. Pour le deuxième, on fait partir toutes les secousses de la même ligne, mais avec un léger retard, toujours égal, de manière à avoir des courbes juxtaposées côte à côte (fig. 153). Enfin, le troisième est une combinaison des deux premiers et les secousses ont toutes leur point de départ sur une ligne oblique (fig. 154).

Voici le dispositif employé pour obtenir les imbrications verticales.

Tout étant disposé pour prendre un tracé myographique, on fixe sur l'axe de rotation du cylindre une roue dentée, susceptible d'engrener avec une autre roue ayant le même nombre de dents, de sorte que, quand la première fait un tour, la seconde en fait un également; cette deuxième roue porte une cheville latérale qui peut, en soulevant un levier, fermer sur l'excitateur un courant de pile. A chaque tour du cylindre il se produit donc une excitation; mais, si la plume du myographe ne se déplaçait pas latéralement, toutes les secousses seraient l'une sur l'autre : aussi le mouvement latéral doit-il être assuré par la mise en marche du chariot que nous avons décrit dans la première leçon. Ce mode d'imbrication est surtout utile pour comparer la durée de plusieurs secousses musculaires.

Pour les imbrications horizontales, on fait engrener la roue interruptrice destinée à lancer le courant à un moment déterminé avec une roue fixée à l'axe du cylindre, et qui a une dent de moins, de sorte que, pour un tour du cylindre, la roue interruptrice n'a pas fait un tour complet et se trouve en retard d'une dent. La nouvelle secousse se produira donc un peu plus loin que la première et ainsi de suite. Ce mode d'imbrication est surtout utile pour comparer les amplitudes des contractions.

Les imbrications obliques s'obtiennent en combinant

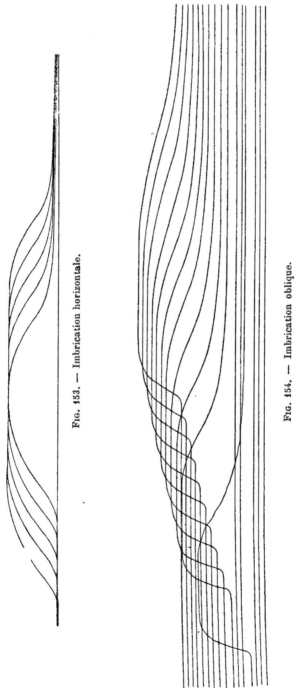

FIG. 153. — Imbrication horizontale.

FIG. 154. — Imbrication oblique.

l'engrenage de la roue interruptrice et de celle qui a une

dent de moins avec le r. ouvement de latéralité du chariot. De cette manière, les secousses se produisent 1° avec un léger retard; 2° non plus sur la même ligne, mais sur des lignes parallèles; les points de départ se trouvent ainsi sur une ligne oblique. Ce genre d'imbrication n'a aucun avantage particulier.

Action de la chaleur. — L'effet est diffrent suivant les températures. Jusqu'à un certain degré optimum, les

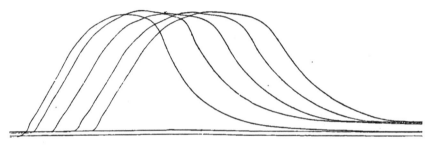

Fig. 155. — Effet d'une chaleur modérée.

secousses, pour un même excitant, sont plus brèves et plus amples, puis elles décroissent d'amplitude en s'allongeant, le muscle restant en partie contracté. Enfin, à la température de coagulation de la myosine, on n'a plus aucun effet (fig. 155 et 156).

Fig. 156. — Effet d'une chaleur trop forte.

Action du froid. — L'effet du froid est de rendre la durée de la contraction musculaire beaucoup plus grande, surtout pendant la période de descente de la courbe. Il est évident que, si le muscle est rigide, il ne répond plus aux excitants (fig. 157).

Action de la fatigue. — La fatigue produit une diminution de l'amplitude et un allongement de la

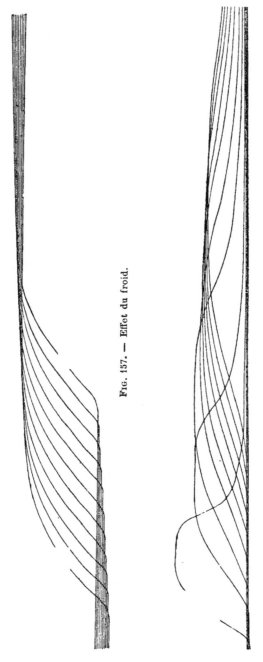

Fig. 157. — Effet du froid.

Fig. 158. — Effet de la fatigue.

durée (fig. 158). En augmentant l'excitation, on peut corriger pour quelque temps l'excès de cette fatigue, mais pas longtemps, car nous avons vu qu'un muscle tétanisé se relâche peu à peu. Le repos rend aux muscles leur excitabilité.

Action de l'intensité de l'excitant. — Si l'on part d'excitations très faibles, on a d'abord des secousses faibles aussi, puis qui vont en s'amplifiant au fur et à mesure que l'excitation augmente, jusqu'à un certain moment où l'effet est maximum et ne croît plus, quelle que soit l'intensité de l'excitant.

Certains muscles, comme le muscle cardiaque, donnent tout de suite leur effet maximum : une excitation est-elle insuffisante ou bien suffisante, la contraction est nulle ou maximale.

Action de la charge. — Lorsqu'on charge un muscle de poids de plus en plus forts, par exemple en faisant couler régulièrement du mercure dans un récipient suspendu à ce muscle, on voit, tant qu'on ne dépasse pas un certain poids qui est de 5o grammes pour le gastrocnémien de la grenouille, que les contractions deviennent de plus en plus amples. Le muscle, d'ailleurs, se contracte normalement, c'est-à-dire qu'après la secousse, il revient exactement à sa longueur primitive.

Mais, si le poids augmente encore, les contractions diminuent d'amplitude et augmentent de durée; en outre, le muscle s'allonge de plus en plus, de sorte que, si l'on a disposé l'expérience pour faire des imbrications horizontales, il se fait, en réalité, des imbrications obliques.

Travail du muscle. — Le travail du muscle est mesuré par le poids qu'il soulève multiplié par la hauteur de soulèvement, lequel égale le raccourcissement du muscle. Ce travail n'est pas uniforme; il y a un poids optimum qui, multiplié par la hauteur de soulèvement, donne le travail maximum. S'il s'agit d'un gastrocnémien de grenouille, ce poids est de 150 grammes pour un soulèvement de 5 millimètres.

ACTION DES POISONS. — Certains poisons, comme la vératrine, paralysent plus ou moins le muscle ou, comme le curare, la plaque motrice. Leur action est la même que celle de la fatigue, c'est-à-dire que les secousses deviennent de moins en moins amples et de plus en plus longues. Sous l'action de la strychnine, une excitation isolée provoque non pas une secousse unique, mais une série de secousses plus ou moins fusionnées et pouvant aller jusqu'à la contraction tétaniforme.

ACTION DES CENTRES MOTEURS. — Sous l'influence de l'impulsion partie des centres, on obtient des secousses ou bien des contractions durables; ces dernières sont comparables au tétanos physiologique, comme l'a montré l'étude du *bruit musculaire*, provoqué par les secousses successives fusionnées. On perçoit facilement ce dernier, en introduisant dans le conduit auditif le bout de l'index fortement contracté, ou mieux encore en se servant d'un microphone.

ERGOGRAPHE. — Nous avons vu que l'on mesurait le travail d'un muscle en multipliant le poids qu'il déplace par la hauteur à laquelle ce poids est soulevé. On peut mesurer le travail d'un petit groupe de muscles et leur fatigue à l'aide de l'instrument appelé *ergographe*. Celui-ci consiste, comme vous le voyez (fig. 159), en une pièce métallique pouvant se déplacer sur deux glissières horizontales et portant un stylet inscripteur. A cette pièce est attachée, par une corde se réfléchissant sur une poulie, un poids déterminé et variable. Une autre corde, s'attachant en sens inverse et terminée par un anneau, permet d'exercer des tractions sur ce poids.

Un bras étant appliqué sur une planchette et immobilisé à l'aide de brassards métalliques fixés, eux aussi,

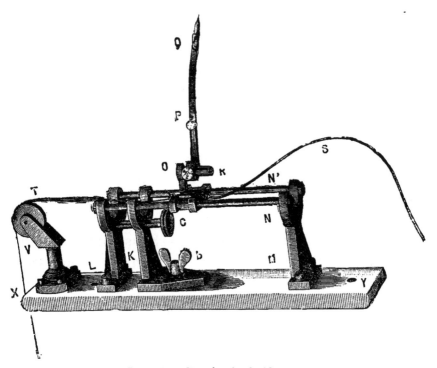

FIG. 159. — Ergographe de Mosso.

sur la planchette où ils sont également immobilisés, on enfonce l'index et l'annulaire dans deux doigtiers métalliques et l'on accroche l'anneau précité à la dernière phalange du médius. En fléchissant cette phalange, on soulève le poids, et le stylet portant (fig. 160) sur un enregistreur trace en vraie grandeur la hauteur à laquelle ce poids est soulevé. En continuant rythmiquement, guidé par un métronome, ces flexions, et le cylindre se déplaçant, les traits deviennent de moins en moins longs et enfin la flexion est rendue impossible (fig. 161). Par la comparaison sur des graphiques analogues, pris dans diverses conditions, de la longueur des traits et de la

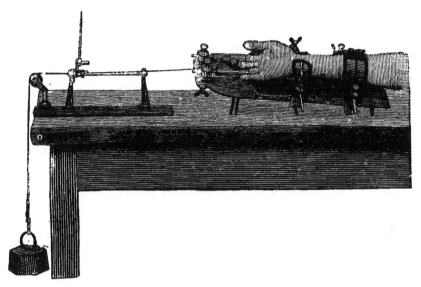

Fig. 160. — Dispositif d'une expérience avec l'ergographe (le cylindre enregistreur n'est pas figuré).

durée des courbes, on peut étudier les variations du travail total. Les contractions successives ne doivent pas être trop éloignées, pour que le muscle ne puisse pas se reposer entre deux contractions. Le poids ne doit être ni trop léger (de quelques grammes) ni trop lourd (de plusieurs kilogrammes).

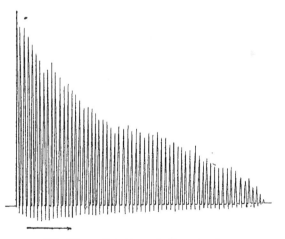

Fig. 161. — Graphique de l'ergographe.

Muscles lisses, muscles des invertébrés. — Toutes les expériences que nous avons signalées, à propos des muscles striés, peuvent être répétées sur des muscles lisses tels qu'un fragment de tube intestinal, par exemple. Là encore, une excitation unique produit une secousse et des excitations rapprochées provoquent un tétanos. Mais on remarque : 1° que la secousse est bien plus lente ; 2° que le temps perdu est bien plus long ; 3° qu'il faut des excitations relativement peu rapprochées pour produire le tétanos. Logiquement d'ailleurs, ce résultat n'est qu'un corollaire de la lenteur de la secousse.

Chez les invertébrés, sauf les arthropodes, les muscles sont lisses et présentent les particularités que nous venons de signaler. Les expériences peuvent se faire très facilement sur les siphons de lamellibranches siphonés, ceux des pholades par exemple. Chez les arthropodes, qui ont des muscles striés, la secousse est plus brève.

Tous les muscles n'ont pas, d'ailleurs, dans le même organisme, au point de vue de la nature de la courbe, les mêmes caractères. Ainsi, si l'on prend une écrevisse, on constate que les muscles de la queue ont une secousse plus rapide et un temps perdu moindre que ceux des pinces. Des faits analogues ont été signalés pour des mammifères et des oiseaux. On sait que, chez le lapin et le poulet, par exemple, il y a des *muscles rouges* et des *muscles blancs*. Les derniers ont une secousse bien plus rapide que les premiers.

QUINZIÈME LEÇON

Mécanismes respiratoires.

La fonction respiratoire consiste dans les échanges gazeux qui se font entre les éléments anatomiques des êtres vivants et le milieu ambiant, c'est-à-dire fixation d'oxygène et rejet d'acide carbonique. Un certain nombre de mécanismes, variables avec les espèces, assurent cette fonction.

Chez les vertébrés aériens, l'air pénètre dans une cavité dite poumon où le sang vient se charger d'oxygène pour le porter aux tissus et se débarrasser de l'acide carbonique qu'il y a puisé; les arthropodes aériens ont des trachées au lieu de poumons, tandis que, chez les vertébrés et arthropodes aquatiques, les mêmes échanges se font à l'aide de branchies.

Mammifères. — La pénétration de l'air dans les poumons est due aux mouvements de la *cage thoracique*. Celle-ci, dont le squelette est formé par la colonne vertébrale, le sternum et les côtes, est fermée en bas par le diaphragme. Elle peut, dans les mouvements dits d'*inspiration*, s'agrandir suivant trois diamètres : vertical, antéro-postérieur et transversal. L'agrandissement vertical est dû à la contraction du diaphragme (schéma 162), les deux autres au soulèvement des côtes; ce soulèvement est produit surtout par la contraction des scalènes et des sur-costaux.

Le poumon, qu'on peut regarder comme un sac, est

mis en relation avec l'extérieur par une tubulure, la trachée, et est accolé aux parois du thorax par le double
feuillet de la plèvre, dont il suit tous les mouvements. L'agrandissement du thorax est donc suivi de celui du poumon, d'où pénétration de l'air dans l'organe : c'est l'*in-*
spiration. Le petit ap-

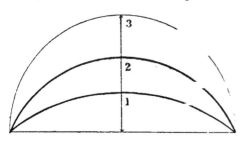

Fig. 162. — Schéma des mouvements du diaphragme : 1 inspiration, 3 expiration, 1, 2, 3 positions successives du diaphragme.

pareil représenté par la figure 163 permet de se rendre
assez facilement compte de cet effet de l'agrandissement
de la cage thoracique : il se compose d'une cloche tubulée
fermée à sa partie inférieure par
une membrane de caoutchouc, et
dont le bouchon de la tubulure est
traversé par un tube en Y auquel
sont attachés deux petits ballons de
caoutchouc mince qui pendent dans
la cloche. Chaque fois que l'on tire
sur la membrane de caoutchouc,
l'air se précipite dans les petits
ballons (fig. 163).

Pourquoi l'air se précipite-t-il
dans le poumon ?

Soit V la contenance préalable
de l'organe, avec de l'air à la pression H. Cet espace devient V - *v*
et la pression H — *h* : l'air de

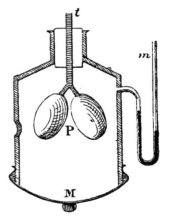

Fig. 163. — Schéma de l'influence
de l'agrandissement de la cage
thoracique sur le poumon. Quand
on abaisse la membrane de
caoutchouc M, la pression baisse
dans la cloche, comme le montre
le manomètre *m*, et l'air se précipite par le tube *t* dans les
poumons P.

l'extérieur se précipite pour combler cette dépression.

Le poumon revient ensuite sur lui-même, par son élasticité propre, entraînant la cage thoracique qui s'affaisse :
c'est l'*expiration*. Son volume redevient V ; la pression
augmentant par conséquent devient H + *h*, par exemple,

et l'air sort pour rétablir la pression atmosphérique. Ces variations dans la pression de l'air à l'inspiration et à l'expiration sont mises facilement en évidence en fixant un manomètre sur la trachée.

Nous avons donc alternativement : 1° agrandissement de la cage thoracique avec aspiration d'air dans le poumon ; 2° retrait du poumon avec affaissement de la cage et sortie de l'air.

I. MOUVEMENTS DE LA CAGE, PNEUMOGRAPHES. — On enregistre assez difficilement les mouvements directs du diaphragme, lesquels déterminent les variations du diamètre longitudinal de la cage, à moins de faire une boutonnière dans la paroi abdominale et de passer par cette boutonnière la tige d'un levier qui, venant buter contre la cloison diaphragmatique, en peut transmettre les contractions par des mécanismes appropriés. Mais, ces mouvements ayant un retentissement sur le volume de la cavité abdominale, qui se gonfle à chaque contraction et s'affaisse au moment du repos, on peut les enregistrer indirectement par le même procédé que les variations transversales de la cavité thoracique, c'est-à-dire avec des *pneumographes.*

FIG. 164. — Pneumographe de Paul Bert.

Le pneumographe le plus employé est celui de Paul Bert (fig. 164), qui consiste en un cylindre fermé à ses deux extrémités par une membrane de caoutchouc et portant une tubulure latérale. Les membranes de caoutchouc sont munies de crochets auxquels on attache un lien embrassant le thorax, en le serrant modérément. Il est facile de concevoir qu'à chaque dilatation de la cage thoracique, c'est-à-dire à chaque inspiration, une traction s'opère sur les membranes et que celles-ci reviennent sur elles-mêmes pendant l'expiration. Si le pneumographe est relié à un tambour enregistreur, toutes les variations de pression du pneumographe lui seront transmises. On enregistre de cette manière la dilatation circulaire totale.

Le dispositif est le même pour l'abdomen.

En prenant deux tracés simultanés du thorax et de l'abdomen, on constate que leurs mouvements sont synchrones; ces régions se dilatent et se rétractent ensemble, comme le montre l'analyse des lignes d'inspiration et d'expiration.

On voit, en outre, que l'inspiration est régulière et relativement brève, l'expiration d'abord très rapide, puis retardée, ce qui rend sa durée totale plus grande que celle de l'inspiration.

Notons que, dans la prise des tracés, on doit toujours obéir à une convention des physiologistes, de manière que la ligne de l'inspiration soit descendante et celle de l'expiration ascendante.

Fig. 165. — Pneumographe de Marey.

L'enregistrement de la dilatation totale du thorax et de l'abdomen se fait encore par le pneumographe de Marey, où la traction exercée sur une lame d'acier, et qui en provoque la courbure, se transmet à un tambour relié lui-même au tambour enregistreur (fig. 165).

Un dernier moyen pour enregistrer des mouvements locaux consiste à faire usage de ce qu'on appelle des *palpeurs* (fig. 166) ou des *compas* (fig. 167). Il suffit de

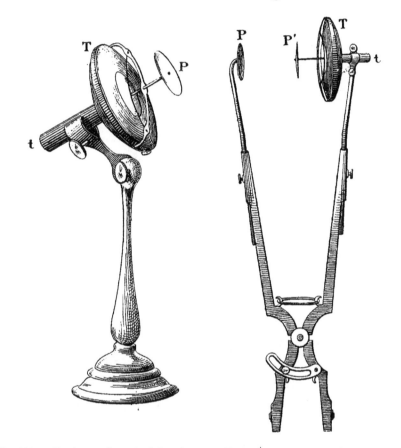

FIG. 166. — Tambour palpeur à pied articulé : T tambour, *t* tubulure du tambour, P disque du palpeur.

FIG. 167. — Compas explorateur à tambour : PP' disques palpeurs, T tambour, *t* tubulure du tambour.

jeter un coup d'œil sur ces instruments pour en comprendre le fonctionnement.

II. Mouvements de l'air. — Ces mouvements s'enregistrent à l'aide d'une muselière tubulée ou d'un tube placé dans la trachée. Dans ce dernier cas, à cause du grand volume d'air déplacé, on ne peut mettre directement le

poumon en rapport avec un tambour ; on interpose alors
un récipient de volume variable suivant la taille de l'animal (fig. 168), ou bien encore on laisse une fuite sur le
tube reliant la muselière ou la trachée au tambour enregistreur.

Fig. 168. — Dispositif pour enregistrer la respiration par la trachée : *c* canule trachéale,
t tambour.

Un autre procédé élégant pour enregistrer le va-et-vient
de l'air consiste à placer l'animal dans une cloche tubulée,
soigneusement lutée sur un plateau rodé et dont la tubulure est en rapport avec le tambour enregistreur. On
assiste alors à ce résultat singulier, que la pression monte
à chaque inspiration, pour baisser à chaque expiration.
L'explication de ce fait est toute naturelle, quand on songe
à la dépression qui règne dans le poumon au moment de
l'inspiration.

En enregistrant simultanément avec les tracés respiratoires une ligne de temps, on voit que les mouvements
relativement lents chez les grands mammifères sont très
rapides chez les petits, et généralement d'autant plus fréquents que la taille est plus réduite. Il y en a 16 environ
chez l'homme, 100 environ chez le lapin, par minute,
quand il est effrayé.

Oiseaux. — Les procédés d'enregistrement sont tou-

jours les mêmes : pneumographes, muselières, tubes dans
la trachée ; nous n'avons donc pas à y insister. Nous parlerons seulement de quelques particularités propres à ce
groupe des vertébrés. La dilatation du thorax se fait
presque uniquement par des mouvements des côtes et
du coracoïde, le diaphragme étant incomplet et rudimen-
taire.

Mais il importe surtout de remarquer, d'une part, la
communication des bronches avec de vastes réservoirs
aériens ou sacs, au nombre de neuf, et celle de ces réservoirs avec certains os; d'autre part, la faible mobilité du
poumon qui ne suit pas les mouvements de la cage, par
suite de l'absence de plèvres et de la présence de brides
fibreuses le maintenant dans la partie dorsale du thorax.
Ce qui provoque l'arrivée de l'air dans le poumon, malgré
cette immobilité relative, c'est la dilatation des sacs, la
sortie étant amenée par leur compression. On peut prouver
facilement par des tracés que, contrairement à l'opinion
autrefois admise, ces sacs sont tous dilatés simultanément
et tous comprimés en même temps.

Ils sont donc tous dans le même moment inspirateurs
ou expirateurs.

Pour le montrer, il suffit d'enfoncer un trocart dans
deux quelconques de ces sacs et d'inscrire simultanément
les variations de pression en conjuguant les tubes des tro-
carts avec des tambours : les deux courbes sont comparables, et c'est seulement quand l'animal est dans une
position insolite, couché sur le dos par exemple, que les
sacs du thorax et ceux de l'abdomen sont antagonistes
au lieu d'être synergiques et que l'on voit à l'œil une
respiration en bascule.

La communication des sacs avec les bronches est facile
à prouver : il suffit d'ouvrir un de ces sacs et d'oblitérer la
trachée ; la respiration n'en continue pas moins.

Pour montrer enfin leur communication avec les os, on

prend un oiseau âgé, un canard de préférence, les jeunes
ayant les os pleins de moelle, et on lui sectionne l'humérus. En approchant une bougie du bout central de l'os,
on constate que la flamme est alternativement attirée et
repoussée et que ces mouvements sont synchrones avec
ceux de la respiration. Il est d'ailleurs possible de conjuguer le bout de l'os avec un tambour, en interposant sur
le trajet un récipient, et d'inscrire les mouvements dont
nous venons de parler, en même temps que ceux du

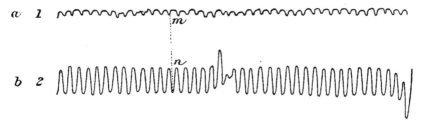

FIG. 169. — Respiration d'un oiseau enregistrée simultanément par un palpeur *a* 1 et
par l'humérus *b* 2 : la ligne *m n* montre qu'il y a coïncidence des tracés.

thorax sont enregistrés à l'aide d'un pneumographe : il
y a appel d'air par l'humérus, à chaque inspiration, refou-
lement à chaque expiration (fig. 169).

En comprimant la trachée d'un oiseau à humérus sectionné, la respiration continue à se faire par cet os : c'est
une deuxième démonstration de la communication des
sacs avec les bronches.

Reptiles. — Dans ce groupe nous allons trouver des
types et des mécanismes différents. Nous examinerons
successivement : un crocodilien, un lacertien, un ophi-
dien, un chélonien.

Si nous observons un crocodile, nous sommes frappés
de ce fait que les respirations se font par série de deux ou
trois, séparées par des pauses plus ou moins longues en
inspiration pleine (fig. 170); de plus, en plaçant deux palpeurs, l'un sur le thorax, l'autre sur le plancher buccal,

nous pourrons constater que l'expiration se fait en deux temps. Dans un premier temps, l'abdomen ainsi que le thorax se resserrent et l'air est chassé dans la cavité buccale; au deuxième temps, le plancher buccal, en se relevant, chasse l'air au dehors par les narines (fig. 171). Les pauses en inspiration sont dues à une oblitération de l'arrière-bouche par un repli de la langue. Les agents actifs de l'inspiration sont, d'une part, les muscles costaux, d'autre part, des muscles s'insérant sur le sternum abdominal et tirant les viscères en arrière. L'agrandissement de la cage se fait donc suivant trois diamètres.

Si maintenant nous enregistrons avec une muselière le tracé respiratoire d'un lézard, nous obtenons une courbe (fig. 172) qui nous révèle qu'à une inspiration pleine fait suite une demi-expiration, puis l'animal reste plus ou moins longtemps à demi gonflé et termine son expiration, laquelle est suivie immédiatement d'une inspiration. La pause en demi-expiration n'est pas due à une occlusion de la glotte, car elle persiste quand on prend le tracé directement par la trachée. Les agents actifs de l'inspiration sont exclusivement les muscles costaux.

Chez les ophidiens, la respiration est relativement lente et chaque inspiration est suivie d'une pause; comme chez les lacertiens, seuls les mouvements des côtes produisent la dilatation du thorax. Il existe quelquefois chez ces animaux de très longues pauses en inspiration, pendant lesquelles, la glotte étant fermée, ils brassent l'air dans leurs volumineux poumons très allongés.

Le type respiratoire des chéloniens est un peu variable suivant les espèces. Avec la *Testudo græca*, on a le même graphique qu'avec les lézards (fig. 173), mais ici la pause en demi-expiration est due à l'oblitération de la glotte; en effet, si le graphique est pris à l'aide d'un tube dans

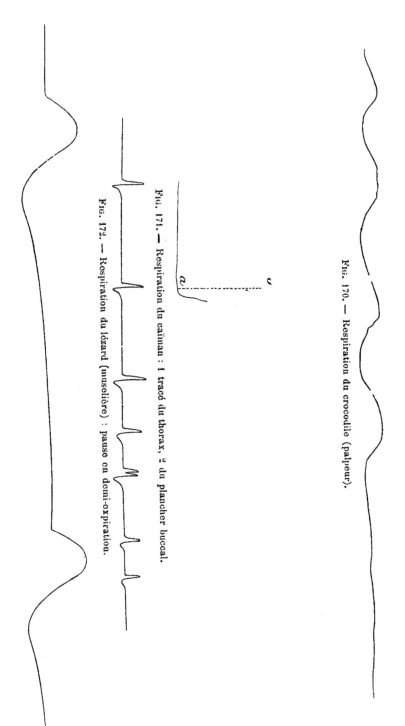

Fig. 170. — Respiration du crocodile (palpeur).

Fig. 171. — Respiration du caïman : 1 tracé du thorax, 2 du plancher buccal.

Fig. 172. — Respiration du lézard (muselière) : pause en demi-expiration.

Fig. 173. — Respiration de la tortue grecque (muselière) : la ligne inférieure est le graphique du temps en secondes.

la trachée, elle ne se produit plus et l'expiration se fait en un seul temps (fig. 174). Les agents actifs de l'inspiration sont ici les mouvements des ceintures pelviennes et thoraciques qui, en s'écartant, augmentent la capacité de la cavité thoraco-abdominale.

Tous les mouvements des membres retentissent d'ailleurs sur le tracé respiratoire, quand on maintient la glotte ouverte.

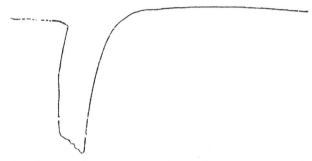

FIG. 174. — Respiration de la tortue grecque (trachée) : la pause, au lieu de se faire en demi-expiration, se fait en expiration pleine.

Chez la *Cistudo europea*, on a un tracé analogue à celui des ophidiens, sauf que la pause est en expiration pleine. Ici ce ne sont plus les mouvements des ceintures qui provoquent les actes respiratoires, mais ceux de muscles antagonistes inspirateurs ou expirateurs dont les uns dilatent, les autres rétrécissent la cavité thoraco-abdominale.

Batraciens. — Chez les batraciens adultes, par suite de l'absence de côtes, il ne peut y avoir de dilatation active de la cavité thoraco-abdominale et l'air est introduit dans le poumon par déglutition. Pour la grenouille, le seul batracien bien étudié à ce point de vue, on peut établir d'après des graphiques pris simultanément, d'une part par les narines, et d'autre part à l'aide d'un palpeur abdominal et d'un second palpeur reposant sur le plancher buccal, les trois stades suivants.

1ᵉʳ temps : abaissement du plancher buccal, glotte fermée, narines ouvertes, pénétration de l'air dans la cavité buccale ;

2ᵉ temps : arrêt en abaissement du plancher buccal, glotte ouverte, narines ouvertes, contraction des flancs, sortie de l'air, expiration ;

3ᵉ temps : relèvement du plancher buccal, narines rétrécies, glotte ouverte, entrée de l'air dans le poumon, inspiration.

FɪG. 175. — Respiration de la grenouille : tracé de la pression intrabuccale.

En prenant simultanément des tracés de pression intrabuccale et intrapulmonaire, ce qui se fait à l'aide d'un tube de trocart que l'on conjugue avec un tambour, on peut s'assurer que tous les mouvements du plancher buccal ne sont pas des mouvements respiratoires vrais (fig. 175-176). Le tracé de la pression intrapulmonaire révèle, en outre, que le poumon se gonfle par saccades et se dégonfle de même, par suite de la prédominance alternative des mouvements d'inspiration et d'expiration.

Dans les formes larvaires de batraciens, la respiration est branchiale.

Poissons. — Bien que la respiration des poissons soit aquatique et se fasse par des branchies, il est facile cependant

Fɪɢ. 176. — Grenouille : tracé de la pression intrapulmonaire.

de prendre des graphiques, chez les téléostéens, en plaçant de petites ampoules conjuguées avec des tambours dans la cavité buccale et sous les opercules; on constate alors les stades suivants :

1° Ouverture de la bouche, écartement des opercules, pénétration de l'eau dans la cavité branchiale;

2° Fermeture de la bouche, rapprochement des opercules, sortie de l'eau par la fente operculaire.

Insectes. — La respiration s'effectue par des trachées. La pénétration de l'air a lieu surtout par écartement des deux segments dorsal

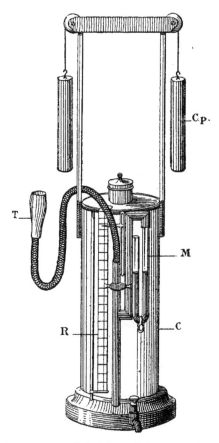

FIG. 178. — Spiromètre : Cp contrepoids, T tube servant à souffler ou à aspirer dans le spiromètre, M manomètre, R règle graduée se déplaçant devant un index, C cuve pleine d'eau où plonge le gazomètre.

et ventral des anneaux, la sortie par leur rapprochement : on enregistre facilement ces mouvements chez les grands coléoptères tels que hannetons, dytiques, etc. (fig. 177), en plaçant un petit palpeur sur la face dorsale des anneaux, après avoir enlevé les élytres et fixé le

FIG. 177. — Tracé de la respiration du dytique (palpeur) : les ascensions de la courbe correspondent aux inspirations.

sujet sur un support avec de la paraffine très fusible ou avec de la cire à modeler.

SPIROMÉTRIE. — Il est parfois intéressant de mesurer l'air qui entre et sort du poumon à chaque mouvement respiratoire ; il suffit pour cela de faire inspirer et expirer dans un gazomètre gradué et parfaitement suspendu (fig. 178).

Chez l'homme normal, la quantité d'air qui entre et sort du poumon dans un mouvement respiratoire ordinaire

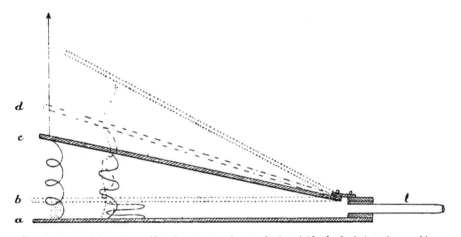

FIG. 179. — Schéma de soufflet thoracique : de *a* à *b* air résidual, de *b* à *c* air supplémentaire, de *c* à *d* air courant, de *d* à *e* air complémentaire, *b* expiration forcée, *d* inspiration ordinaire, *e* inspiration forcée.

est de 500ᶜᶜ environ ; cet air est appelé *air courant*. Mais, quand on a fini un mouvement inspiratoire ordinaire, on peut encore, par une inspiration forcée, faire pénétrer une certaine quantité d'air dans le poumon (*air complémentaire*, 1 500ᶜᶜ environ) : on peut de même, à la fin de l'expiration ordinaire, chasser encore du poumon une certaine masse d'air par une expiration forcée (*air de réserve* ou *supplémentaire*, 1 500ᶜᶜ environ). Le tout, 1 500 + 500 + 1 500 = 3 500, constitue ce qu'on appelle la *capacité vitale* du poumon.

Le poumon ne se vide jamais complètement, il y reste toujours une certaine quantité d'air (*air résidual*, 1 litre) : cet air, ajouté au précédent, donne la *capacité pulmonaire totale*. Le schéma ci-contre représente le jeu du soufflet thoracique (fig. 179).

Pour mesurer la quantité d'air pur qui se trouve dans le poumon après l'expiration, on opère comme suit : après une expiration ordinaire, on inspire 500^{cc} d'hydrogène et on cherche la proportion de ce gaz qui reparaît dans l'air expiré après une expiration de 500^{cc} également.

Ce volume est de 170^{cc}; il en est donc resté 330^{cc} dans le poumon. Or, l'air se comporte absolument comme l'hydrogène : la conclusion est donc que, sur 500^{cc} d'air courant, 330^{cc} restent dans le poumon et se mélangent par diffusion avec la masse gazeuse intrapulmonaire.

Le rapport $\frac{330}{2500}$ de l'air pur resté dans le poumon à la *capacité pulmonaire*, c'est-à-dire l'ensemble de l'air de réserve et de l'air résidual, s'appelle *coefficient de ventilation*.

Il est assez facile d'enregistrer la ventilation pulmonaire d'un animal, c'est-à-dire la quantité d'air qui lui passe dans le poumon dans un temps donné, de la façon suivante. L'animal inspire dans un gazomètre muni d'un stylet appuyant sur un

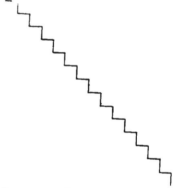

Fig. 180. — Respiration enregistrée en faisant inspirer l'animal dans nu gazomètre.

cylindre enregistreur en position verticale, et expire au dehors : à chaque inspiration, le gazomètre descend, entraînant avec lui le stylet, et on obtient des graphiques analogues à celui de la figure 180.

SEIZIÈME LEÇON

Influence du système nerveux sur la respiration.

Centres respiratoires. — Les mouvements respiratoires sont commandés par le système nerveux central.

Les centres qui président à leur automatisme sont situés dans la région du bulbe et occupent un espace très restreint sur le plancher du quatrième ventricule, près de la pointe du calamus scriptorius : ce sont les *centres bulbaires.*

Il existe, en outre, des *centres cérébraux* situés sur le plancher du troisième ventricule; ils provoquent l'accélération ou le ralentissement des mouvements respiratoires, quand on les excite.

Bien que les centres bulbaires soient automatiques, c'est-à-dire capables d'entretenir les mouvements respiratoires sans le secours des centres cérébraux, ils n'en subissent pas moins l'influence de ces derniers qui peuvent profondément modifier leur rythme.

On a prétendu qu'il existait des *centres médullaires,* mais souvent les mouvements enregistrés par la trachée, après section du bulbe, ne sont en réalité que ceux du cœur.

Pour provoquer la mort par arrêt de la respiration, il suffit de détruire les centres bulbaires : l'opération est très simple et souvent employée pour mettre un terme aux souffrances d'un animal vivisecté.

Supposons qu'il s'agisse d'un chien : la tête de l'ani-

mal étant fléchie de manière à faire bâiller l'espace occi-
pito-atloïdien, on reconnaît par le palper la protubérance occipitale et, à un travers de doigt en arrière de
cette protubérance, on enfonce un perforateur (fig. 110),
comme si on voulait le faire ressortir par le nez de
l'animal. Si la direction imprimée est bonne, le passage
de l'instrument suffit pour détruire le centre bulbaire
respiratoire : autrement il faut, sans retirer le perforateur, communiquer à sa pointe quelques mouvements
dans divers sens.

Ce qui prouve bien que la respiration seule est
atteinte et qu'il ne s'agit pas d'un véritable *nœud vital*,
c'est que la vie de l'animal peut être conservée par la
respiration artificielle.

La *respiration artificielle* se fait de plusieurs manières.

Quand on veut la pratiquer seulement pendant
quelques instants, on se contente de presser avec les
mains sur le thorax de l'animal, de manière à produire
une expiration, puis de laisser le thorax revenir sur
lui-même, ce qui donne une inspiration. Les mouvements doivent être imprimés régulièrement et, autant
que possible, conformément au rythme normal de l'animal.

Si, au contraire, la respiration artificielle doit avoir
une certaine durée, on a recours à l'*insufflation des
poumons*. Celle-ci se fait ordinairement par la trachée,
dans laquelle on introduit une canule : il faut donc
préalablement une *trachéotomie*. Cette opération se
pratique de la façon suivante.

La face antérieure du cou est soigneusement rasée et
lavée, et, la position du larynx ayant été fixée au moyen
des doigts de la main gauche, on fait une incision cutanée de trois ou quatre centimètres, à quelques millimètres
au-dessous du cartilàge thyroïde (fig. 181). Le peaucier

du cou ayant été divisé, on tombe sur l'interstice musculaire séparant les sterno-hyoïdiens doublés en dessous des sterno-thyroïdiens. Après avoir écarté les

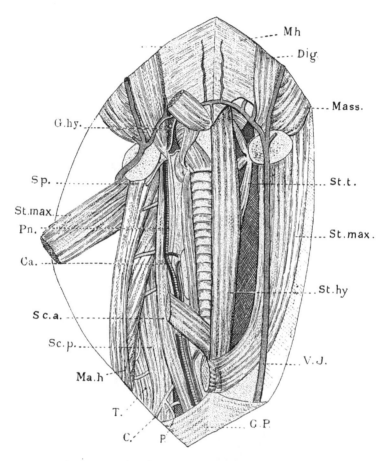

Fig. 181. — Région du cou chez le chien : à droite plan superficiel, à gauche plan
profond, M*h* muscle mylo-hyoïdïen, D*ig* digastrique, M*ass* masséter, S*t.th* sterno-thyroïdien, S*t.max* sterno-maxillaire, S*t.hy* sterno-hyoïdien, V.J veine jugulaire externe,
G.P grand pectoral, P nerf phrénique, C paire cervicale (6me). T trapèze, M*a.h* mastoïdo-huméral, S*c.p* scalène postérieur, S*c.a* scalène antérieur, C*a* artère carotide,
P*n* nerf pneumogastrique, S*p* nerf spinal, G.*hy* nerf grand hypoglosse.

muscles avec une sonde cannelée, la trachée se présente aussitôt. On l'isole en la séparant de l'œsophage,
qui est au-dessous, et des nerfs récurrents situés latéralement, puis on passe au-dessous une ligature avec un
porte-fil courbe. On incise alors deux ou trois anneaux
et la canule est introduite dans la trachée. On se sert

ordinairement d'une canule de verre (fig. 182), à bout olivaire et taillé en biseau, pour favoriser l'introduction

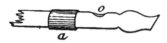

FIG. 182. — Canule pour la respi- ration artificielle : *a* bague de caoutchouc, *o* orifice latéral.

et assurer la fixation par une liga- ture ; elle présente latéralement un orifice que l'on peut oblitérer plus ou moins à l'aide d'une bague de caoutchouc, pour régler la cir- culation de l'air et assurer sa sortie.

On peut aussi employer avantageusement le modèle métallique à clapets (fig. 40).

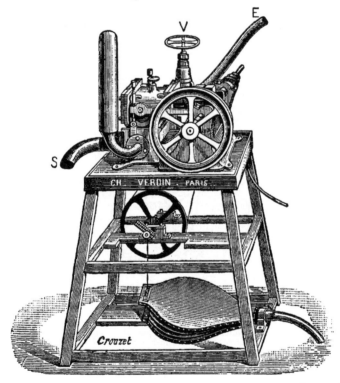

FIG. 183. — Soufflet à respiration artificielle mû par un moteur à eau : E tube d'arrivée de l'eau, V vanne d'admission, S tube de sortie.

L'insufflation de l'air se fait à l'aide d'un soufflet ordinaire, dont le jeu des valves est réglé par un mécanisme particulier permettant de graduer la quan- tité d'air insufflé. Ici, le soufflet est actionné par un petit moteur à eau dont la vitesse est réglée à l'aide d'une vanne, ce qui permet de régulariser le nombre des insufflations et, par conséquent, le rythme respiratoire (fig. 183). A chaque rapprochement des valves du soufflet, l'air est injecté dans le poumon, qu'il gonfle.

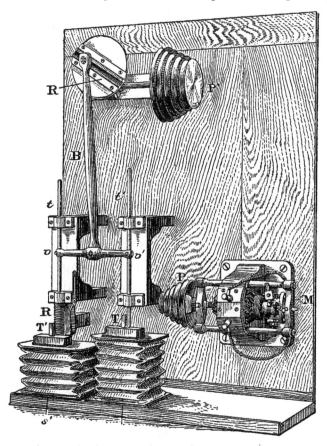

Fɪɢ. 184.— Soufflet à respiration artificielle du professeur R. Dubois : M moteur électrique, P P' poulies de transmission, R pièce de réglage de la tête de bielle, B bielle, v v' articulation de la bielle avec les tiges *t t'* qui commandent les mouvements des soufflets *s s'*, R ressort, T T' tuyères des soufflets.

A chaque écartement, au contraire, l'élasticité du thorax chasse l'air par l'orifice de sortie de la canule, tandis que le soufflet se remplit d'air.

L'inconvénient de ce mode de respiration artificielle est que l'inspiration est due à une augmentation de pression de l'air au lieu d'être due à une dilatation de la cage amenant une aspiration : aussi ce procédé produit-il facilement l'emphysème. En outre, c'est l'élasticité seule de l'appareil respiratoire qui intervient pour chasser l'air du poumon.

Nous avons fait construire un soufflet à respiration artificielle, mû par l'électricité, qui est beaucoup moins encombrant que celui-ci.

On peut régler très exactement le volume d'air injecté et la durée respective de l'inspiration et de l'expiration, qui est activée ici par aspiration du soufflet, et cela pour des animaux de taille très différente (fig. 184).

INNERVATION MOTRICE DE LA CAGE THORACIQUE. — Les centres respiratoires sont des centres réflexes, ils ont donc des voies centripètes et des voies centrifuges. Examinons d'abord ces dernières.

Les *voies centrifuges* sont constituées par les nerfs moteurs qui amènent la dilatation de la cage thoracique, dilatation active, comme nous l'avons vu dans la précédente leçon : ce sont, d'une part, les nerfs phréniques qui gouvernent la contraction du diaphragme; d'autre part, certains nerfs cervicaux et dorsaux présidant aux mouvements des côtes.

Les *nerfs phréniques* (fig. 185), chez le chien et chez le lapin, naissent des troisième et quatrième paires cervicales : ils s'anastomosent avec les paires suivantes et se détachent au niveau des cinquième et sixième paires. Pour les découvrir au moment où ils s'individualisent, on passe dans l'interstice musculaire qui sépare le scalène antérieur du scalène postérieur.

L'excitation de ces nerfs provoque des contractions du diaphragme; la tétanisation de ce muscle amène un arrêt respiratoire en inspiration.

La section des nerfs phréniques est suivie de la paralysie diaphragmatique entraînant la *respiration en bascule*. Dans ce cas particulier, le thorax se gonfle quand l'abdomen s'affaisse, et *vice versa*, parce que le diaphragme n'est plus qu'un voile flasque, tantôt attiré par la dilatation de la cage thoracique, et tantôt refoulé par son resserrement, tandis que, dans la respiration

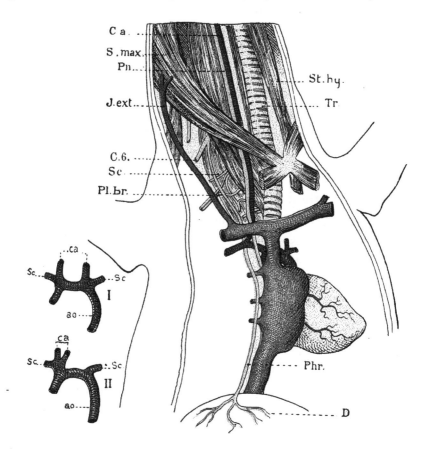

FIG. 185. — Région cervicale inférieure chez le chien et origine des troncs brachio-céphaliques : *Ca* artère carotide, *S.max* muscle sterno-maxillaire, *Pn* nerf pneumogastrique, *J. ext.* veine jugulaire externe, *C.6* sixième paire cervicale, *Pl. br* plexus brachial, *Phr* nerf phrénique, *D* diaphragme, *Tr* trachée-artère, *St.hy* musc'e sterno-hyoïdien, I, II *deux cas d'origine des troncs brachio-céphaliques*, *ao* artère aorte, *ca* artères carotides, *Sc* artères sous-clavières.

normale, le thorax se soulève en même temps que la paroi abdominale et s'affaisse au même moment.

Les autres nerfs inspirateurs innervant les muscles qui sont les agents actifs du relèvement des côtes se détachent de la moelle dans les régions cervicale et dorsale.

On peut supprimer leur action par une section de la moelle épinière portant au-dessous de l'origine réelle des nerfs phréniques, c'est-à-dire dans l'interstice qui sépare la quatrième de la cinquième vertèbre cervicale.

Pour faire cette section, la tête de l'animal étant maintenue en flexion, on rugine soigneusement la colonne vertébrale dans la région cervicale. La deuxième vertèbre se reconnaît facilement à ce que son apophyse épineuse est très proéminente : on compte deux vertèbres au-dessous et on incise les ligaments réunissant la quatrième et la cinquième vertèbre, puis, passant par l'interstice une lame aiguë, on sectionne la moelle. Aussitôt le thorax est paralysé et seul le diaphragme entretient la respiration qui affecte, comme précédemment, le type en bascule, mais pour une cause inverse. Les abaissements actifs du diaphragme amènent l'affaissement du thorax et le retour à l'état de repos permet son relèvement.

Rôle des nerfs sensitifs dans la respiration. — Depuis longtemps, on sait que toutes les excitations sensitives retentissent sur la respiration, et que, si celle-ci est arrêtée, de violentes excitations périphériques suffisent souvent pour la rétablir.

Certains auteurs pensent même que, seules, les impressions venues de la surface cutanée et de la surface pulmonaire sont les excitants et les causes de l'automatisme respiratoire; d'autres auteurs admettent, au contraire, un automatisme bulbaire, et, pour ces derniers, le sang chargé d'acide carbonique est susceptible, à lui seul, de provoquer un réflexe respiratoire.

Quoi qu'il en soit de ces deux théories, il est acquis que les nerfs sensitifs jouent un très grand rôle dans le mécanisme des mouvements respiratoires. Il en est un, entre autres, qui apporte des excitations de la mu-

queuse pulmonaire : le pneumogastrique ou nerf vague,
dont le rôle est prépondérant.

RÔLE SENSITIF DU NERF PNEUMOGASTRIQUE. — Pour

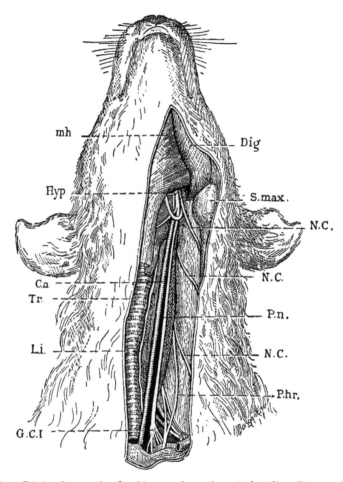

FIG. 186. — Région du cou chez le chien : *m h* muscle mylo-hyoïdien, *Dig* muscle digastrique, *Hyp* nerf hypoglosse, *S. max* glande sous-maxillaire, N C nerfs cervicaux,
Pn nerf pneumogastrique, *Phr* nerf phrénique, *Ca* artère carotide, *Tr* trachée, *L i* nerf
laryngé inférieur, G C I ganglion cervical inférieur.

mettre en évidence l'action que le nerf ou pneumogastrique vague exerce sur la respiration, dénudons-le dans
la région du cou et pratiquons sur lui des excitations ou
des sections.

Pour le découvrir, on rase la région du cou et on fait

une incision médiane de 4 à 5 centimètres de longueur, à un travers de doigt au-dessous du larynx, comme pour la trachéotomie (fig. 186). Abandonnant ensuite la ligne médiane, lorsqu'on est arrivé sur le plan musculaire constitué par les sterno-hyoïdiens, on plonge une sonde

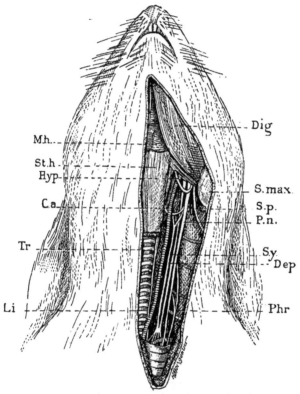

Fig. 187. — Nerfs du cou chez le lapin : M*h* muscle mylo-hyoïdien, D*ig* muscle digas-trique, S. *max* glande sous-maxillaire, S*p* nerf spinal, P*n* nerf pneumogastrique, S*y* nerf sympathique, D*ep* nerf dépresseur, P*hr* nerf phrénique, S*t h* muscle sterno-hyoïdien, H*yp* nerf hypoglosse, C*a* artère carotide, T*r* trachée, L *i* nerf laryngé inférieur.

cannelée dans l'interstice situé en dehors de ces muscles, entre eux et les sterno-maxillaires.

Après avoir dilacéré le tissu conjonctif réunissant le sterno-hyoïdien au sterno-maxillaire, on aperçoit dans le fond de l'interstice un paquet vasculo-nerveux compre-nant, chez le chien, l'artère carotide, la veine jugulaire interne et un seul tronc nerveux. Ce dernier résulte de l'union intime du vague ou pneumogastrique, de la chaîne sympathique et du nerf dépresseur de Cyon (fig. 186).

Chez le lapin, ces trois nerfs sont séparés : le plus gros est le pneumogastrique, le moyen la chaîne sympathique, le plus mince le nerf de Cyon (fig. 187). On isole le pneumogastrique et on le charge sur un fil, de manière à le retrouver facilement.

Pour constater l'action du vague sur la respiration, nous installons un pneumographe conjugué à un tambour enregistreur, en intercalant sur le circuit du courant dont nous nous servons pour exciter le nerf un signal de Depretz, qui marquera sur le cylindre le moment de l'excitation.

Nous pouvons procéder de diverses manières.

D'abord par excitation du nerf total : si l'excitation est suffisante, on voit que pendant toute sa durée la respiration est arrêtée.

Mais il s'agit de déterminer si cet effet est dû à une action centrifuge ou motrice, ou bien à une excitation centripète ou sensitive.

Pour cela faisons deux ligatures rapprochées sur le nerf, pratiquons une section entre les deux et excitons chacun des bouts. Nous constatons alors :

1° Que l'excitation du bout périphérique ne produit aucun résultat;

2° Que l'excitation du bout central amène un arrêt respiratoire.

Il s'agit donc bien ici d'une action sensitive. Cet arrêt a lieu très généralement en inspiration quand on opère sur l'animal normal, en excitant au-dessous de l'origine du laryngé supérieur. Mais, si l'on excite au même point sur un sujet anesthésié, l'arrêt a lieu en expiration (fig. 188 et 189). A la suite d'une excitation prolongée du bout périphérique, s'il se produit un arrêt respiratoire, il est attribuable à l'arrêt cardiaque qui entraîne une anémie du bulbe, mais non à une action directe.

Il existe donc des fibres à action inspiratrice et expi-
ratrice dans le tronc du pneumogastrique. Seulement,
au-dessous du laryngé supérieur, ce sont les fibres ins-

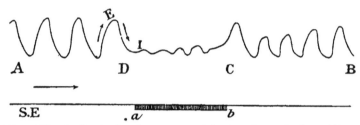

Fig. 188. — Effet de l'excitation du pneumogastrique sur la respiration : AB tracé respiratoire, DC arrêt en inspiration, E expiration, I inspiration, SE tracé du signal
électrique, *ab* durée de l'excitation.

piratrices qui sont en majorité; au-dessus, ce sont les
fibres expiratrices, d'où arrêt en expiration quand on
excite dans cette région. Ce sont ces fibres sensitives du
laryngé supérieur qui forment, pour ainsi dire, les sen-
tinelles de l'entrée des voies respiratoires; tout corps
étranger qui y pénètre provoque, en effet, par sa pré-

Fig. 189. — Action du pneumogastrique sur la respiration (animal anesthésié) : R tracé
respiratoire, I inspiration, E expiration, SE tracé du signal électrique, e_1 e_2 e_3 excitation (pauses en expiration).

sence de violents efforts expirateurs, constituant la
toux, et qui suffisent souvent à l'expulser.

Après la section d'un pneumogastrique, la respiration
est légèrement ralentie, mais le rythme se rétablit assez
vite; il n'en est pas de même après la double section,
qui produit un rythme particulier avec de longues
pauses en expiration (fig. 190).

RÔLE MOTEUR DU PNEUMOGASTRIQUE. — Pour l'étudier,

nous détachons rapidement les poumons d'un chien en conservant les pneumogastriques et leurs terminaisons pulmonaires, puis nous les plaçons dans une étuve à 35°. Après avoir relié par une canule et un tube de caoutchouc la trachée à un tambour enregistreur, nous excitons le bout périphérique des pneumogastriques, et nous constatons par le soulèvement de la plume du tambour qu'il y a eu de l'air insufflé dans le tambour par la contraction pulmonaire. La base du poumon reposera par toute sa surface sur une feuille d'étain servant d'électrode inférieure.

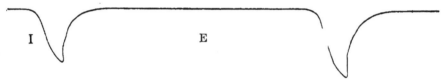

Fig. 190. — Graphique respiratoire après la double section des pneumogastriques : pause en expiration.

Indépendamment de son action sensitive, qui est prépondérante, le pneumogastrique a donc aussi une action motrice. On admet que cette action s'exerce sur les fibres lisses des dernières ramifications des bronches qui, en se contractant, diminuent la contenance de celles-ci.

Au point de vue de la motricité, le nerf pneumogastrique produit encore une autre action sur la respiration.

Par le nerf récurrent ou laryngé inférieur, qui provient en réalité de la branche interne du spinal, il assure l'innervation motrice de la glotte : c'est sous son influence que celle-ci se dilate à chaque mouvement inspiratoire et qu'elle se resserre à chaque expiration.

Rôle vaso-moteur du nerf pneumogastrique. — Chez certains animaux, l'action motrice ne s'exerce pas seulement sur les ramifications bronchiques, mais aussi sur celles de l'artère pulmonaire, et le pneumogastrique est vaso-constricteur du réseau vasculaire du poumon.

Prenons une grenouille, faisons faire hernie au poumon par une incision abdominale et installons ce poumon étalé sur la platine d'un microscope. Nous pouvons voir le sang parcourir par saccades les petits vaisseaux. Mettons à nu le pneumogastrique, coupons sa branche cardiaque pour éviter les arrêts du cœur, et, après l'avoir sectionné, faisons une excitation de son bout périphérique. Nous verrons, sous l'influence du resserrement des vaisseaux, le sang se ralentir et même stagner dans les capillaires pulmonaires.

Ajoutons que, chez les mammifères et chez les oiseaux, il ne semble pas que le pneumogastrique exerce une action directe sur la circulation pulmonaire. Ce serait le système sympathique qui jouerait le rôle de vaso-constricteur.

L'importance du nerf vague dans les phénomènes respiratoires est si considérable, qu'après sa double section, la mort a toujours lieu comme suite directe ou indirecte de phénomènes asphyxiques plus ou moins rapides.

DIX-SEPTIÈME LEÇON

Phénomènes chimiques de la respiration, air inspiré, air expiré.

Nous avons jusqu'ici étudié les mécanismes qui font arriver l'air jusqu'au sang chargé lui-même de transmettre l'oxygène aux tissus, mais nous n'avons rien vu de l'essence même de la fonction respiratoire. Sans aller aujourd'hui jusqu'au fond de la question, voyons d'abord les modifications que subit l'air dans l'intérieur du poumon.

AIR INSPIRÉ, AIR EXPIRÉ. ANALYSE. QUOTIENT RESPIRATOIRE. — La composition de l'air inspiré est connue : il renferme en chiffres ronds et en volumes 21 d'oxygène, 79 d'azote, $0^{cc},04$ environ d'acide carbonique et de la vapeur d'eau en quantité très variable.

Voyons maintenant celle de l'air expiré.

Pour faire l'analyse de cet air, nous n'avons qu'à souffler dans un gazomètre, y faire des prises de gaz et effectuer des dosages sur ces prises. Pour cela, nous employons une pipette particulière qui consiste en un tube T gradué, mis en relation par son extrémité inférieure, à l'aide d'un tube de caoutchouc t, avec un réservoir R plein de mercure et qu'on peut soulever ou abaisser (fig. 191). Commençons par élever le réservoir de façon à ce que le tube soit plein de mercure et mettons son extrémité supérieure en relation avec le gazomètre par un tube de caoutchouc aussi

court et aussi étroit que possible, pour éviter le mélange de l'air à analyser avec l'air
atmosphérique; abaissons alors le
réservoir : nous attirons ainsi l'air
du gazomètre dans le tube. Quand
ce dernier est plein, nous pinçons
le tube de caoutchouc et la pipette
est alors mise en relation avec une
éprouvette graduée pleine de mercure et placée sur la cuve à mercure (fig. 192). L'extrémité du tube
de caoutchouc étant amenée sous
l'éprouvette, on lâche la pince et on

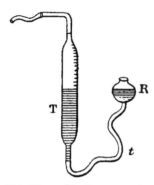

Fig. 191. — Pipette pour prise
de gaz : R réservoir plein de
mercure qu'on peut monter
ou descendre, *t* tube de caoutchouc, T tube gradué.

remonte le réservoir de la pipette; l'éprouvette est ainsi
remplie de l'air à analyser.

Pour lire la quantité d'air contenue dans
l'éprouvette, amenons le mercure à la même
hauteur dans cette éprouvette et dans la
cuve. Soit 100^{cc} le chiffre donné par cette
lecture. Nous introduisons dans l'éprouvette avec une pipette à boule de caoutchouc quelques centimètres cubes d'une
solution saturée de potasse, puis nous agitons le tube et, quand il a repris la température ambiante, nous faisons la lecture à
nouveau, toujours en amenant le mercure
au même niveau. On peut négliger le
poids de la petite colonne de la solution
de potasse. Soit $95^{cc},6$ le nouveau chiffre,
nous avons absorbé $4^{cc},4$ par la potasse,
donc nous avons $4^{cc},4$ % d'acide carbonique.

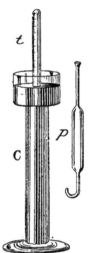

Fig. 192. — Cuve à
mercure profonde
pour analyse de
gaz : C cuvette
profonde, *t* tube
gradué, *p* pipette
pour l'introduction
des solutions de
potasse et d'acide
pyrogallique.

Ceci fait, introduisons maintenant dans
notre éprouvette une solution concentrée d'acide pyrogallique : celui-ci, se combinant avec la potasse en excès,

donne du pyrogallate de potassium qui absorbe l'oxygène. Agitons le tube et faisons notre nouvelle lecture : soit $79^{cc},6$ le nouveau chiffre, nous avons donc $95,6 — 79,6 = 16$ d'oxygène.

Pour l'azote qui se dose par différence, il est en mêmes proportions dans l'air expiré que dans l'air inspiré. Notons en passant que l'air expiré est toujours saturé de vapeur d'eau à sa température de sortie qui est de $34°$ environ chez l'homme.

Si nous examinons la quantité de CO^2 apparue, soit $4,40 — 0,04$ (de l'air normal) $= 4,36$ et la quantité d'oxygène disparue, soit $20,8 — 16 = 4,8$, nous voyons que le rapport $\dfrac{CO^2}{O}$ est plus petit que l'unité $\dfrac{4,36}{4,8} = 0,92$; cela prouve que tout l'oxygène absorbé n'est pas employé à l'oxydation du carbone et que tout l'acide carbonique formé ne s'échappe pas par le poumon.

Nous avons supposé les analyses faites à $0°$ et à 760^{mm}. Si la pression et la température étaient différentes, on ferait les corrections nécessaires suivant la formule :

$$V_0 H = \frac{V\,t}{1 + \alpha\,t} \times \frac{H}{h},$$

$V_0 H$ étant le volume à $0°$ et à 760^{mm}, Vt le volume à $t°$ et à la pression h, α le coefficient de dilatation de l'air et t la température.

Le dosage de l'oxygène se fait plus rigoureusement par la *méthode eudiométrique*. Après avoir absorbé l'acide carbonique par la potasse, on introduit dans l'éprouvette une quantité d'hydrogène plus que suffisante pour la formation d'eau avec l'oxygène et l'on fait jaillir une étincelle électrique entre deux pointes de platine situées au sommet de l'éprouvette (fig. 193). Immédiatement l'hydrogène se combine avec l'oxygène, forme de l'eau, et le niveau

Fig. 193. — Eudiomètre.

monte dans l'éprouvette. La quantité de gaz qui disparaît se compose en volume de $\frac{2}{3}$ H et $\frac{1}{3}$ O; il est donc facile de calculer d'une part l'oxygène combiné, d'autre part l'hydrogène qui est en surplus et qu'il faut retrancher de ce qui reste dans l'éprouvette pour avoir l'azote. Donnons un exemple numérique pour fixer les idées. Soit 95^{cc},6 le volume de gaz dans l'éprouvette, après l'action de la potasse; introduisons 40^{cc} d'H, ce qui porte à 135^{cc},6 le volume total, et faisons passer l'étincelle : le volume se réduit à 87^{cc},6. Il a donc disparu 48^{cc} dont les $\frac{2}{3}$ = 32 sont de l'hydrogène et l'autre tiers = 16 de l'oxygène. Par conséquent, il est resté en surplus 40 — 32 = 8 d'hydrogène, et nous avons 87,6 — 8 = 79^{cc},6 d'azote.

Dosage de la consommation d'oxygène et de la production d'acide carbonique dans un temps donné. — Il est parfois intéressant de connaître, non pas la composition de l'air expiré, mais la consommation d'oxygène et la production d'acide carbonique pour un temps donné.

Dans une première méthode, on place l'animal dans un espace clos et on remplace l'oxygène au fur et à mesure qu'il s'épuise, tout en absorbant l'acide carbonique au fur et à mesure de sa production.

Voici comment on procède (fig. 194). L'animal est placé sous une cloche C, mise en relation avec une poire de caoutchouc P qui peut alternativement être comprimée et se dilater, de manière à créer un courant d'air dans l'espace clos. Grâce à un système de soupapes S quelconque à boules, à clapet ou à mercure, l'air envoyé par la compression de la poire est lancé dans un premier tube *t* en relation avec la cloche et aspiré par un second tube *t'* également en relation avec la cloche. Pour que ces envois et ces aspirations successives ne provoquent pas des variations de pression dans la cloche, on adapte à celle-ci un petit ballon de caoutchouc *b* à parois très minces, qui se gonfle et qui se dégonfle alternativement.

Sur le trajet de l'air qui revient de la cloche à la poire est intercalé un barboteur à potasse B; la cloche est encore, d'autre part, en relation avec un récipient R plein d'oxygène. L'acide carbonique produit par l'animal est arrêté par la potasse, mais, de ce fait, la pression baisse

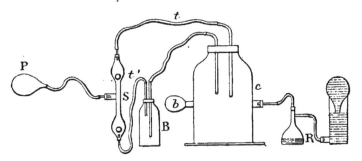

FIG. 194. — Appareil pour l'étude des échanges respiratoires : c cloche où est mis l'animal, *b* ballon de caoutchouc, P poire de caoutchouc qui, comprimée, chasse de l'air par le tube *t* dans la cloche, et, relâchée, en aspire par le tube *t′*, B barboteur à potasse, R réservoir d'oxygène alimentant automatiquement la cloche.

dans la cloche; cette baisse de pression amène un écoulement d'eau dans le récipient à oxygène, mais la pression se rétablit en même temps que la composition normale de l'air.

Quand l'expérience a duré assez longtemps, on mesure la consommation de l'oxygène par la quantité d'eau écoulée et la quantité d'acide carbonique en pesant le barboteur à nouveau ou mieux en dégageant par un acide fort, dans la pompe à mercure, l'acide carbonique du carbonate de potassium formé. Nous verrons ce dispositif expérimental à propos de l'analyse des gaz du sang. On a ainsi, pour un temps donné, le quotient $\dfrac{CO^2}{O}$.

Une deuxième méthode consiste à mettre l'animal en relation avec un gazomètre plein d'oxygène, en le faisant inspirer et expirer dans ce gazomètre; un système de

soupapes sépare le courant d'air de l'inspiration de celui
de l'expiration, et sur ce dernier est intercalé un barboteur à potasse (fig. 195). La baisse du gazomètre à la fin
de l'expérience indique l'oxygène absorbé ; on mesure
comme ci-dessus l'acide carbonique produit.

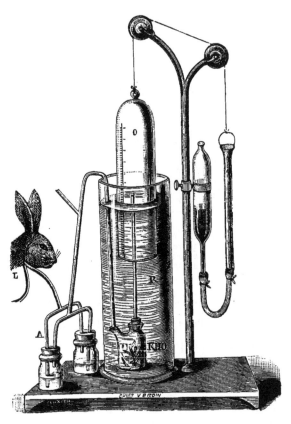

Fig. 195. — Autre appareil pour l'étude des échanges respiratoires : O réservoir d'oxygène, KHO barboteur à potasse, A soupapes de Müller pour diriger le courant d'air
d'inspiration et d'expiration.

En munissant le gazomètre d'un stylet portant sur un
cylindre enregistreur tournant lentement et mis dans la
position verticale, on a le graphique de la consommation
de l'oxygène (fig. 180).

Quand on veut avoir seulement l'acide carbonique produit dans un temps donné, il vaut mieux faire respirer
l'animal dans un courant d'air ; les conditions sont plus

normales que dans les deux procédés sus-indiqués. Pour
cela, on place le sujet dans une cloche à deux tubulures :
la première est mise en relation avec une trompe aspi-
rante par l'intermédiaire d'une série de barboteurs
propres à recueillir l'acide carbonique, la deuxième avec
un autre barboteur à potasse qui dépouille l'air atmosphérique aspiré dans la cloche du CO_2 qu'il peut contenir
(fig. 196). On met ordinairement, dans les barboteurs

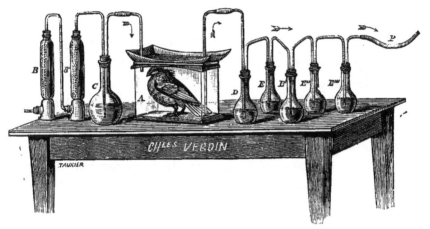

Fig. 196. — Appareil pour doser l'acide carbonique produit dans un temps donné :
BB' éprouvettes à potasse pour dépouiller l'air de son acide carbonique, C ballon
témoin à baryte, A cloche où l'on met l'animal, D flacon à acide sulfurique pour
retenir la vapeur d'eau, E E' E" E''' ballons à baryte pour arrêter l'acide carbonique
produit par l'animal, P tube d'aspiration de l'air.

destinés à recueillir le CO_2 produit par l'animal, de la
potasse, sauf dans le dernier, qui contient de l'eau de
baryte. Ces tubes doivent être très nombreux, parce
qu'il faut un courant d'air assez rapide. Lorsque le
flacon contenant de l'eau de baryte commence à se troubler, il est temps d'interrompre l'expérience. Il n'y a
plus qu'à calculer le temps et à doser par les procédés
ordinaires.

Quand il s'agit d'animaux qui fabriquent peu d'acide
carbonique, par exemple les vertébrés inférieurs et les
invertébrés, on peut mettre de la baryte dans tous les
barboteurs, ce qui simplifie beaucoup le dosage.

Ce dernier peut être effectué, en effet, par un *procédé colorimétrique*.

On met dans des barboteurs, qui doivent être absolument étanches pour que tout l'air aspiré passe bien par la cloche et la balaie, 400^{cc} de solution de baryte, par exemple.

On prélève sur la solution employée pour l'opération 10^{cc} que l'on dose alcalimétriquement. Pour cela, après l'avoir colorée par la phtaléine, on y laisse tomber goutte à goutte une solution titrée d'acide oxalique (2 gr. 863 par litre) et on attend la décoloration. Supposons qu'il faille 27^{cc} de la solution pour décolorer les 10^{cc} de baryte.

L'expérience est alors mise en train et on l'arrête seulement lorsque le dernier ballon commence à se troubler. Admettons qu'il ait fallu pour cela deux heures.

Après avoir mélangé la baryte de tous les barboteurs, on y prélève, à nouveau, 10^{cc} et on titre de rechef. Naturellement, la baryte étant partiellement saturée par l'acide carbonique, il va falloir moins d'acide oxalique pour la neutraliser. Soit 20^{cc} la quantité nécessaire de la solution d'acide oxalique qui est telle que 1^{cc} correspond à 1 mmgr. d'acide carbonique. Les 7^{cc} de différence avec le dosage précédent indiquent que ces 10^{cc} de baryte ont fixé 7 mmgr. d'acide carbonique. Comme on avait en tout 400^{cc} de baryte, cette baryte a fixé $7 \times 40 = 280$ mmgr. d'acide carbonique. La durée de l'expérience ayant été de deux heures, on en conclut facilement la production en 24 heures.

DIX-HUITIÈME LEÇON

Mouvements du cœur. — Circulation dans les vaisseaux.

L'appareil circulatoire se compose d'un organe moteur central, le *cœur*, et de vaisseaux qui partent de cet organe, les *artères*, ou y aboutissent, les *veines*. Entre les artères et les veines sont intercalés les *capillaires*, petits vaisseaux excessivement étroits. Le cours du sang, réglé par des *valvules* fonctionnant comme des soupapes, se fait toujours suivant le même sens dans cet appareil.

Le cœur est divisé en quatre cavités, deux supérieures, les *oreillettes*, deux inférieures, les *ventricules*. Chaque oreillette communique avec le ventricule du même côté par un orifice muni d'une valvule permettant le passage du sang de l'oreillette dans le ventricule, mais non le reflux du sang du ventricule dans l'oreillette.

On peut grouper encore ces cavités en cœur droit, composé de l'oreillette et du ventricule droits, et cœur gauche, comprenant l'oreillette et le ventricule gauches. Du ventricule droit part l'artère pulmonaire; l'artère aorte sort du ventricule gauche. A l'oreillette droite aboutissent les veines caves et à l'oreillette gauche les veines pulmonaires (fig. 197).

Ces cavités, ayant des parois musculaires, sont susceptibles de se contracter. Quand une oreillette se contracte, c'est-à-dire pendant la *systole*, elle envoie du sang dans le ventricule correspondant; quand elle se relâche, c'est-à-dire lorsqu'elle est en *diastole*, elle se

remplit à nouveau de sang, grâce aux veines qui y aboutissent. Quant un ventricule se contracte, il chasse le
sang dans l'artère correspondante, puis ce sang continue
son chemin dans les capillaires et est ramené dans
l'oreillette par la veine. Le sang chassé du ventricule

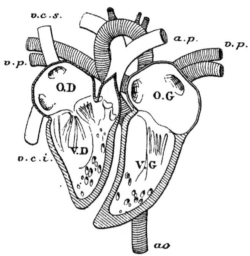

Fig. 197. — Schéma du cœur : O.D O.G oreillettes droite et gauche, V.D V.G ventricules droit et gauche, *ao* aorte, *a.p* artère pulmonaire, *v.p* veines pulmonaires, *v.c.s*
veine cave supérieure, *v.c.i* veine cave inférieure.

gauche dans l'aorte revient à l'oreillette droite par la
veine cave, c'est là la *grande circulation*. Celui qui est
chassé du ventricule droit, passant par l'artère pulmonaire, revient à l'oreillette gauche par les veines pulmonaires : c'est la *petite circulation* (schéma 198).

Cardiographes. — Lorsqu'on ouvre la poitrine d'un
animal, les battements du cœur sont visibles : les deux
oreillettes se contractent simultanément, et après elles
les deux ventricules; un repos se fait ensuite, puis tout
recommence dans le même ordre. Cette observation
peut être prolongée très longtemps chez un animal à
sang froid comme la grenouille. Mais, sur un animal à
sang chaud, il faut pratiquer la respiration artificielle,
sans quoi le cœur s'arrêterait rapidement.

On peut enregistrer les mouvements du cœur à l'aide d'instruments dits *cardiographes*.

Le moins compliqué de tous est le *cardiographe simple*

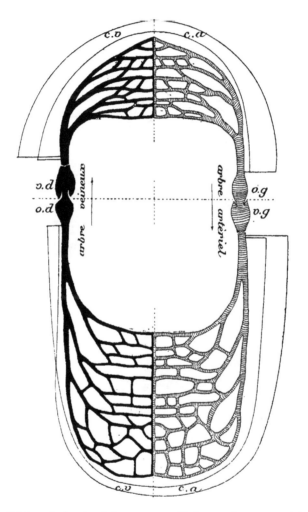

FIG. 198. — Schéma de la circulation : *o.g* oreillette gauche, *v.g* ventricule gauche, *c.a* capillaires artériels, *c.v* capillaires veineux, *o.d* oreillette droite, *v.d* ventricule droit.

de Marey pour le cœur de la grenouille : il consiste en un petit levier horizontal très léger, auquel on peut communiquer le mouvement par une courte branche verticale articulée très près du point d'oscillation pour amplifier le mouvement. Ayant mis à nu le cœur d'une grenouille, on pose sur cé cœur l'extrémité de la branche verticale munie d'une petite rondelle de moelle

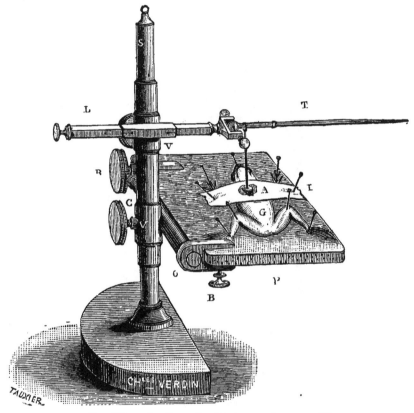

Fig. 199. — Cardiographe simple pour la grenouille.

de sureau et on enregistre les mouvements, le cylindre étant dans la position verticale (fig. 199). Voici le tracé

Fig. 200. — Graphique des mouvements du cœur de la grenouille pris avec le cardiographe simple.

que nous obtenons (fig. 200) : le petit soulèvement est la contraction auriculaire, le grand la contraction ventriculaire.

Au lieu d'un seul levier, on peut en avoir deux, l'un actionné par l'oreillette, l'autre par le ventricule : c'est là le *cardiographe double* (fig. 201). On enregistre simultanément les deux mouvements, les plumes étant situées juste au-dessus l'une de l'autre sur la même génératrice du cylindre. Le cœur de la grenouille étant un peu petit pour faire cette expérience, il est préférable de s'adresser à celui de la tortue.

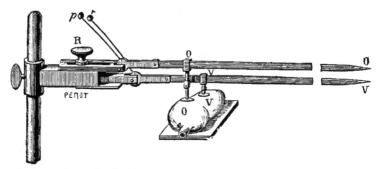

Fig. 201. — Cardiographe double pour enregistrer simultanément les mouvements des oreillettes *o* et des ventricules *v* : R vis de réglage, *p* contrepoids.

Lorsqu'on veut enregistrer les mouvements du cœur sur un animal à sang chaud, simplement au point de vue du nombre, sans se préoccuper de la forme, le plus simple est d'enfoncer une longue aiguille très légère dans le voisinage du cœur ou dans la paroi même de cet organe, à travers un espace intercostal, et de communiquer les mouvements de cette aiguille à un tambour récepteur, en l'attachant au levier de ce tambour, qui est conjugué lui-même avec un tambour inscripteur.

Un perfectionnement a été apporté à ce procédé par Laulanié (fig. 202). Dans son cardiographe l'aiguille est coudée, pour ne pas blesser le cœur avec sa pointe; de plus, le tambour récepteur auquel est reliée cette aiguille étant fixé sur une plaque appliquée contre le thorax, les mouvements respiratoires ne viennent pas troubler l'enregistrement des mouvements cardiaques.

En effet, le tambour se trouvant entraîné dans le même sens que l'aiguille pour tous les mouvements respiratoires, ceux-ci ne retentissent pas sur lui et seuls les mouvements cardiaques l'impressionnent.

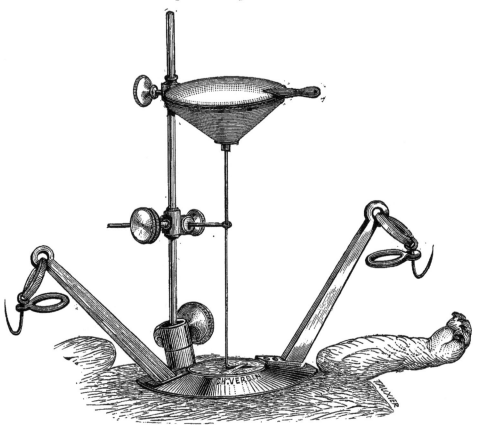

Fig. 202. — Cardiographe de Laulanié.

Il est possible aussi d'enregistrer les mouvements du cœur à l'aide d'ampoules introduites dans les cavités cardiaques et reliées à des tambours : c'est le procédé des *sondes cardiographiques* de Chauveau et Marey, applicable seulement à de grands animaux, comme le cheval. Ces sondes sont au nombre de deux, une pour le cœur droit à deux ampoules, une pour le cœur gauche à une seule ampoule. La première (fig. 203) est formée de deux tubes engainés dans une enveloppe commune de

gomme et qui aboutissent chacun à un petit ballon
de caoutchouc. Ces deux tubes ne sont pas égaux, les
ampoules sont donc à
une certaine distance
l'une de l'autre. Cette
distance a été calculée
telle que, lorsque l'une
se trouve dans le ven-
tricule, l'autre est dans
l'oreillette. Pour intro-
duire cette sonde, met-
tant à nu la jugulaire
d'un cheval à laquèlle
on fait une incision, on
pousse l'instrument par
cette ouverture. On par-
court ainsi toute la lon-
gueur de la jugulaire et
de la veine cave supé-
rieure. On arrive dans
l'oreillette droite et,
poussant encore un peu,
l'ampoule inférieure
franchit l'orifice auricu-
loventriculaire et pé-
nètre dans le ventricule
droit. L'ampoule supé-
rieure est alors dans l'o-
reillette droite. Il ne
reste plus qu'à conju-
guer les deux tubes

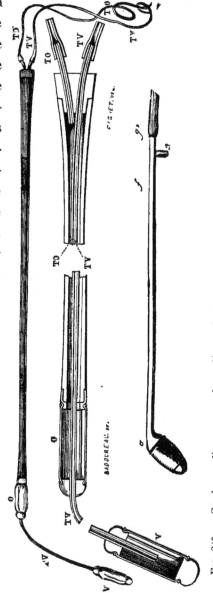

Fig. 2)3. — Sondes cardiaques : sonde cardiaque droite, V ampoule pour le ventricule, O ampoule pour l'oreillette, TV tube pour transmettre le mouvement du ventricule, TO tube pour transmettre le mouvement de
l'oreillette; sonde cardiaque gauche, α ampoule.

avec deux tambours pour enregistrer les mouvements du
cœur droit. Chaque augmentation de pression amènera
une hausse dans la courbe, chaque diminution une baisse.

La deuxième sonde (fig. 2o3) n'a qu'un tube et qu'une

ampoule; on la pousse par la carotide jusqu'à ce que l'ampoule soit dans le ventricule gauche. Il est impossible de pénétrer dans l'oreillette gauche, où n'aboutissent d'ailleurs que les veines pulmonaires. L'ampoule du ventricule gauche est conjuguée également avec un tambour.

En examinant les trois tracés donnés simultanément par l'oreillette droite, le ventricule droit et le ventricule gauche (fig. 204), on constate : 1° que la contraction de l'oreillette, brève, peu énergique, est suivie d'un long repos de cette partie du cœur; 2° que la contraction des ventricules, plus longue et plus énergique, est suivie d'un repos plus court que celui de l'oreillette.

Un peu avant le grand soulèvement de la courbe systolique des ventricules, il en existe un petit qui est synchrône aussi dans les deux courbes et correspond exactement à la contraction de l'oreillette : on en doit induire que les deux oreillettes se contractent simultanément, malgré l'absence d'un tracé direct pris dans l'oreillette gauche.

Le grand soulèvement dure un certain temps, formant une sorte de plateau; ce plateau présente des ondulations, parce que la systole ventriculaire n'est pas une simple secousse musculaire, mais une série de secousses. Il se produit, en effet, pendant la systole ventriculaire, plusieurs oscillations à l'électromètre de Lippmann, lorsqu'on étudie l'état électrique du cœur. Cependant, il est à remarquer que, si l'on pose sur un cœur qui bat le nerf d'une patte galvanoscopique, on n'a, à chaque systole ventriculaire, qu'une seule secousse.

Un peu après le grand soulèvement, il s'en produit un nouveau, fort petit, qui est dû à la fermeture des valvules qui se trouvent à l'entrée des artères aorte et pulmonaire ou valvules sigmoïdes. A la fin de la systole, le sang chassé dans l'artère a mis en jeu son élasticité en la dilatant; il tend donc à refluer : les valvules l'arrêtent alors, et c'est le choc du sang contre ces valvules

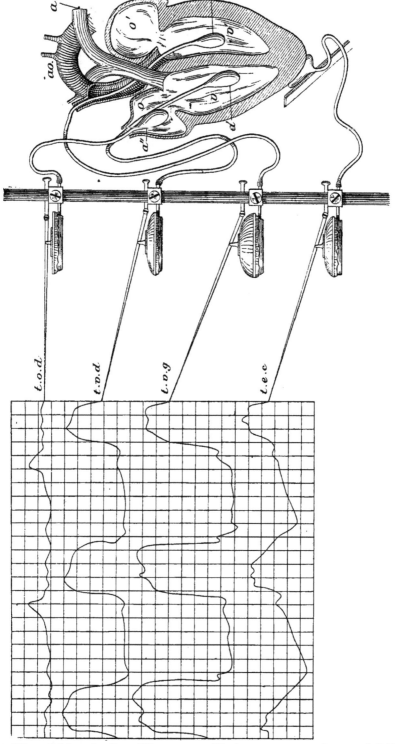

Fig. 204. — Schéma du dispositif pour recueillir les mouvements du cœur à l'aide des sondes cardiaques : *ao* aorte, *a.p* artère pulmonaire, *oo'* oreillettes, *vv'* ventricules, *a a'a"* ampoules de caoutchouc, *t.o.d* tracé de l'oreillette droite. *t.v.d* tracé du ventricule droit, *t.v.g* tracé du ventricule gauche, *t.c.c* tracé du choc du cœur.

qui se traduit dans la courbe du ventricule par le petit accident que nous venons de signaler. Si la contraction de l'oreillette retentit sur la courbe ventriculaire, de même la contraction du ventricule retentit sur la courbe auriculaire, qui présente quelques oscillations pendant cette systole.

Les mouvements du cœur se trahissent à l'extérieur par ce qu'on appelle le *choc du cœur*, que l'on sent dis-

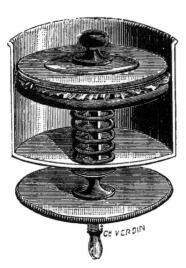

FIG. 205. — Timbale cardiographique de Marey.

tinctement en mettant la main sur la poitrine. Ce n'est pas un choc véritable, mais une simple exagération de pression. Il est facile de l'enregistrer à l'aide de la *timbale cardiographique* de Marey (fig. 205), en plaçant le bouton de l'instrument au point où le choc du cœur se fait le mieux sentir au doigt. Les bords de la timbale ont pour but de supprimer l'action des mouvements respiratoires ; en effet, le tambour est soulevé dans son ensemble par ces mouvements, et le bouton est impressionné seulement par les mouvements locaux du cœur. La courbe (fig. 206) comprend un premier soulèvement relativement petit, un deuxième soulèvement plus grand et un troisième souvent très petit. Si l'on enregistre le

FIG. 206. — Tracé pris avec la timbale cardiographique : 1 systole auriculaire, 2 systole ventriculaire, 3 fermeture des sigmoïdes.

choc cardiaque simultanément avec les tracés de l'oreillette et du ventricule (fig. 204), la signification de ces trois parties de la courbe est facile à comprendre : le premier soulèvement correspond à la systole auriculaire, le deuxième à la systole ventriculaire, le troisième à la fermeture des valvules sigmoïdes.

BRUITS DU CŒUR. — En appliquant l'oreille sur la région précordiale, on entend deux bruits suivis d'un silence à chaque évolution cardiaque. Le premier bruit est sourd et prolongé, le second bref et sec.

Le premier correspond à la systole ventriculaire, le deuxième est postsystolique.

On admet que le premier bruit a pour cause, d'abord la contraction elle-même des ventricules produisant le bruit musculaire, ensuite la fermeture des valvules auriculoventriculaires et enfin le passage du sang dans les orifices aortique et pulmonaire. Le *second bruit* est dû à la fermeture des valvules sigmoïdes; le *silence* correspond au repos du cœur et à la systole auriculaire.

Les altérations dans le rythme et le son de ces bruits sont d'une grande ressource pour le diagnostic des maladies du cœur.

Sphygmographes. — En appliquant le doigt sur une artère que l'on peut comprimer entre ce doigt et un plan résistant, comme c'est le cas de l'artère radiale au poignet, on sent un battement particulier, rythmique et correspondant aux battements du cœur. C'est là ce qu'on appelle le *pouls*. Le toucher peut déjà renseigner sur le nombre et l'amplitude de ces battements, mais, pour les étudier en détail, il faut les enregistrer : c'est ce qui se fait à l'aide d'instruments appelés sphygmographes.

La partie essentielle de l'appareil est une lame élastique fixée à l'une de ses extrémités et dont l'autre extrémité libre, munie d'un bouton arrondi, est appliquée sur l'artère. Cette lame transmet son mouvement soit

directement à un levier inscripteur, *sphygmographe direct,*
soit à un tambour enregistreur, *sphygmographe à transmission* (fig. 207 et 208).

Voici le tracé obtenu avec cet appareil dans les cas
normaux (fig. 209). La courbe présente d'abord un

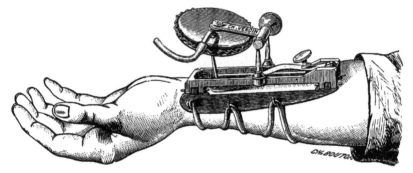

Fɪɢ. 207. — Sphygmographe à transmission de Marcy.

grand soulèvement, puis, pendant sa descente, un plus
petit ou *rebondissement dicrote.*

Quelles sont les causes de ces deux soulèvements ? Le
premier a été attribué longtemps au passage dans l'ar-

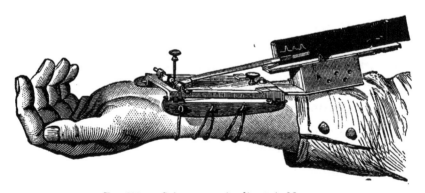

Fɪɢ. 208. — Sphygmographe direct de Marcy.

tère de l'ondée sanguine envoyée à chaque systole ventriculaire dans le système artériel ; mais, s'il en était
ainsi, ce soulèvement serait d'autant plus en retard sur
la systole que l'on s'adresserait à une artère plus
éloignée du cœur ; or, en enregistrant simultanément le

choc cardiaque et le pouls, il est facile de s'assurer qu'il n'en est pas ainsi. Il est admis aujourd'hui que ce

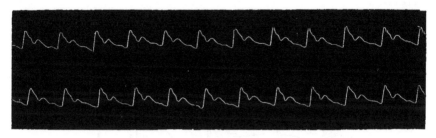

FIG. 209. — Tracé sphygmographique.

soulèvement est dû à la transmission de l'onde vibra-toire résultant du choc du sang chassé du ventricule contre celui qui existe déjà dans l'aorte. Quant au deuxième soulè-vement, il est dû à l'onde de re-tour du sang frappant les valvules sigmoïdes à la fin de la systole.

Son existence avait été attri-buée tout d'abord à l'imperfec-tion des appareils, mais il est possible de la constater par des procédés divers.

Si, coupant une artère, on reçoit le jet de sang sur une bande de papier promenée devant lui, fai-sant ainsi un *tracé hématogra-phique*, on a une figure rappelant assez bien la forme typique du tracé sphygmographique (fig. 210).

FIG. 210. — Tracé hématogra-phique : R rebondissement di-crote.

En appliquant sur l'artère une petite boite dont le fond est formé par une membrane de caoutchouc et par où passe du gaz alimentant un petit brûleur, ce qui cons-titue le *sphygmographe à gaz* de Landois (fig. 211),

on peut, dans la flamme, constater encore deux oscillations, une grande et une petite, à chaque battement de
l'artère.

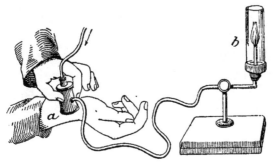

Fig. 211. — Sphygmoscope à gaz de Landois : *a* tambour appliqué sur l'artère et traversé par le courant de gaz, *b* brûleur.

Le tracé du pouls est très variable suivant l'élasticité
des artères et suivant l'état normal et pathologique ; on
en tire un grand parti en clinique.

Hémodromographes. — Le sang circule dans les vaisseaux avec une certaine vitesse ; on enregistre le cours de
ce sang avec des appareils appelés *hémodromographes.*

Fig. 212. — Tracé de l'hémodromographe.

Le plus ingénieux
est l'*hémodromo-
graphe de Chau-
veau et Lortet.* Il
consiste essentiel-
lement en un tube
intercalé entre le
bout central et le bout périphérique de l'artère, tube qui
est partiellement oblitéré par une petite palette, laquelle
est plus ou moins déviée de sa position d'équilibre selon la
vitesse du cours du sang. La déviation de cette palette est
transmise à un levier inscripteur. Il est visible que la vitesse
n'est pas uniforme et, si l'on enregistre simultanément les
battements du cœur, on verra que cette vitesse est maxima
à chaque systole et minima à chaque diastole (fig. 212).

Pour mesurer simplement la vitesse moyenne du sang, on intercale entre les deux bouts de l'artère, après avoir pincé son bout central, un tube de verre gradué (fig. 213) et rempli d'une solution anticoagulante. Le sang est lâché à un moment donné, puis son cours arrêté presque aussitôt en repinçant l'artère. Le temps écoulé et le chemin parcouru dans le tube nous donnent les éléments de la vitesse, qui est une vitesse moyenne indépendante des variations momentanées qu'enregistre l'hémodromographe.

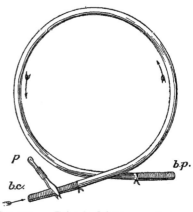

Fig. 213. — Tube de Jolyet pour mesurer la vitesse du cours du sang : *bc* bout central, *bp* bout périphérique du vaisseau, *p* pince de pression.

La vitesse du cours du sang est d'autant moindre que l'on s'éloigne davantage du cœur.

DIX-NEUVIÈME LEÇON

Circulation dans les vaisseaux (Suite).
Pression sanguine.

Le sang exerce dans les vaisseaux une certaine pression qui est mise en évidence quand ils sont blessés, car il s'en échappe alors en un jet plus ou moins énergique.

On mesure cette pression, et on l'enregistre au besoin, avec des *hémodynamomètres*.

HÉMODYNAMOMÈTRES. — Le plus simple de tous est le *kymographion de Ludwig* : c'est un tube en U plein de mercure par une branche duquel on fait arriver le sang. Sur le mercure de l'autre branche est un petit flotteur F portant une tige verticale T guidée par deux fils, par deux poulies ou par un anneau, et qui porte elle-même horizontalement le style inscripteur S (fig. 214

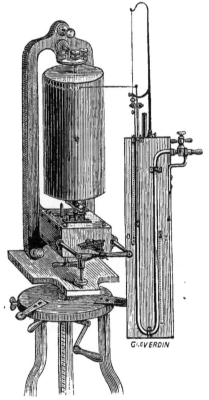

FIG. 214. — Hémodynamomètre.

et 215). Pour enregistrer une pression, il faut prendre un certain nombre de précautions ayant pour but d'éviter la coagulation du sang, de permettre son arrivée rapide dans le manomètre, etc. Nous décrirons donc minutieusement le manuel opératoire.

Il est préférable de choisir le chien, dont la taille est plus favorable à cause du calibre des vaisseaux, qui sont plus gros. On met à nu soit l'artère carotide, soit l'artère fémorale. Nous avons déjà indiqué le procédé opératoire pour la première ; pour la seconde, il faut pratiquer une incision de 4 ou 5 centimètres partant du milieu du pli de l'aine et se dirigeant vers le bord interne du genou. Cette incision doit comprendre la peau et le tissu cellulaire sous-cutané. On pénètre avec une sonde cannelée dans l'espace séparant le muscle couturier des muscles adducteurs (voir fig. 241) ;

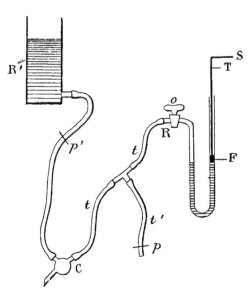

Fig. 215. — Schéma du dispositif pour prendre une pression sanguine : R réservoir plein de solution anticoagulante, C canule, *tt* tube conduisant au manomètre, R robinet présentant en *o* un petit orifice qu'on peut boucher, *t'* tube pour le nettoyage. *pp'* pinces de pression, F flotteur, T tige,. S plume inscrivant sur le cylindre.

au fond se trouvent l'artère, la veine et le nerf. L'artère est dénudée sur une certaine longueur et l'on passe au-dessous, à l'aide d'un porte-fil, trois ligatures. La ligature médiane servira à fixer la canule sur l'artère. Celle du bout périphérique est liée immédiatement et celle du bout central sert à arrêter momentanément le cours du sang en tirant sur ses deux chefs : on peut avantageusement remplacer cette dernière par une petite pince. La canule *c* est faite en T (fig. 216) : une des branches du T, taillée en biseau et à bout olivaire, est destinée à entrer dans l'artère. La branche qui lui fait suite est reliée au manomètre, muni en ce point d'un robinet R, par un tube de caoutchouc *t*, bien ligaturé, sur lequel est branché un autre tube de caoutchouc *t'* fermé momentanément par une pince *p* et pouvant servir de tube d'écoulement. La troisième branche, perpendiculaire aux deux autres et continuée aussi par un tube de caoutchouc, que l'on peut fermer avec une pince *p'*, servira au lavage de la canule, si un caillot vient l'obstruer. Elle est en communication avec un réservoir R, élevé à une certaine hauteur, et qui contient une solution anti-coagulante composée de 45 pour 1000 de bicarbonate de sodium et de 60 pour 1000 de carbonate de sodium.

On commence par remplir tout l'appareil, depuis le réservoir jusqu'au manomètre, par la solution anticoagulante. Pour cela, on lâche la pince *p'* du caoutchouc partant du réservoir : l'air s'échappe partiellement par le bout de la canule, au travers d'un petit orifice *o* percé dans le robinet situé à l'entrée du tube manométrique, lequel peut être fermé ultérieurement par un petit bouchon, et aussi par le tube d'écoulement *t'*. Quand tout le système est plein, on pince le caoutchouc allant du réservoir à la canule, tout à côté de cette dernière, et aussi celui du tube d'écoulement. On a souvent, à ce moment, une pression dans le manomètre; celle-ci est ramenée au zéro en débouchant la petite ouverture *o* percée dans le robinet. L'orifice étant rebouché, tout est alors prêt pour l'expérience. Inutile d'ajouter que le cylindre enregistreur, muni de son papier noirci, a été placé verticalement, de telle sorte que le style commandé par le flotteur vienne inscrire sur sa surface.

La pince située sur le bout central de l'artère étant serrée, on incise cette dernière en bec de flûte avec de fins ciseaux et l'on introduit la canule, le bout tourné du côté du cœur. Cette canule liée, on met le cylindre en mouvement, puis on lâche la pince : le sang se précipite

dans tout l'appareil et fait monter le mercure du manomètre. S'il arrivait qu'au cours de l'expérience un caillot
se produisît, on fermerait le robinet du manomètre, puis
on lâcherait la pince du tube sortant du réservoir, ainsi
que celle du tube d'écoulement : il s'établirait ainsi dans
la canule un courant qui entraînerait le caillot.

Pendant tout le temps que dure l'expérience, le mercure
danse dans le manomètre et la plume exécute une série
d'oscillations, signe de variations dans la pression sanguine.

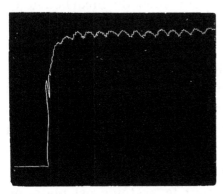

Fig. 216. — Tracé de la pression sanguine
chez la marmotte éveillée.

En examinant le gra-
phique, on voit d'abord
une ligne montant rapi-
dement (fig. 216) : c'est le
moment où le sang s'est
précipité dans l'appareil ;
puis, au lieu d'un pla-
teau, une série de grandes
oscillations sur lesquelles
viennent se greffer d'au-
tres oscillations plus petites. Si, en même temps
que la pression sanguine, on enregistre aussi la respiration et les mouvements du cœur, il est facile de constater que les grandes oscillations correspondent aux
mouvements respiratoires et les petites aux mouvements
cardiaques. A chaque systole, la pression monte légèrement pour baisser à chaque diastole. En général, la
pression baisse à chaque inspiration et monte à chaque
expiration ; cependant pour le chien c'est l'inverse. Cela
tient à ce que, chez cet animal, le cœur présente des
accélérations à chaque inspiration et des ralentissements
à chaque expiration (fig. 217).

Il faut noter que, avec le kymographion, la pression
est non seulement enregistrée, mais encore mesurée.

Elle est inscrite, en effet, en demi-grandeur, le mercure montant dans la branche portant le flotteur de la même hauteur qu'il descend dans l'autre.

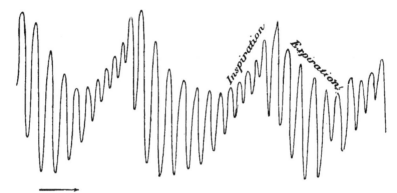

Fɪɢ. 217. — Tracé de la pression sanguine chez le chien.

Signalons, à côté du kymographion, le *manomètre métallique de Marey* (fig. 218). Le sang arrivant de l'ar-

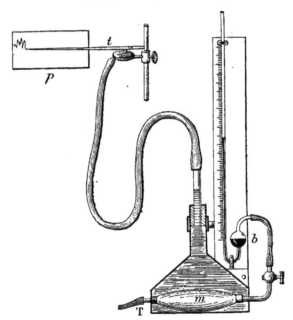

Fɪɢ. 218. — Manomètre métallique de Marey : T tube en relation avec le vaisseau, *m* boîte métallique à paroi mince, *b* manomètre à mercure permettant de lire la pression en vraie grandeur, *t* tambour, *p* plaque enfumée.

tère se partage entre un manomètre à mercure où l'on peut lire la pression et une boîte métallique à parois

minces; les variations de volume de celle-ci se tra-
duisent par l'intermédiaire d'une chambre à air en relation avec un tambour, au moyen des mouvements de son
levier. Inutile de dire que le graphique obtenu avec cet
instrument n'a aucune relation simple de grandeur avec
la valeur de la pression en centimètres de mercure; il
ne la mesure donc pas comme le kymographion, mais on
peut la déduire de la lecture de l'échelle du manomètre.

MESURE CLINIQUE DE LA PRESSION. — Cliniquement,
la pression peut être mesurée sans ouvrir l'artère. On
place sur cette artère un réservoir à mercure sur lequel
est exercée une pression lue sur un manomètre en relation avec le réservoir. On tâte, d'autre part, le pouls:
quand il n'est plus sensible, c'est que la pression sur
l'artère contrebalance celle du sang; on n'a plus à ce
moment qu'à lire la pression sur le manomètre.

SPHYGMOSCOPES. — La pression sanguine peut être
enregistrée directement à l'aide d'instruments appelés
sphygmoscopes (fig. 219).

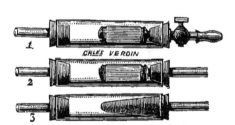

FIG. 219. — Sphygmoscopes.

Ce sont de petits doigts
de gant en caoutchouc
mince dans lesquels ar-
rive un tube que l'on in-
troduit comme une canule
dans l'artère. Le doigt de
gant est enfermé dans un
cylindre rigide bouché, à l'une de ses extrémités, par
la surface du caoutchouc lui-même et, à l'autre, par un
bouchon muni d'une tubulure étroite conjuguée avec un
tambour enregistreur. Quand le sang pénètre dans le
doigt de gant, il le gonfle; la pression augmente dans
le tube rigide, et cette augmentation de pression est
transmise au tambour.

Toutes les variations de volume du doigt de gant, sous l'influence des variations de la pression sanguine, peuvent donc être enregistrées de cette manière.

Circulation artérielle. — La circulation dans une artère est due, en grande partie, à la différence de pression régnant entre le sang à l'entrée de l'arbre artériel et celui des ·dernières ramifications de cette artère. Cette différence de pression a pour cause l'injection répétée à chaque systole d'une nouvelle masse de sang; aussi, dans les grosses artères, le cours du sang est-il saccadé

Fig. 220. — Appareil pour montrer que la régularisation du cours du sang est due à l'élasticité des artères.

comme la variation de pression elle-même et, quand on lès blesse, le sàng en sort-il par jets successifs. En blessant au contraire une artériole, le sang sort d'un mouvement uniforme. Cette régularisation du cours du sang est due à l'élasticité des parois artérielles, comme le prouve l'expérience suivante.

Prenons un flacon à tubulure inférieure (fig. 220) et branchons sur celle-ci un tube en Y : faisons suivre les deux branches de l'Y, l'une d'un long tube en caout-

chouc, l'autre seulement d'un petit raccord de caoutchouc continué par un tube rigide. Comprimons par
saccades rythmiques, à l'aide d'une règle par exemple,
l'origine des deux tubes : nous verrons le liquide du
flacon s'écouler par saccades du tube de verre et d'un
mouvement uniforme du tube de caoutchouc.

Une autre cause de la circulation dans les artères est
la contractilité de leurs parois qui peuvent, en se res-
serrant, rétrécir le calibre du tube, comme nous le
verrons plus tard en étudiant les effets vasomoteurs.

Circulation capillaire. — Dans les petits vaisseaux qui
réunissent les artères aux veines, le sang circule uniformément et sans saccades, sauf dans le cas de paralysie des parois artérielles. Grâce à sa lenteur, on peut
observer facilement cette circulation au microscope.

Prenons une grenouille, fixons-la sur une plaque de
liège percée d'un trou et tendons avec des épingles, sur
ce trou, la membrane interdigitale de l'une des pattes de
derrière : avec un grossissement assez faible, nous verrons les globules cheminer dans les capillaires, toujours
dans le même sens, avec une
grande régularité.

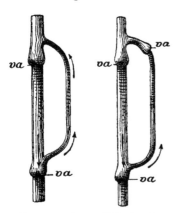

FIG. 221 et 222. — Valvules des
veines.

Circulation veineuse. — La circulation dans les veines est due
à la poussée du sang chassé par
derrière par celui qui est injecté
à chaque systole du ventricule;
elle est favorisée par les mouvements musculaires qui, en apla-
tissant les parois de la veine, for-
cent le sang à cheminer; le reflux
est impossible à cause des valvules dont la concavité est
tournée du côté du cœur (fig. 221 et 222). Le cours du sang,

.moins lent que dans les capillaires, est pourtant bien moins rapide que dans les artères; et, quand on ouvre une veine, le sang coule lentement et uniformément. Quelquefois, cependant, dans la paralysie des vasomoteurs par exemple, le sang y coule par saccades et l'on a un véritable *pouls veineux* que l'on peut enregistrer comme le pouls artériel.

Chez le chien, ce pouls veineux est physiologique et très apparent dans la jugulaire. La veine s'aplatit à chaque inspiration, pour se gonfler à chaque expiration; elle présente, de plus, une série de bondissements synchrones de ceux du cœur. On enregistre aisément ce phénomène à l'aide du petit explorateur ci-contre (fig. 223).

FIG. 223. — Explorateur veineux.

Pour mettre à nu la jugulaire, il n'y a qu'à inciser la peau et le peaucier qui la recouvrent seuls. On fait l'incision suivant une ligne partant de l'angle de la mâchoire et se dirigeant vers le milieu de l'espace séparant le sternum de l'articulation de l'épaule. Le vaisseau est isolé à l'aide d'une sonde cannelée, et on passe sous lui un fil permettant de le retrouver facilement.

Quand une veine est liée, il est facile de voir que, dans ce vaisseau, le cours du sang est centripète au lieu d'être centrifuge, comme dans les artères; en effet, c'est le bout périphérique qui se gonfle et le central qui se vide. On sait que c'est l'inverse qui se produit pour une artère.

PLÉTHYSMOGRAPHES. — Les variations de la circulation dans un organe peuvent s'enregistrer à l'aide d'instruments appelés *pléthysmographes*. Celui de Franck, pour la main et le bras, est un manchon de verre plein d'eau

et fermé supérieurement par une membrane de caoutchouc munie d'une fente par laquelle on enfonce la
main, et d'une tubulure qu'on peut
conjuguer à un tambour enregistreur (fig. 224). Dans le graphique
donné par cet instrument, on a
d'abord tous les mouvements du
pouls, ensuite les mouvements respiratoires, enfin, de temps en temps,
de grandes oscillations ne se montrant pas ici (fig. 225), et qui sont
dues à des effets vasomoteurs, c'est-
à-dire à des afflux et à des retraits
de sang, suivant l'état de contraction
ou de relâchement des artérioles,
qui laissent passer plus ou moins
de liquide.

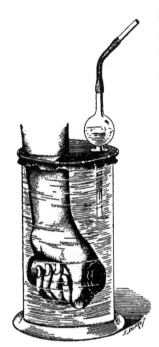

FIG. 224. — Pléthysmographe
de François Franck.

Ajoutons que les mouvements de
la circulation retentissent plus ou
moins sur diverses parties du corps
et même sur le corps tout entier.
Vous savez que, si l'on croise une jambe sur l'autre,
le bout du pied est agité de mouvements synchrones

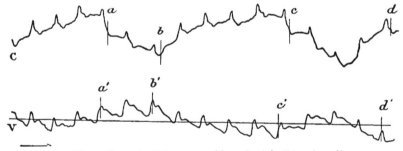

FIG. 225. — V tracé pléthysmographique (main), C tracé cardiaque.

avec les battements du cœur; de même, si l'on se place
sur le plateau d'une balance très sensible, ce plateau
oscille à chaque mouvement cardiaque.

Vitesse totale de la circulation. — Il est possible de mesurer le temps que met le sang à parcourir l'ensemble de la grande et de la petite circulation, à revenir, par conséquent, à son point de départ. Voici le procédé employé.

Ayant mis à nu les deux veines jugulaires d'un chien,

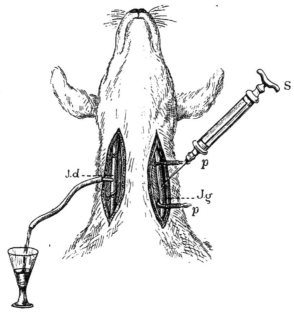

Fig. 226. — Dispositif expérimental pour la mesure de la vitesse totale de la circulation : J*g* jugulaire gauche où l'on injecte avec la seringue S du ferrocyanure de potassium, J*d* jugulaire droite dont on recueille le sang dans un verre contenant une solution de perchlorure de fer, *pp* pinces.

on introduit une première canule dans le bout central d'une des deux veines, l'autre dans le bout périphérique de la seconde. Après avoir fait une injection de ferrocyanure par la première canule, on recueille le sang sortant de la seconde dans un vase contenant du perchlorure de fer (fig. 226). Quand du bleu de Prusse apparaît, on arrête l'expérience. On a compté le temps qui s'est écoulé depuis le moment de l'injection jusqu'à l'apparition du précipité. Ce temps, qui est de 25 à 30 secondes chez le chien, mesure la vitesse totale de la circulation.

Quel a été, en effet, le chemin parcouru par le ferrocyanure injecté dans la première veine pour ressortir
par l'autre? Il est arrivé par la veine cave supérieure
dans l'oreillette droite, a passé dans le ventricule droit,
les vaisseaux pulmonaires, l'oreillette gauche, le ventricule gauche, les artères de la grande circulation, les
capillaires, et enfin est revenu par une veine cave à
l'oreillette droite. Le temps compté mesure donc bien la
vitesse totale de la circulation. Cette vitesse, si grande,
permet de se rendre compte de la rapidité de l'effet des
substances introduites dans l'organisme par la voie intraveineuse.

VINGTIÈME LEÇON

Action du système nerveux sur la circulation.

Le système nerveux joue un rôle très important dans la circulation du sang à l'intérieur des vaisseaux et du cœur. Ce dernier est innervé à la fois par le système nerveux cérébro-spinal et par des ganglions intra-cardiaques, chargés d'assurer l'automatisme de son rythme.

Pour le moment, nous examinerons seulement les nerfs qui sont susceptibles de modifier ce rythme, de l'accélérer, de le ralentir ou l'arrêter, soit par voie directe, soit par voie réflexe; en d'autres termes, nous étudierons l'action des *nerfs moteurs* et des *nerfs sensitifs du cœur*.

Les premiers sont, d'une part, le pneumogastrique, et, d'autre part, les filets sympathiques cardiaques émanés des ganglions cervicaux et premier thoracique.

Les seconds sont d'abord le nerf de Cyon ou nerf dépresseur, souvent soudé avec le pneumogastrique, ensuite quelques filets centripètes toujours contenus dans ce dernier.

PNEUMOGASTRIQUE. — *L'action du nerf pneumogastrique sur les mouvements du cœur* est très nettement marquée et fort singulière.

Si nous enfonçons une aiguille dans la région précordiale, elle est mise immédiatement en mouvement par les battements du cœur; or, quand ensuite nous excitons le nerf pneumogastrique, préalablement mis à nu, nous voyons les mouvements de l'aiguille se ralentir d'abord, puis s'arrêter si l'excitation a été suffisante. Seulement cet arrêt ne peut être longtemps prolongé, ce qui, d'ailleurs, entraînerait fatalement la mort : malgré la continuation de l'excitation, les battements reparaissent en effet spontanément, peu à peu.

Ce phénomène est facile à enregistrer au moyen d'un cardiographe et d'un signal de Depretz. Les stylets des deux instruments étant placés sur une même génératrice, nous constatons le ralentissement ou l'arrêt correspondant à l'excitation. Notons cependant que l'arrêt, quand il se produit, n'est jamais immédiat et se trouve toujours précédé d'un ou deux mouvements postérieurs au début de l'excitation (fig. 227 et 228).

Il reste à déterminer si cette action du vague sur le cœur est directe ou bien indirecte, c'est-à-dire réflexe. Pour cela, coupons le nerf et excitons successivement son bout central et son bout périphérique.

L'excitation du bout central ne donne presque rien, sauf un léger ralentissement que nous expliquerons tout à l'heure.

L'excitation du bout périphérique produit les mêmes effets que celle du nerf total : il s'agit donc bien d'une action directe, c'est-à-dire centrifuge ou motrice; mais, ce qu'il y a de véritablement spécial, c'est qu'il se produit ici une *action frénatrice* ou *d'arrêt*, ou, comme l'on dit encore, *inhibitrice*.

Si l'excitation du nerf pneumogastrique cause le ralentissement ou l'arrêt, sa section amène généralement l'accélération. Chez le chien, la section bilatérale, au cou, double le nombre des battements du cœur : le nerf exerce donc normalement un *tonus modérateur* pour cet animal. Lorsque les mouvements normaux du cœur sont très rapides, comme chez le lapin, la section ne produit pas d'effet bien appréciable.

Le léger ralentissement que l'on observe dans le cœur, pendant l'excitation du bout central du pneumogastrique, est dû à une action centripète qui se

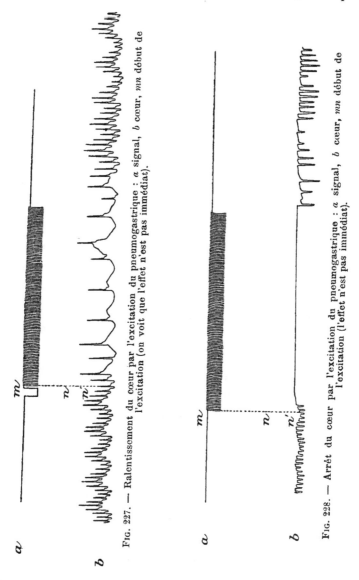

FIG. 227. — Ralentissement du cœur par l'excitation du pneumogastrique : *a* signal, *b* cœur, *mn* début de l'excitation (on voit que l'effet n'est pas immédiat).

FIG. 228. — Arrêt du cœur par l'excitation du pneumogastrique : *a* signal, *b* cœur, *mn* début de l'excitation (l'effet n'est pas immédiat).

réfléchit par le second nerf : en effet, le ralentissement ne se montre plus quand le deuxième nerf est coupé.

L'atropine paralyse les *fibres modératrices* cardiaques

contenues dans le tronc du pneumogastrique : après l'injection de cette substance, on n'obtient plus de ralen-tissement du cœur, mais on observe, au contraire, une accélération, et c'est là un moyen de mettre en évidence l'existence de *fibres accélératrices*, dont l'action est habituellement masquée par celle de fibres modéra-trices. Leur effet est d'ailleurs direct comme celui de ces dernières et s'obtient aussi bien par l'excitation du bout périphérique du nerf que par celle du tronc con-tinu chez l'animal atropiné.

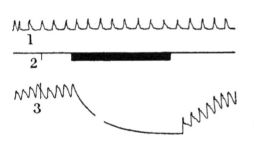

FIG. 229. — Baisse de la pression sanguine par l'excitation du pneumogastrique : 1 tracé du temps, 2 tracé du signal électrique, 3 pression sanguine.

Les fibres motrices du pneumogastrique ne lui appartiennent pas en propre ; elles sont four-nies par l'anastomose de la branche interne du spinal, comme on s'en assure par l'exci-tation directe de cette branche avant l'anas-tomose.

Nous avons montré que, si l'on excitait longtemps et fortement le pneumogastrique, l'arrêt du cœur ne se maintenait pas ; il dure seulement 15 à 30 secondes chez le chien, ce qui tient à ce que le nerf se fatigue très vite.

Lorsque les battements ont repris, si l'on excite le deuxième nerf, l'arrêt ne se produit pas non plus.

L'effet modérateur ou d'arrêt du pneumogastrique retentit sur la circulation artérielle. Si, pendant que l'on prend une pression sanguine, on excite ce nerf, la pres-sion baisse considérablement (fig. 229), et c'est là une preuve que celle-ci est bien due à l'arrivée d'un nouveau sang dans l'artère à chaque systole cardiaque. En même temps que la pression baisse, les oscillations diminuent ou s'arrêtent, suivant que le cœur est simplement ralenti ou arrêté.

NERFS ACCÉLÉRATEURS. — En excitant les filets nerveux émanés des ganglions cervicaux et particulièrement du ganglion premier thoracique, on observe une accélération marquée du rythme cardiaque avec hausse de

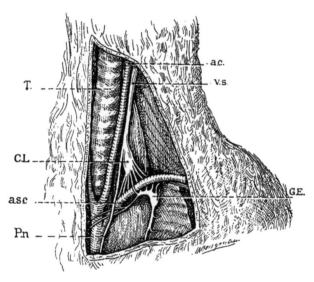

FIG. 230. — Origine des nerfs accélérateurs chez le chien : T trachée, *ac* carotide, *vs* vagosympathique. GI ganglion cervical inférieur, GE ganglion étoilé ou premier thoracique, *asc* artère sous-clavière, Pn pneumogastrique.

la pression sanguine. L'excitation de ces filets nécessite la mise à nu de leur ganglion d'origine (fig. 230 et 231).

Pour le *ganglion cervical supérieur*, il suffit de découvrir le nerf sympathique dans la région supérieure du cou. Le procédé est le même que pour chercher le nerf vague, que le sympathique accompagne : on le suit en remontant; le ganglion se trouve sous le muscle stylohyoïdien, qu'on écarte ou qu'on sectionne.

Pour le *ganglion cervical inférieur*, il n'y a qu'à

suivre le cordon sympathique en descendant; il se trouve au point de pénétration du cordon vagosympathique dans la cage thoracique.

Ce ganglion et le *ganglion. premier thoracique* ou *étoilé* sont les plus importants, car c'est d'eux qu'é-

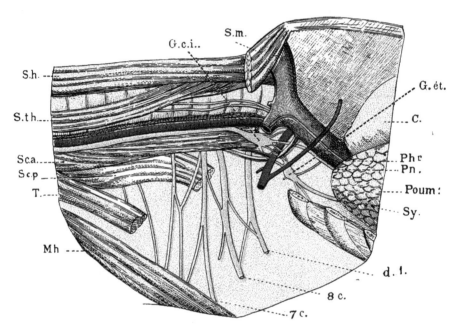

FIG. 231. — Région cervicale inférieure chez le chien : S.*m* muscle sterno-maxillaire; S*h* muscle sterno-hyoïdien, S.*th* muscle sterno-thyroïdien, S*c*.*a* muscle scalène antérieur, S*c*.*p* muscle scalène postérieur, T muscle trapèze, M*h* muscle mastoïdo-huméral, 7 *c*, 8 *c*, *d* 1 septième et huitième paires nerveuses cervicales, première paire dorsale, S*y* chaîne sympathique, G.*c*.*i* ganglion cervical inférieur, G.*ét* ganglion étoilé, P*oum* poumon, P*n* nerf pneumogastrique, P*hr* nerf phrénique. C cœur.

mane la majorité des fibres accélératrices. Le dernier est assez difficile à découvrir.

Voyons comment on pratique cette opération. Ayant d'abord mis à nu la partie inférieure du muscle sterno-maxillaire, qu'on écarte ou qu'on sectionne entre deux ligatures, on passe sous la veine jugulaire externe un fil permettant de l'écarter par traction en dehors, après avoir coupé, entre deux ligatures, la petite veine qui l'unit à sa congénère. Un second fil est passé sous la carotide, qu'on tire en dedans. En suivant le cordon sympathique qu'on isole du dépresseur, on arrive assez facilement au ganglion cervical inférieur, lequel se trouve dans l'angle formé par la jonction de l'artère sous-clavière et de l'artère carotide. Tirant alors à soi, avec un crochet mousse, la partie supérieure du sternum et des premières côtes, ce qui permet d'opérer facilement dans la partie supérieure du thorax sans l'ouvrir, on aperçoit *l'anneau de Vieussens* entourant l'artère sous-clavière. Le filet accélérateur qui part du ganglion cervical inférieur est placé sur le côté interne de la branche supérieure de l'anneau : il est facile alors de l'isoler et de l'exciter. Quant au ganglion étoilé, qui est situé derrière la sous-clavière, on le trouve en suivant la branche postérieure de l'anneau de Vieussens : il envoie au cœur deux ou trois filets qui sont, comme les précédents, des accélérateurs, car leur excitation augmente notablement les battements du cœur.

La section des accélérateurs n'amène pas de ralentissement des mouvements du cœur; ils n'exercent donc pas de tonus comme le nerf pneumogastrique. Sur la figure 230, représentant les nerfs accélérateurs, chez le chien, ainsi que l'anatomie de la région, on voit que le sympathique est fusionné du haut en bas avec le pneumogastrique, jusqu'au ganglion cervical inférieur.

NERF DÉPRESSEUR OU DE CYON. — Ce nerf est presque toujours soudé au pneumogastrique. Chez le lapin, il est isolé (fig. 187). Il naît du pneumogastrique par deux filets : l'un émane du tronc lui-même, l'autre vient de la branche laryngée supérieure et va se confondre avec le sympathique au niveau du ganglion cervical inférieur.

On le met à nu par le même procédé que le pneumogastrique; c'est le plus grêle des cordons nerveux accompagnant l'artère carotide.

C'est bien un nerf sensitif, car l'excitation du bout central provoque le même effet que celle du nerf total.

Cette excitation a pour résultat de produire le ralentissement cardiaque par un réflexe, dont la voie centrifuge est constituée par les pneumogastriques, car, une fois ces derniers coupés, le réflexe ne se produit plus.

Si l'on prend un tracé du cœur pendant l'excitation du nerf, en intercalant dans le circuit un signal de Depretz, il est facile de s'assurer, sur le tracé, de la concordance de l'excitation avec le ralentissement cardiaque.

Au lieu d'un tracé du cœur, si nous prenons au kymographion un tracé de la pression sanguine, nous voyons cette pression baisser pendant l'excitation (fig. 232), d'où le nom de *dépresseur* donné à ce nerf.

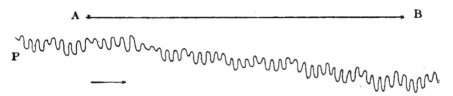

Fig. 232. — Effet de l'excitation du nerf de Cyon ou dépresseur : AB excitation, P pression sanguine (on voit qu'elle baisse pendant l'excitation).

Le ralentissement réflexe du cœur est pour quelque chose dans cette baisse de pression, mais il n'en est pas la cause unique, car, même après la section des pneumogastriques, la baisse se produit pendant l'excitation. Elle est surtout due à une vasodilatation réflexe, ayant pour voie centrifuge les nerfs splanchniques, se produisant dans le domaine de la circulation viscérale et particulièrement abdominale.

Le nerf dépresseur de Cyon n'est pas le seul nerf sensible du cœur. Après sa section, chez le lapin, on voit encore des irritations de l'endocarde, une injection caustique par exemple, produire un arrêt réflexe de la respiration : ces arrêts cessent après la section des pneumogastriques. Ce sont donc eux qui constituent la voie centripète de ce réflexe.

———————

VINGT-ET-UNIÈME LEÇON

Action du système nerveux sur la circulation (Suite).

Nous avons déjà ·vu, en passant, que les vaisseaux sont sous la dépendance du système nerveux et peuvent être, suivant les cas, dilatés ou contractés. Les nerfs qui commandent à ces mouvements sont dits nerfs vaso-moteurs, et les variations dans la vascularisation d'un organe qui résultent de leur action sont les *phéno-mènes vasomoteurs.*

ACTION DU SYMPATHIQUE. — Une expérience très simple permet de se rendre compte de l'action du grand sym-pathique sur l'état de resserrement ou de dilatation des vaisseaux.

On prend un lapin, de préférence albinos pour pou-voir observer plus aisément l'état de vascularisation de ses oreilles, dont on aperçoit facilement les vais-seaux par transparence, en les interposant entre l'œil et la lumière. Après avoir mis à nu le sympathique dans la région du cou, entre les ganglions cervicaux supérieur et inférieur, par le procédé que nous avons employé pour le nerf pneumogastrique, et après l'avoir isolé, on le sectionne entre deux ligatures. Quelque temps après la section, en examinant les oreilles, on voit que celle du côté opéré a ses vaisseaux beaucoup plus dilatés et est beaucoup plus rouge que l'autre. En même temps, sa température s'est notablement élevée, au point que cette élévation devient sensible même à la main. Il y a jusqu'à 5 et 10 degrés de différence avec l'autre oreille.

La section du sympathique au cou produit donc la paralysie des vaisseaux de l'oreille, et, ceux-ci se laissant distendre facilement par le sang, il y a, comme on dit, *vasodilatation*. Celle-ci, succédant à la simple abolition de l'action du nerf, prouve qu'il exerce, à l'état normal, un *tonus constricteur*.

Prenons maintenant successivement, pour les exciter, le bout central et le bout périphérique du cordon sympathique coupé.

Si nous excitons le bout central, nous n'obtenons rien ; au contraire, en excitant le bout périphérique, l'oreille pâlit, se refroidit et devient même plus pâle et plus froide que l'oreille normale. Cette deuxième expérience nous montre, plus nettement encore que la première, le rôle *vasoconstricteur* du cordon sympathique.

La rougeur et la chaleur de l'oreille du côté sectionné ne sont que transitoires, les deux phénomènes disparaissent assez rapidement. Le résultat serait plus durable si, au lieu de sectionner simplement le cordon sympathique, on arrachait le ganglion cervical supérieur. La durée des troubles est d'un jour seulement après la section du nerf et de quinze à dix-huit après l'arrachement du ganglion.

On montre encore l'action du système sympathique sur les vaisseaux en s'adressant au *nerf grand splanchnique*, qui, émané du sympathique thoracique, traverse le diaphragme pour venir se jeter dans le ganglion semi-lunaire du plexus solaire. Pour arriver sur le splanchnique, on fait une laparotomie immédiatement au-dessous de l'appendice xyphoïde. Après avoir déplacé les viscères à droite, le splanchnique gauche étant plus facile à trouver, on aperçoit aisément le nerf traversant le diaphragme, non loin de l'aorte. La section de ce nerf produit une vasodilatation paralytique de tous les vaisseaux des viscères de l'abdomen, qui se gorgent de sang.

L'excitation de son bout périphérique produit une constriction de ces mêmes vaisseaux. L'effet est donc absolument le même que tout à l'heure pour l'oreille.

Un rapprochement de plus, c'est que l'effet de la section du nerf n'est que transitoire, et que l'arrachement des ganglions semi-lunaires produit un effet durable.

Les variations dans l'état de dilatation des vaisseaux abdominaux, suivant que le splanchnique est coupé ou excité, retentissent d'une façon très sensible sur la pression carotidienne.

Pendant qu'on prend une pression dans la carotide, si on excite un splanchnique, cette pression monte de près du double ; par contre, la section du même nerf produit une baisse très considérable.

RÔLE DU SYSTÈME CÉRÉBROSPINAL. — Les cordons émanés du système grand sympathique ne sont pas les seuls à exercer une action sur les vaisseaux. Regardant la circulation dans la membrane interdigitale de la patte postérieure d'une grenouille, si on excite le nerf sciatique de cette patte, on voit les capillaires se resserrer pendant cette excitation; la section, au contraire, produit la vasodilatation. Cela prouve que le système cérébrospinal, et en particulier la moelle, participent aussi aux phénomènes vasomoteurs. Rappelons en passant que, chez la grenouille, le nerf pneumogastrique est vasomoteur des capillaires pulmonaires.

Le rôle de la moelle dans les phénomènes vasomoteurs peut être démontré par des sections et des excitations directes. La galvanisation de la moelle produit de la vasoconstriction. Il est donc démontré que les nerfs vasomoteurs ont deux origines bien distinctes : le sympathique d'une part, la moelle d'autre part.

Les nerfs vasomoteurs sont rarement, à l'état physiologique, excités directement; c'est presque toujours par voie réflexe qu'ils agissent : il y a donc non seulement des nerfs, mais aussi des *centres vasomoteurs*. Ce sont ces centres qui, par leur activité permanente, maintiennent le tonus constricteur signalé plus haut.

VASODILATATION. — Les nerfs que nous venons d'examiner : sympathique au cou, grand splanchnique, sciatique, etc., sont tous des vasoconstricteurs; leur excitation produit un resserrement des vaisseaux et leur section un relâchement paralytique.

D'autres nerfs, au contraire, appelés *vasodilatateurs*, provoquent, par leur excitation, une dilatation des vaisseaux dans une région déterminée. De ce nombre est la *corde du tympan* dont l'excitation produit, dans la glande sous-maxillaire, en même temps qu'un abondant écoulement de salive, une vascularisation très marquée et une augmentation de chaleur; bref, tous les effets que provoque la section d'un vasomoteur ordinaire.

De ce nombre est encore le *nerf érecteur* dont l'excitation amène un abondant écoulement de sang par une plaie faite au corps caverneux. Cette vasodilatation est assez difficile à expliquer. Il ne saurait être question d'une action élargissant directement les vaisseaux, car la structure anatomique de ces derniers s'oppose à toute théorie de ce genre. Il est plus probable qu'il s'agit là d'une *action inhibitrice* analogue à celle que le nerf pneumogastrique exerce sur le cœur et qui produirait une paralysie plus complète que celle résultant de la section toujours incomplète des constricteurs de l'organe.

RÉFLEXES VASOMOTEURS. — Nous avons déjà eu l'occasion de vous montrer un de ces réflexes à l'occasion de l'étude du nerf de Cyon. L'excitation du bout central de ce nerf produit une baisse de la pression sanguine alors même que, les nerfs pneumogastriques étant coupés, le cœur n'est pas ralenti. La cause de cette baisse est une vaso-dilatation réflexe intestinale.

L'action du froid et de la chaleur sur la pression est encore une preuve facile à établir de ces réflexes.

Si nous prenons une pression sanguine sur un animal, tout en l'arrosant avec de l'eau froide, nous voyons subitement la pression monter, ce qui prouve l'existence d'une vasoconstriction périphérique d'origine réflexe. Au contraire, si nous l'arrosons avec de l'eau chaude, nous avons une baisse de la pression, qui nous est expliquée facilement par une vasodilatation.

Enfin, tout le monde sait que de fortes émotions nous font rougir ou pâlir. Cette rougeur, cette pâleur sont dues à la vasodilatation ou à la vasoconstriction des vaisseaux de la face, et, là encore, ces phénomènes sont d'origine réflexe.

Il se produit sans cesse dans l'organisme toute une série de réflexes vasoconstricteurs ou vasodilatateurs; le cours du sang, dans un même organe, peut varier considérablement d'un moment à l'autre: il se manifeste tantôt un afflux, tantôt un retrait. Nous avons montré comment ces variations de la circulation pouvaient être mises en évidence par les pléthysmographes.

VINGT-DEUXIÈME LEÇON

Action du système nerveux sur la circulation (Suite). Mouvements du cœur isolé.

Lorsqu'on sépare le cœur d'un animal du reste de l'organisme, pendant un certain temps il continue ses mouvements. Ce temps est très court chez les animaux à sang chaud, à l'exception des hibernants, pendant leur période de sommeil. Il peut durer assez longtemps chez les animaux à sang froid, particulièrement la grenouille ou la tortue, si l'atmosphère est suffisamment humide.

Prenons une grenouille, détachons son cœur après une incision au péricarde, par la section des gros vaisseaux qui en sortent, mettons cet organe dans une petite cupule avec un peu d'eau salée à 4 pour 1 000 : nous verrons pendant plusieurs heures se continuer les battements rythmiques, d'abord des oreillettes, puis des ventricules. Le cœur possède donc une véritable autonomie : c'est l'*automatisme cardiaque*.

GANGLIONS INTRACARDIAQUES. — Cette autonomie, il la doit à de petits ganglions nerveux disséminés dans sa paroi et qui sont nettement visibles surtout chez la grenouille. Ils sont au nombre de trois paires : 1º les *ganglions de Remak*, placés au niveau du sinus veineux, à son abouchement dans l'oreillette droite ; 2º les *ganglions de Ludwig*, situés dans la cloison interauriculaire ; 3º les *ganglions de Bidder*, logés dans le sillon auriculo-

141

ventriculaire (fig. 233). Ces ganglions, après imprégna-
tion à l'acide osmique, se pré-
sentent le long de deux nerfs
cardiaques qui sont des filets
du nerf pneumogastrique.

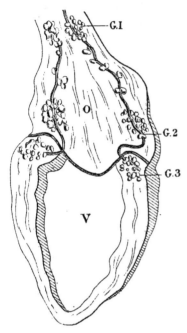

FIG. 233. — Ganglions du cœur de la
grenouille : O oreillette, V ventricule, G1 ganglions de Remak,
G2 ganglions de Ludwig, G3 ganglions de Bidder.

EXPÉRIENCES DE STANNIUS. —
Le rôle des ganglions, leur action simultanée ou isolée, peut
se démontrer en répétant les
expériences dues à Stannius et
qui portent son nom (fig. 234).

Prenons un cœur de gre-
nouille isolé par le procédé indiqué plus haut et faisons une
ligature un peu au-dessous du
sillon auriculo-ventriculaire ,
au-dessous, par conséquent, des
ganglions de Bidder : nous verrons les oreillettes continuer à
battre, ainsi que le sinus vei-
neux, mais la pointe du ventricule isolé s'arrêtera. Or, la
partie située au-dessus de la ligature contient tous les

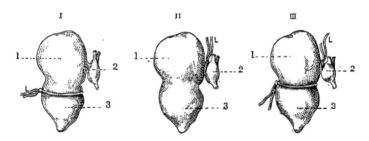

FIG. 234. — Ligatures de Stannius : 2 sinus veineux, 1 oreillette, 3 ventricule, I l'ore
lette et le sinus veineux continuent à battre, le ventricule s'arrête, II le sinus ve
neux seul bat, III les mouvements du ventricule reprennent pendant quelque temps.

ganglions, celle qui est au-dessous n'en a aucun ; nous
démontrons donc ainsi que la source de l'automatisme

des mouvements du cœur est dans son système ganglionnaire.

Faisons sur un autre cœur de grenouille isolé une ligature sur le sinus veineux ; nous avons, d'une part, d'un côté de la ligature, le sinus veineux avec les ganglions de Remak, d'autre part, de l'autre côté de la ligature, les oreillettes et le ventricule avec les gangli ns de Ludwig et de Bidder. Le sinus continue à battre, les oreillettes et le ventricule s'arrêtent en diastole.

Sur le cœur ainsi préparé si on fait une deuxième ligature, juste sur le sillon auriculo-ventriculaire, qui, par conséquent, excite les ganglions de Bidder, on voit les oreillettes continuer à être immobiles, mais le ventricule exécute quelques contractions pour redevenir bientôt aussi immobile.

Enfin, faisons une ligature isolant en dessus les ganglions de Ludwig et de Remak, en dessous les ganglions de Bidder, nous voyons les oreillettes et le sinus continuer leurs pulsations et le ventricule battre aussi de son côté, mais il n'a qu'une pulsation contre deux ou trois de l'oreillette et ne tarde pas à s'arrêter.

La conclusion de ces diverses expériences c'est que les ganglions de Bidder constituent un *centre excitomoteur insuffisant*, les ganglions de Remak un *centre excitomoteur suffisant*, et les ganglions de Ludwig un *centre excitofrénateur*, mais insuffisant, par son tonus seul, pour contrebalancer l'action excitomotrice des ganglions de Remak.

De ces deux groupes de ganglions, ce sont les ganglions de Remak qui l'emportent.

Il n'en est pas de même quand on excite les centres.

Nous pouvons, dans ce cas, démontrer facilement le rôle excitofrénateur prépondérant des ganglions de Ludwig.

Sur le cœur d'une grenouillle, après avoir isolé les

oreillettes par une ligature, prenons un tracé avec le cardiographe simple de Marey, puis excitons les oreillettes par un courant faradique : nous verrons, sous l'influence de ce courant tétanisant, se produire l'arrêt diastolique des oreillettes (fig. 235).

Fig. 235. — Arrêt diastolique des oreillettes par l'excitation de ces dernières par un courant tétanisant : O tracé de l'oreillette, SE tracé du signal, *ab* durée de l'excitation, 1 cessation des systoles, 2 reprise.

On démontre de la même façon l'action excitomotrice des ganglions de Bidder.

Si on isole le ventricule muni de ces ganglions, il bat quelque temps et ne tarde pas à s'arrêter. Alors, en l'excitant par un courant faradique, on le voit reprendre ses mouvements rythmiques (fig. 236).

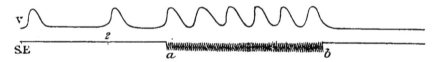

Fig. 236. — Excitation des ganglions de Bidder : 2 excitation isolée provoquant une contraction unique, *ab* courant tétanisant produisant des battements rythmiques, V tracé du cœur, SE signal électrique.

EXCITATIONS DU CŒUR ISOLÉ. — Prenons un cœur qui a cessé de battre spontanément et excitons-le par un choc induit, nous provoquerons une systole absolument semblable à la systole normale.

On peut enregistrer, en même temps que cette systole, le choc induit qui la provoque, en intercalant un signal de Depretz dans le courant primaire de la bobine et mesurer ainsi le temps perdu du myocarde qui, comme tous les muscles, a une période latente (fig. 237). Ce temps perdu est toujours plus long que celui d'un muscle ordinaire.

Si, au lieu d'exciter le cœur par un choc, on lance

une série d'induits, on produit non pas une tétanisation, comme on pouvait s'y attendre, mais des battements rythmiques.

Pour obtenir ces battements, il n'est pas nécessaire que le cœur soit muni de son système ganglionnaire. En effet, après avoir coupé le cœur en deux, de manière que la pointe ventriculaire soit dépourvue de

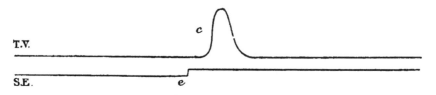

Fɪɢ. 237. — Temps perdu du myocarde : TV tracé du cœur, SE signal électrique, *e* excitation, c contraction.

ganglions, si nous l'excitons par un courant faradique, nous voyons encore se produire des battements rythmiques. Il s'agit donc là d'une propriété particulière au [myocarde. Celui-ci présente d'ailleurs d'autres différences avec les muscles ordinaires. Nous avons montré que, lorsque l'on excite un muscle avec des courants croissants, la contraction va en augmentant d'amplitude : pour le cœur, une excitation suffisante donne tout de suite la contraction maxima.

On peut montrer expérimentalement que la cause qui fait battre le cœur rythmiquement, sous l'influence de courants faradiques, au lieu de le tétaniser, est due à des périodes d'inexcitabilité de cet organe. Pendant toute la phase systolique, le cœur est inexcitable et toute excitation portée sur lui à ce moment est sans effet : ce n'est que pendant la phase diastolique que l'excitation est efficace (fig. 238).

Cela n'est vrai d'ailleurs que pour des excitations relativement faibles ; quand elles sont assez intenses, la *phase d'inexcitabilité systolique* disparaît et l'on peut

alors obtenir le tétanos du cœur, comme celui d'un
muscle ordinaire (fig. 239).

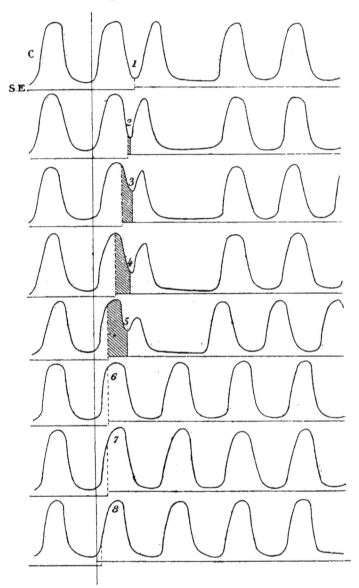

Fig. 238. — Effet variable de l'excitation du myocarde suivant qu'elle tombe pendant
la systole ou pendant la diastole : C tracé du cœur, SE signal.

Il est encore possible de provoquer des contractions
du cœur isolé chez la grenouille ou la tortue par des
augmentations de pression.

Lions sur l'aorte d'une tortue, en oblitérant par des ligatures les autres vaisseaux, un tube que nous rem-

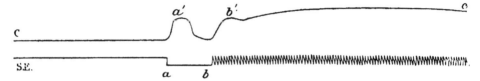

FIG. 239. — Tétanisation du myocarde par un courant suffisamment fort : C tracé du cœur, SE signal, *a* excitation isolée produisant un battement *a'*, *b* excitations très rapprochées produisant le tétanos *b'c*.

plirons jusqu'à une certaine hauteur de sérum artificiel ou de sang défibriné : nous verrons, sous l'influence de cette pression continue, le cœur se mettre à battre rythmiquement. Plus la pression est forte, plus le rythme est précipité. On fait facilement varier la pression à l'aide du dispositif de la figure 240.

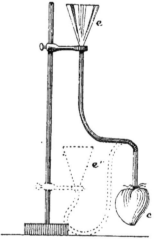

FIG. 240. — **Dispositif pour étudier l'action de la pression sur le myocarde** : c cœur, *e* entonnoir plein de sérum qu'on peut abaisser en *e'*.

La chaleur et le froid exercent aussi une action très marquée sur les mouvements du cœur séparé de l'organisme.

Pour s'en rendre compte, il suffit de plonger le cœur dans du sérum artificiel à différentes températures. Le cœur bat d'autant plus vite que la température est plus élevée.

VINGT-TROISIÈME LEÇON

Sang.

Chez les vertébrés, le sang est le liquide rougeâtre qui circule dans les artères, les capillaires et les veines.

Pour s'en procurer une notable quantité, il suffit de sectionner un tronc veineux, ou mieux artériel. Mais il est préférable, pour mieux guider le jet et régler le débit,

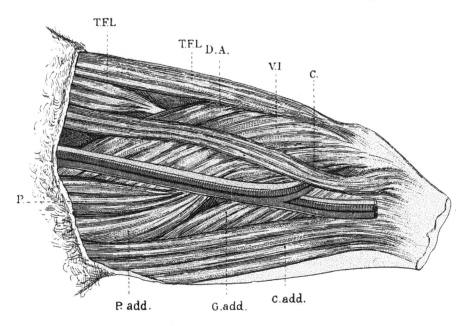

Fig. 241. — Région de la cuisse chez le chien, face interne : TFL muscle tenseur du fascia lata, DA muscle droit antérieur, VI muscle vaste interne, C muscle couturier, C.*add* muscle court adducteur de la jambe, G.*add* muscle grand adducteur, P.*add* muscle petit adducteur de la cuisse, P muscle pectiné.

Nota. — Dans cette figure, comme dans les autres les artères, sont figurées en rouge, les veines en bleu et les nerfs en jaune.

d'introduire une canule dans un gros vaisseau préalablement mis à nu, par exemple l'artère ou la veine fémorale (fig. 241) : cette dernière sera fixée pour l'artère dans le bout central et pour la veine dans le bout périphérique. Le sang est recueilli dans une éprouvette et l'on peut empêcher sa *coagulation* par divers moyens que nous indiquerons plus loin, le refroidissement par exemple.

Nous pouvons constater immédiatement qu'il possède une odeur *sui generis* et une saveur salée.

En laissant choir une goutte de ce fluide dans l'eau, on voit que sa *densité* est plus grande que celle de cette dernière; elle est de 1045 à 1075.

Le sang est alcalin; pour s'en assurer, on en fait tomber une goutte sur une lame poreuse de plâtre imprégnée de tournesol rouge : après avoir balayé les globules par un courant d'eau, on aperçoit une tache bleue. L'alcalinité du sang correspond à celle d'une solution de soude à 0,2 ou 0,4 pour 100.

Globules et plasma. — En maintenant le sang fluide, il ne tarde pas à se séparer en deux couches, l'une inférieure, rouge, l'autre supérieure, jaunâtre; ce n'est pas, en effet, un liquide homogène. Il contient en suspension un nombre considérable de corpuscules figurés, ce sont les *globules* : ceux-ci, plus denses que le milieu liquide, se précipitent peu à peu au fond du vase. Ce sont eux qui donnent au sang sa coloration rouge. Quant à la couche supérieure, qui est la partie liquide du sang, elle porte le nom de *plasma*.

Ce dernier, abandonné à lui-même, se coagule spontanément, comme le sang complet.

Le *coagulum* ou *caillot* ne tarde pas à se rétracter et abandonne, un liquide appelé *sérum*, renfermant des sels, particulièrement des chlorures et des phosphates, en grande majorité à base sodique, des gaz, du sucre et aussi des matières albuminoïdes coagulables par la chaleur : il suffit, en effet, de chauffer le sérum pour voir apparaître un nouveau coagulum.

Les globules du sang sont de deux espèces : globules rouges ou *hématies*, globules blancs ou *leucocytes*.

Les premiers sont les plus abondants. Ils doivent leur coloration à un pigment particulier,. l'*hémoglobine*, et ne paraissent rouges qu'en masse : isolés, ils semblent blanc jaunâtre.

Pour les observer, il faut les regarder au microscope, à un grossissement assez considérable, car leur diamètre, comme nous le verrons, est fort petit.

Chez les mammifères, leur forme est arrondie, discoïde, ou, pour parler plus exactement, elle est semblable à celle des lentilles biconcaves, car leurs bords sont plus épais que leur centre.

Chez les ovipares, leur forme est elliptique et ils sont plus épais au centre qu'aux bords; cette convexité est amenée par la présence d'un noyau qui manque chez les mammifères. Au premier abord, il semble qu'il y ait un noyau dans les globules de ces derniers, le centre paraissant plus clair ou plus sombre que la périphérie, mais c'est là une conséquence de ce que la mise au point ne peut être faite simultanément sur le centre et sur les bords, par suite de la forme biconcave.

Jamais on ne rencontre de membrane autour de ces globules.

Leur dimension est assez variable, suivant les espèces animales : c'est chez les vertébrés ovipares et particulièrement chez les batraciens que l'on rencontre les globules les plus volumineux.

Pour opérer la *mensuration* des globules, on peut employer deux méthodes : la première directe, la seconde indirecte.

Par la *méthode directe*, on fait une préparation de sang sur un *micromètre objectif*. On appelle ainsi une lame de verre sur laquelle sont tracées, au diamant, des divisions équidistantes et très rapprochées, à un millième de millimètre les unes des autres, par exemple. Il est facile de voir combien de divisions sont couvertes par un globule.

Mais ce procédé ne tarderait pas à détériorer le micromètre objectif; aussi emploie-t-on de préférence la *méthode indirecte* ou de l'*oculaire micrométrique*. Ce dernier renferme une lame à divisions équidistantes et très rapprochées qui, projetées sur l'image des divisions du micromètre objectif, sont contenues en nombre déterminé, pour un grossissement donné, dans une division de ce micromètre; connaissant les dimensions de cette division, un simple calcul de proportion donne celles d'une division du micromètre oculaire. Pour exécuter une mensuration de globules, il suffit donc de faire une préparation de sang sur une lame ordinaire, et de voir combien de divisions couvre le globule sur le micromètre oculaire. Après avoir consulté le tableau donnant, pour le système optique employé, les relations numériques des deux micromètres, on calcule rapidement la dimension. Ce procédé peut être employé pour la mensuration d'éléments anatomiques quelconques.

Le diamètre d'un globule de sang humain est d'environ sept millièmes de millimètre ou sept μ, comme l'on dit en histologie, et son épaisseur de 2 à 3 μ.

Les hématies se détruisent facilement dans l'eau; aussi faut-il se garder de diluer le sang avec ce liquide, quand on veut les observer. Ils se gonflent d'abord, puis disparaissent, leur pigment entrant en dissolution dans l'eau; le liquide ainsi obtenu s'appelle *sang laqué*.

Pour faire une préparation de sang, on peut, soit le diluer avec une solution de sulfate de soude à 5·pour 100, qui n'altère pas la forme des globules, soit étaler la goutte de sang sur le porte-objet et la sécher rapidement, sinon les globules, trop nombreux, s'agglomèrent en rouleaux analogues à des piles de pièces de monnaie et ne tardent pas à se déformer.

Les globules blancs sont beaucoup moins nombreux que les globules rouges; on en compte 1 à 2 pour 1 000 globules rouges. Ils se reconnaissent à leur taille plus considérable, à leur coloration plus pâle et à leurs bords moins nettement circulaires que dans les globules rouges; ils possèdent, de plus, un ou plusieurs noyaux.

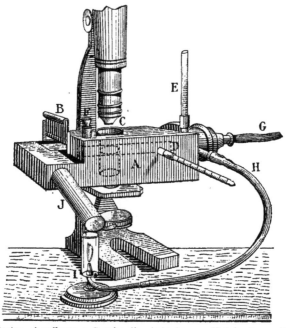

Fig. 242. — Platine chauffante : G tube d'arrivée du gaz, H tube de sortie, I brûleur, E régulateur de pression, A caisse pleine d'eau (on en chauffe le prolongement J), D thermomètre, B obturateur de la chambre chaude, F tube pour remplir d'eau l'étuve.

Il est possible de les observer vivants : on les voit alors se déformer en émettant des prolongements dits *pseudopodes*, en même temps qu'ils se déplacent sur le porte-objet par des *mouvements* dits *amœboïdes*, par analogie avec ceux que présentent certains rhizopodes.

Ce *porte-objet* peut consister uniquement en une lame de verre excavée légèrement en son milieu et que l'on recouvre d'une lamelle ordinaire. Le sang se trouve ainsi renfermé dans un espace clos, saturé d'humidité et contenant de l'air : c'est le type le plus simple de ce qu'on appelle une *chambre humide*. On en construit de divers

modèles : un des meilleurs est celui qui présente une
rainure entourant la petite cupule du porte-objet, destinée à recevoir un peu d'eau pour entretenir la saturation de l'air. Pour faire l'observation, la chambre humide
doit être à la température de l'animal : on la place à cet
effet sur une *platine chauffante* (fig. 242).

Cette dernière consiste en une petite caisse rectangu-
laire pleine d'eau et percée en son centre d'un trou pour
l'observation. Elle peut être chauffée à une température
déterminée, grâce à un régulateur (fig. 242).

NUMÉRATION DES GLOBULES. — Les globules sanguins,
les hématies surtout, sont en nombre très considérable,
plusieurs millions par millimètre cube. Pour pouvoir les
compter, il faut donc recourir à un artifice, car la numération directe serait impossible.

Voici un des nombreux procédés mis en usage :

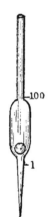

FIG. 243. —
Pipette des-
tinée à di-
luer le sang
pour la nu-
mération
des globu-
les.

On commence par diluer le sang, d'une façon
aussi homogène que possible, en faisant usage
d'un *mélangeur*. Celui-ci consiste en un tube en
forme de pipette renflée en son milieu. Dans
le renflement est emprisonnée une petite boule
de verre. Le tube porte deux graduations, 1
et 100, indiquant que le deuxième volume est
100 fois plus grand que le premier (fig. 243).

Ayant piqué légèrement l'animal sur lequel
on veut faire la numération, on aspire rapidement le sang dans le tube jusqu'à la division 1 ; ensuite, on aspire jusqu'à la division
100 dans une solution de sulfate de soude à
5 pour 100. Cela fait, par une agitation rapide,
le mélange est brassé parfaitement dans la
partie renflée du tube.

Les premières gouttes, mal mélangées, étant expulsées,
on en laisse tomber une seule sur le *compte-globules*

(fig. 244 et 245). Celui-ci consiste en une plaque de verre portant des divisions tracées au diamant et qui délimitent de petits carrés associés par groupes de 20, 4 dans un sens, 5 dans l'autre, constituant ainsi des rectangles. Le long côté du rectangle a $\frac{1}{4}$ de millimètre, le petit côté $\frac{1}{5}$. La surface du rectangle est donc de $\frac{1}{20}$ de millimètre carré. La goutte déposée sur cette plaque est recouverte d'un couvre-objet qui est maintenu par de

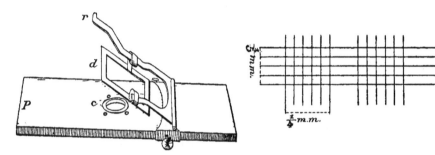

Fig. 244. — Compte-globules à chambre humide de Malassez : *P* plaque métallique, *c* chambre humide, *d* compresseur, *r* ressort.

Fig. 245. — Divisions tracées sur la plaque de verre de la chambre humide.

petites cales à une hauteur de $\frac{1}{5}$ de millimètre. L'espace compris entre un des rectangles précités et le couvre-objet a donc un volume de $\frac{1}{100}$ de millimètre cube. C'est dans cet espace que les globules sont comptés. Pour cela, après les avoir laissé reposer un moment, pour qu'ils tombent tous sur la lame graduée, on compte combien il y en a dans chaque petit carré d'abord, puis dans le rectangle total, c'est-à-dire que l'on numère dans les vingt carrés. On recommence la même opération sur deux ou trois autres rectangles et l'on fait ensuite une moyenne.

Certaines précautions sont à prendre dans cette numération, pour ne pas compter plusieurs fois le même globule. Il peut arriver, en effet, qu'un globule soit à cheval sur deux et même 4 carrés. La règle à suivre est de compter les carrés dans un ordre déterminé, de gauche à droite et de haut en bas, par exemple, et de toujours comprendre dans le carré que l'on numère le globule à cheval sur la ligne d'en bas ou sur la ligne de droite.

Certains globules sont à cheval sur les bords du rectangle : on compte ceux de deux bords, bas et droite, et on néglige ceux des autres, haut et gauche.

On obtient ainsi le nombre de globules d'un sang dilué au centième dans un centième de millimètre cube. En multipliant le nombre trouvé par 10 000, on aura donc le nombre de globules dans un millimètre cube de sang.

Pour avoir une exactitude suffisante, il faut répéter plusieurs fois l'opération : on multiplie, en effet, par un nombre trop considérable pour qu'on ne prenne pas toutes les précautions possibles pour éviter les erreurs. Chez un homme normal, le nombre des globules pour un millimètre cube est d'environ cinq millions : on en a donc environ 500 par rectangle dans les conditions précitées.

Les globules blancs se comptent de la même manière : pour mieux les distinguer, on ajoute un peu de violet d'aniline dans le sulfate de soude servant à la dilution. Ils fixent cette couleur et sont ainsi rendus plus apparents.

Coagulation du sang. — Lorsque le sang est recueilli au sortir des vaisseaux, sans prendre les précautions indiquées plus haut, il ne tarde pas à se prendre en une gelée : c'est là le phénomène de la *coagulation*. Cette gelée, abandonnée à elle-même, se rétracte en une masse plus compacte, le caillot, qui expulse par sa rétraction un liquide légèrement jaunâtre, le sérum; ce dernier est exactement le même que celui qui provient de la coagulation du plasma isolé.

La coagulation du sang est due à la présence simultanée dans ce liquide : 1° d'une matière albuminoïde particulière, substance fibrinogène; 2° de sels solubles de calcium; 3° d'un ferment ou fibrin-ferment qui prend naissance dans le sang mort, principalement aux dépens des globules blancs. Il en résulte d'abord que la coagulation est impossible dans le sang vivant, à cause de l'absence de fibrin-ferment, ensuite que toutes les substances capables de précipiter les sels de calcium empêcheront cette coagulation, et en troisième lieu que toutes les causes capables d'arrêter ou de ralentir l'action du fibrin-ferment arrêteront ou ralentiront la coagulation. C'est ainsi qu'en ajoutant au sang un peu de fluorure de sodium ou d'oxalate de potassium, on empêche la formation du caillot, le calcium entrant dans une combinaison insoluble sous forme de fluorure ou d'oxalate. C'est ainsi encore que le froid et certains sels, tels que les sels de soude et de magnésie, en paralysant l'action du fibrin-ferment, produisent le même effet.

Le corps qui prend naissance par l'action du fibrin-ferment sur la matière fibrinogène et les sels de calcium porte le nom de *fibrine* : elle se forme en filaments nombreux, emprisonnant dans leurs mailles les globules qui n'ont pas le temps de se déposer. Pendant la formation de la fibrine, si on bat le sang avec un petit balai, les filaments s'attachent et on obtient un liquide désormais incoagulable spontanément, formé du sérum et des globules : c'est le sang défibriné.

Lorsque, pour une cause quelconque, la coagulation du sang est ralentie, les globules ont le temps de commencer à se précipiter ; la partie supérieure du caillot est alors blanchâtre, la partie inférieure seule est rouge.

La formation de la fibrine n'exige pas absolument des sels de calcium ; on peut remplacer ces derniers par les sels correspondants du baryum. Dans un sang rendu incoagulable par l'action du fluorure de sodium, il suffit d'ajouter un peu de chlorure de baryum pour voir la coagulation apparaître.

Sang (Suite). — **Hémoglobine et oxyhémoglobine.**

Le liquide sanguin, nous l'avons vu, doit sa coloration rouge aux hématies, puisque, quand celles-ci sont déposées, le plasma est incolore ou plutôt légèrement teinté de jaune clair.

Les hématies elles-mêmes doivent leur couleur à deux pigments dont le second n'est que le premier combiné à l'oxygène : ce sont l'*hémoglobine* et l'*oxyhémoglobine*. Ces deux matières colorantes sont en proportion variable, suivant que le sang est artériel ou veineux, le premier contenant plus d'oxyhémoglobine, le second plus d'hémoglobine.

Normalement, les pigments sont fixés sur la globuline, mais on peut, par divers procédés, les faire passer dans le plasma : 1° en versant dans le sang quelques volumes d'eau distillée; 2° en y ajoutant un peu d'éther; 3° en le congelant et le réchauffant ensuite brusquement. On obtient ainsi du *sang laqué*.

L'hémoglobine est une substance protéique qui contient du fer; elle est soluble dans l'eau, mais insoluble dans l'alcool; on ne la connaît pas cristallisée.

Dérivés de l'hémoglobine, moyens de les obtenir. — Nous étudierons d'abord le plus facile à obtenir, puisqu'il se forme spontanément lorsque le sang est exposé à l'air : l'oxyhémoglobine. Dans le sang laqué, cette substance est en dissolution et lui donne sa couleur rouge vermeille, mais on peut la faire cristalliser. Pour cela, on centrifuge du sang et les globules sont recueillis dans un peu d'eau. Après avoir refroidi à o°, on ajoute $\frac{1}{4}$ d'alcool à o également. Après quelques heures ou quelques jours, l'hémoglobine se dépose à l'état cristallin. Tous les sangs ne sont pas également aptes à fournir ces cristaux; ceux de cobaye, de rat, d'écureuil, sont les plus favorables.

Le procédé suivant donne encore de bons résultats. On prend du sang défibriné, c'est-à-dire débarrassé de sa fibrine par le battage, on ajoute un volume égal d'une solution de fluorure de sodium à 2 pour 100, et, au bout de huit à dix jours, on a de beaux cristaux d'oxyhémoglobine.

La forme cristalline varie suivant les espèces : chez le rat, ce sont des octaèdres; chez le cobaye, des tétraèdes; chez le chien, de longs prismes à quatre faces; chez l'écureuil, des tablettes hexagonales (fig. 246).

L'oxyhémoglobine est une combinaison peu stable; elle est facilement dissociable, par la chaleur ou par le vide par exemple, en oxygène et hémoglobine. On obtient le même résultat par des corps réducteurs, tels que le sulfhydrate d'ammoniaque.

La coloration de l'hémoglobine est beaucoup plus foncée que celle de l'oxyhémoglobine : aussi le sang veineux, où l'oxyhémoglobine est partiellement réduite, est-il plus foncé que le sang artériel.

Il existe un autre composé oxygéné de l'hémoglobine : c'est la *méthémoglobine*. Cette dernière substance s'obtient en faisant agir sur l'hémoglobine des oxydants, tels que le ferricyanure de potassium ou le permanganate de potasse. Elle peut cristalliser sous forme de tétraèdre chez le cobaye, de plaques hexagonales chez l'écureuil; elle est soluble dans l'eau, insoluble dans l'alcool.

L'hémoglobine peut encore se combiner avec l'oxyde de carbone, donnant l'*hémoglobine oxycarbonée* qui est beaucoup plus stable que l'oxyhémoglobine. Ce caractère chimique permet de com-prendre la gravité de empoisonnements par l'oxyde de carbone; en effet, les globules sur les-quels s'est fixé ce gaz deviennent ultérieure - ment impropres à la fixa-tion de l'oxygène. L'hé-moglobine oxycarbonée cristallise par les mêmes procédés et a les mêmes formes que l'oxyhémo-globine correspondante. Il existe enfin une *hémo-globine oxyazotée*, résul-tant de l'action du bioxyde d'azote. Cette dernière est encore plus stable que la précédente; elle s'obtient cristallisée par les mêmes procédés et a les mêmes formes cristal-lines.

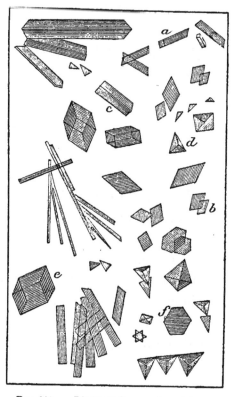

Fɪɢ. 246. — Diverses formes des cristaux d'oxyhémoglobine suivant les animaux.

Nous signalerons encore quelques dérivés de l'hémo-globine :

1° L'*hématine*, qu'on obtient en chauffant le sang à 80°, ou encore en faisant agir sur lui soit le suc gastrique, soit le suc pancréatique; l'hémoglobine est, en effet, une protéide formée d'une matière albumi-noïde, la globine, et d'un composé organométallique, l'hématine; et, par ces procédés, on isole, en la trans-formant, la globine. L'hématine est insoluble dans l'eau, l'alcool, l'éther, soluble dans l'eau alcalinisée, l'éther ou l'alcool acidulé.

2° L'*hémine*, qu'on prépare en prenant du sang laqué, le traitant par vingt fois son volume d'acide acétique glacial et le maintenant au bain-marie pendant quelques heures. Le dépôt bleu noir qui se forme est composé de cristaux microscopiques d'hémine en forme de tables rhomboédriques allongées, sou-

Fig. 247. — Cristaux d'hémine ou chlo-rhydrate d'héma-tine.

vent maclées (fig. 247). La formation de cristaux d'hémine peut servir à reconnaître de vieilles taches de sang. On broie le sang desséché avec un peu de chlorure de sodium, on humecte la poudre avec de l'acide acétique glacial, on chauffe et laisse refroidir : il se forme des cristaux caractéristiques.

3° L'*hématoporphyrine*, qui est obtenue en chauffant l'hématine à 160° avec de l'acide chlorhydrique fumant; cette combinaison n'est plus ferrugineuse : elle est isomère, comme vous le verrez, de la bilirubine.

ÉTUDE SPECTRALE DE L'HÉMOGLOBINE ET DE SES DÉRIVÉS. 1° *Oxyhémoglobine*. — Une solution d'oxyhémoglobine à 1 pour 1000, sous une épaisseur de un centimètre, donne, quand on l'intercale entre une flamme éclairante et le collimateur d'un spectroscope (fig. 248), deux bandes d'absorption très nettes situées entre les raies D et E du spectre solaire (voir Planche I). A même épaisseur, s'il y a 3,7 pour 1000 d'oxyhémoglobine, les deux bandes sont tangentes à D et E et le spectre est absorbé jusqu'à la moitié du bleu. Pour 6,5 d'oxyhémoglobine, les deux bandes se confondent, l'extrême rouge est absorbé ainsi que toute la partie la plus réfrangible du spectre jusqu'au vert. Quand on étudie du

sang au spectroscope, il faut donc faire attention au
degré de dilution. Une solution à peine colorée donne
les deux bandes caractéristiques.

2° *Hémoglobine.* — Une solution d'hémoglobine à 1
pour 1 000, examinée sous un centimètre d'épaisseur,
donne une bande d'absorption unique située entre D et E

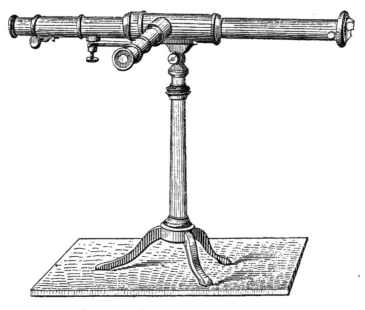

F*IG*. 248. — Spectroscope à vision directe.

voir Planche I). Pour des solutions plus concentrées,
la bande persiste, mais le spectre s'absorbe par ses
deux extrémités. Pour voir cette *bande*, dite de *réduction* ou de *Stockes*, il suffit de traiter du sang par un
agent réducteur et de l'examiner sous une épaisseur
déterminée ou un degré de dilution convenable pour
une épaisseur donnée.

3° *Hémoglobine oxycarbonée.* — Le spectre est sensiblement le même que pour l'oxyhémoglobine, mais on
ne peut obtenir la bande de Stockes par les agents
réducteurs, à cause de la stabilité de la combinaison.

4° *Hémoglobine oxyazotée.* — Ce corps nous donne un spectre à deux bandes comprises entre D et E.

5° *Méthémoglobine.* — Le spectre d'absorption a trois bandes, deux entre D et E, une entre C et D, toujours naturellement sous une épaisseur convenable (voir Planche I).

6° *Hématine.* — En solution alcaline, on obtient une bande unique à cheval sur la raie D (voir Planche I).

RECHERCHE DU FER DANS LE SANG. — Les pigments sanguins contiennent du fer. On s'en assure facilement par le procédé suivant : prenant une goutte de sang, on la calcine sur une lame de platine jusqu'à ce que les cendres soient brunâtres. Celles-ci sont alors traitées par l'acide chlorhydrique, puis par le ferrocyanure de potassium. On a une belle coloration bleu de Prusse. Le fer réduit à l'état d'oxyde est transformé par l'acide chlorhydrique en perchlorure qui donne avec le ferrocyanure la réaction caractéristique des persels de fer.

Hémochromométrie. — Nous verrons, en étudiant les gaz du sang, qu'une grande quantité de l'oxygène contenu dans ce liquide est fixée sur l'hémoglobine en formant avec elle le pigment étudié plus haut sous le nom d'oxyhémoglobine; il en résulte que le pouvoir fixateur du sang pour l'oxygène est d'autant plus considérable que sa teneur en hémoglobine est elle-même plus grande. En général, plus il y a de globules et plus il y a d'hémoglobine, puisque cette substance est fixée sur eux; de là l'utilité de la numération exposée dans la précédente leçon; mais il n'en est pas toujours ainsi et les globules peuvent être plus ou moins riches en hémoglobine. On calcule alors la proportion de celle-ci dans le sang avec des appareils gradués empiriquement

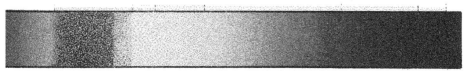

Hémoglobine réduite.

. à Paris.   Georges CARRÉ & C.NAUD, Éditeurs _ Paris.   H.Boiscontier.

à l'aide de solutions titrées d'hémoglobine; nous en décrirons deux, l'hématoscope d'Hénocque et l'hémochromomètre de Malassez.

HÉMATOSCOPE D'HÉNOCQUE. — Cet appareil se compose d'une lame de verre sur laquelle on place quelques gouttes du sang à examiner. On recouvre ces gouttes

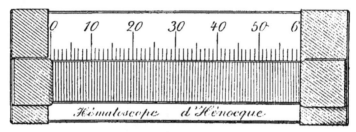

FIG. 249. — Hématoscope d'Hénocque.

avec une deuxième lame, légèrement oblique par rapport à la première; l'épaisseur de sang comprise entre

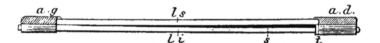

FIG. 250. — Coupe de l'hématoscope : *ls* lame supérieure, *li* lame inférieure, *s* sang.

les deux est donc variable (fig. 249, 250). La position étant donnée par des repères, l'appareil ainsi constitué

FIG. 251. — Plaque d'émail de l'hématoscope.

est alors placé sur une plaque d'émail (fig. 251) portant des chiffres tracés d'avance, que l'on aperçoit à travers la couche sanguine. Plus cette couche est

épaisse, moins la vision est distincte, et un moment
arrive même où le chiffre n'est plus lisible (fig. 252). Le

FIG. 252. — Observation à l'hématoscope : la teneur du sang en hémoglobine est 10 %.

dernier numéro lisible indique la teneur pour 100 en
hémoglobine du sang examiné.

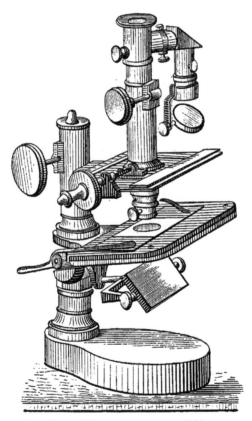

FIG. 253. — Hématospectroscope d'Hénocque.

Cet instrument peut être employé autrement en y
ajoutant *l'hématospectroscope* du même auteur. Il se

compose d'un spectroscope monté comme un microscope et mobile latéralement (fig. 253) sur une échelle
graduée. On examine le spectre du sang contenu entre
les deux lames sous des épaisseurs variables, en faisant mouvoir latéralement le spectroscope. Arrive un
moment où les deux bandes de l'hémoglobine ont la
même largeur en longueur d'onde, ce dont on se rend
facilement compte en projetant sur le spectre une
image de micromètre. A l'œil, elles paraissent inégales,
celle de droite plus large que celle de gauche, mais
elles correspondent toutes deux à 20 millionimètres ; de
plus, elles ont la même intensité. A ce moment, on note
la division de l'échelle à laquelle correspond l'index
porté par le spectroscope. Une table donne la teneur en
hémoglobine.

HÉMOCHROMOMÈTRE DE MALASSEZ. — Cet appareil colorimétrique permet d'examiner le sang à analyser dilué
au $\frac{1}{100}$, sous des épaisseurs variables, et de comparer sa
teinte à une teinte étalon.
On a, d'un côté de l'appareil, un tube fermé par un
verre coloré de teinte déterminée, de l'autre côté
un autre tube fermé par
une glace incolore au-dessous duquel on peut mon-
ter ou descendre, à l'aide
d'une crémaillère, une pe-

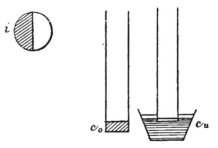

FIG. 254. — Schéma de l'hémochromomètre
de Malassez : *co* verre coloré, *cu* cuvette
où l'on met le sang dilué, *i* image.

tite cuvette à fond de glace contenant le sang dilué. A
l'aide d'un appareil optique spécial, les images des deux
tubes sont vues sous forme de deux demi-cercles juxtapo-
sés, ce qui facilite la comparaison des teintes. On fait monter ou descendre, à l'aide de la crémaillère, la cuvette
mobile, ce qui diminue ou augmente l'épaisseur de sang

comprise entre la cuvette et le tube, et l'on s'arrête quand les deux demi-cercles ont la même teinte. Dans son mouvement, la crémaillère entraîne un index sur une échelle graduée d'avance. L'égalité de teinte obtenue, il n'y a plus qu'à lire le numéro devant lequel est arrêté l'index : c'est la teneur pour 100 en hémoglobine du sang examiné. Ce deuxième appareil, employant le sang dilué, est souvent plus commode que celui d'Hénocque pour lequel on emploie le sang pur, qui se coagule parfois assez rapidement.

VINGT-CINQUIÈME LEÇON

Sang (Suite). — Lymphe.

Gaz du sang. — Le sang renferme des gaz, par suite de son contact, d'une part avec l'air atmosphérique par la circulation pulmonaire, d'autre part avec les tissus par la grande circulation. Dans le poumon, il se charge d'oxygène et d'azote ; dans les tissus, d'acide carbonique. Nous trouverons donc toujours ces trois gaz dans le sang, mais en proportion variable suivant que nous le prendrons venant du poumon, ou, au contraire, venant des tissus : sang artériel dans le premier cas, sang veineux dans le second.

Ces gaz sont soit simplement dissous dans le plasma, c'est le cas de l'azote, soit partiellement dissous et partiellement combinés, c'est le cas de l'acide carbonique et de l'oxygène. Le premier de ces gaz forme avec les carbonates et les phosphates du plasma des bicarbonates et des phosphocarbonates, le second donne avec l'hémoglobine des globules de l'oxyhémoglobine.

EXTRACTION ET DOSAGE. — Les combinaisons dont nous venons de parler, étant peu stables, peuvent être détruites par la chaleur et le vide : ce sont ces deux agents qui sont employés pour l'extraction des gaz du sang et leur analyse.

Pour faire l'analyse, il faut recueillir le sang à l'abri de l'air et l'empêcher de se coaguler.

Après avoir mis à nu le vaisseau, artère ou veine, sur lequel on veut faire la prise, on y introduit la canule d'une seringue spéciale contenant une certaine quantité d'eau bouillie saturée de sulfate de soude. Cette seringue étant graduée (fig. 255), il est facile de se rendre compte de la quantité de sang que l'on va prendre : c'est généralement 3o à 35 centimètres cubes de sang et 10 centimètres cubes environ de la solution anticoagulable débarrassée de ses gaz. S'il s'agit d'une artère, on n'a qu'à laisser arriver le sang ; si c'est d'une veine qu'il s'agit, il faut aspirer lentement en tirant le piston de la seringue.

FIG. 255. — Seringue pour recueillir le sang (analyse du sang).

Ceci fait, il faut introduire le sang dans un récipient où l'on a fait préalablement le vide et que l'on peut chauffer.

Deux formes principales peuvent être adoptées : 1° un ballon à long col B muni d'une tubulure T et placé dans un bain-marie B (fig. 256); 2° un tube t' plongeant dans le mercure et présentant un premier renflement entouré d'un récipient r dans lequel on peut mettre de l'eau chaude, et un deuxième renflement entouré d'un récipient r' où l'on peut mettre de la glace (fig. 257).

L'appareil employé pour faire le vide est la pompe à mercure (fig. 258).

Celle-ci se compose : d'un tube de verre t de 16 centimètres environ de longueur et renflé en ampoule a à sa partie supérieure. Un robinet à 3 voies R, dont vous voyez le schéma, permet de mettre en communication l'ampoule, soit avec un tube vertical débouchant au dehors, soit avec un tube horizontal continué par un

caoutchouc à vide, c'est-à-dire à parois très épaisses, avec
le récipient où l'on veut introduire le sang. Le tube *t* est
en relation, par un tube
de caoutchouc extrême-
ment solide, avec un vase
mobile A qu'on peut abaisser ou relever à l'aide d'engrenages. Le tout est rempli de mercure.

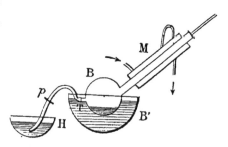

Fig. 256. — Ballon où le vide a été fait préalablement et où on introduit le sang pour
l'analyse du gaz.

Pour faire le vide, le robinet à trois voies étant
dans la position 1 (fig. 259),
on abaisse le récipient mobile : le mercure baisse forcément dans le tube à ampoule, se maintenant à la

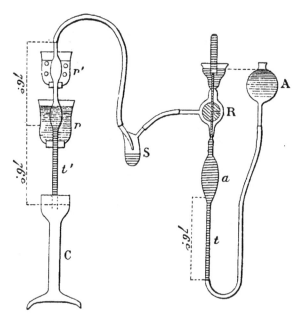

Fig. 257. — Autre dispositif du récipient où l'on amène le sang : C cuve à mercure
t' tube à boules; et schéma de la pompe à mercure : A ampoule mobile, *ta* tube à
ampoule fixe, R robinet, S récipient à acide sulfurique.

hauteur barométrique. En donnant au robinet la position 2 (fig. 259), l'air du récipient où l'on fait le vide
se précipite dans la pompe. Après avoir redonné au

robinet la position 1, on remonte le vase mobile et,
donnant alors la position 3 (fig. 259), l'air refoulé par
la remontée de mercure s'échappe à l'extérieur. Cette

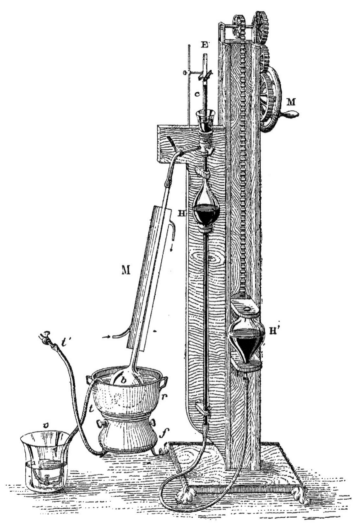

Fig. 258. — Pompe à mercure : H' ampoule mobile mue par la manivelle M, H ampoule
fixe, b ballon pour recevoir le sang qu'on introduit par le tube t noyé dans un vase
plein d'huile, r récipient d'eau chaude chauffé par le fourneau b, c cuvette de la
pompe, E éprouvette pour recueillir les gaz extraits.

manœuvre est répétée tant qu'il est possible d'entraîner
du gaz. On s'aperçoit qu'il n'y en a plus quand, remontant le vase mobile, le mercure vient frapper un coup
sec, dit coup de marteau, contre le robinet. La pompe

doit être parfaitement étanche, pour que nulle rentrée d'air ne soit possible. On vérifie facilement l'étanchéité à l'aide d'un manomètre.

Le vide fait dans le récipient, il faut y introduire le sang. Voyons d'abord le cas du ballon à long col.

A la tubulure T signalée plus haut est fixé un tube de caoutchouc à vide, fermé par une pince de pression *p* et plongeant dans de l'eau bouillie maintenue sous une couche d'huile H (fig. 256). On introduit, sous l'eau, la

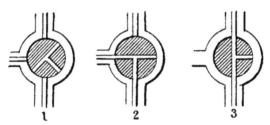

FIG. 259. — Positions successives du robinet à 3 voies de la pompe à mercure pour l'extraction du gaz du sang.

canule de la seringue dans ce caoutchouc, puis, desserrant la pince, on pousse le sang à l'aide du piston : tout le sang introduit, la pince de pression est resserrée. On chauffe alors au bain-marie vers 45 à 50°. Le sang bouillonne tumultueusement dans le ballon, dont le long col est destiné à empêcher les éclaboussures de remonter jusque dans la pompe ; ce col est d'ailleurs entouré d'un manchon de caoutchouc M, où circule un courant d'eau, comme dans un réfrigérant de Liebig, et dont le but est surtout de condenser la vapeur d'eau.

On recommence alors la manœuvre de la pompe comme ci-dessus, mais, les gaz ne devant pas être perdus comme avant l'introduction du sang, leur tube de sortie est coiffé d'une éprouvette pleine de mercure. On continue la manœuvre tant que le mercure en montant ne vient pas frapper un coup sec contre le robinet.

Dans le cas de l'autre dispositif, le tube à ampoule *t'* destiné à recevoir le sang est soulevé sur une cuve à mercure C dans laquelle il plonge à peine (fig. 257), sa longueur au-dessous de l'ampoule étant de 76 centimètres environ; quand le vide est établi, le mercure vient affleurer cette ampoule. Le sang est introduit dans l'appareil à l'aide d'une canule courbe, et, de l'eau chaude ayant été versée dans le récipient *r* entourant l'ampoule, le sang, comme tout à l'heure, bout tumultueusement : pour arrêter ses éclaboussures et condenser la vapeur d'eau, le tube présente une deuxième ampoule au-dessus de la première, et celle-ci est entourée de glace (*r'*). Pour plus de précautions, un récipient à acide sulfurique *s* est intercalé sur le tube reliant à la pompe. Celui-ci arrête les dernières traces d'humidité qui auraient pu échapper à la condensation par le froid.

Tous les gaz étant recueillis dans l'éprouvette, celle-ci est transportée sur la cuve à mercure et, après lecture, on procède au dosage par les procédés habituels. L'acide carbonique est absorbé par la potasse, l'oxygène par le pyrogallate alcalin, ou bien il est combiné à l'hydrogène dans l'eudiomètre. Le résidu est de l'azote.

Pour 100 centimètres cubes de sang, on trouve en moyenne 45 à 50 centimètres cubes de gaz ainsi répartis :

Sang artériel $O = 20$ $CO^2 = 29$ $Az = 1,3$.
Sang veineux $O = 12$ $CO^2 = 33,5$ $Az = 1,2$.

Ajoutons que ces proportions sont extrêmement variables suivant l'état de l'animal.

Sucre du sang. — Le sang renferme une substance dextrogyre, susceptible de fermenter en donnant naissance, sous l'influence de la levure de bière, à de l'alcool et de l'acide carbonique, et réduisant en outre la liqueur de Fehling.

On admet généralement que cette substance est du *dextrose*. Elle se trouve en moyenne dans la proportion de 1^{gr},5 à 2^{gr},5 pour 1 000 de sang.

Il n'y en a pas tout à fait la même quantité dans le sang artériel et dans le sang veineux, ce deuxième en contenant toujours un peu moins : pour $1^{gr},2$ par exemple dans l'artère fémorale, on n'en trouvera que 1,02 dans la veine. Cela vient de la destruction qui se fait dans les capillaires, particulièrement lorsque les organes sont en activité.

On admet que l'origine de ce sucre est dans le glycogène du foie ; en effet, d'abord le sang des veines sus-hépatiques est le plus riche en sucre de tout l'organisme, exception faite de celui de la veine porte après une alimentation sucrée ; ensuite un foie abandonné à lui-même perd du glycogène en même temps que sa teneur en sucre augmente.

Chez la marmotte en torpeur il y a du glycogène dans le foie et pas de sucre dans le sang : au moment du réveil et du réchauffement, le sucre apparaît dans le sang au fur et à mesure que le glycogène du foie disparaît, puis ce sucre disparaît à son tour et l'animal se refroidit et se rendort. C'est la seule constatation prouvant catégoriquement que la thermogénèse, chez les mammifères, est due principalement à la consommation du sucre du sang (Dubois).

Dosage. — On peut employer pour le dosage du sucre du sang trois procédés basés sur les trois propriétés que nous avons indiquées plus haut, mais il faut toujours préalablement faire subir au sang un traitement particulier que nous indiquerons d'abord.

Pour commencer, il faut savoir que le sang doit être tiré brusquement, car il renferme un *ferment* dit *glycolitique*, qui détruit rapidement son sucre à la température de 35 à 40°. C'est ainsi qu'un sang renfermant $2^{gr},7$ de sucre pour 1 000 n'en renferme plus que $2^{gr},24$ après une heure d'attente à 40°.

Le procédé employé consiste à recevoir le sang au sortir du vaisseau dans du sulfate de soude à 80° envi-

ron : ce sel paralyse l'action du ferment et facilite la coagulation des albuminoïdes.

Voici le détail des opérations préliminaires pour préparer le liquide sur lequel on fera le dosage.

Ayant taré, d'une part, une capsule contenant une ving-
taine de grammes de sulfate de soude, qu'on chauffe à
80° environ, et ayant introduit, d'autre part, une canule
munie d'un caoutchouc fermé par une pince à pression
dans le vaisseau contenant le sang dont on veut faire le

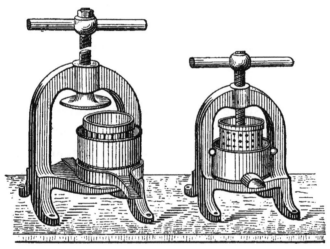

Fig. 260. — Presse pour exprimer le caillot dans la recherche du sucre dans le sang.

dosage, on laisse tomber ce dernier dans la capsule en
ouvrant la pince. Par une nouvelle pesée on 'a le poids
du sang, qui doit être approximativement égal à celui
du sulfate de soude employé, soit 18 grammes par
exemple ; nous chauffons alors jusqu'à l'ébullition, en
attendant que le sang ait perdu complètement sa coloration rouge, puis nous filtrons et nous pressons le
caillot (fig. 260). On note la quantité de liquide clair
obtenu : soit 25 centimètres cubes. Ces 25 centimètres
cubes renferment forcément le sucre de 18 grammes de
sang et une simple règle de trois donnera la proportion
pour 1 000.

Tout est alors prêt pour le dosage; indiquons d'abord le *procédé par la liqueur de Fehling.*

Cette dernière se prépare de la façon suivante : on fait dissoudre séparément dans de l'eau distillée 130 gr. de soude, 105 grammes d'acide tartrique, 80 grammes de potasse, 40 grammes de sulfate de cuivre cristallisé; on mélange et on complète à un litre. Ce liquide, de cou-

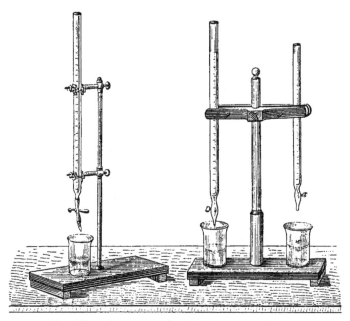

Fig. 261. — Burettes graduées à pince ou à robinet.

leur bleu foncé, lorsqu'il est chauffé avec du glucose, a la propriété de se décolorer en même temps que se forme un précipité rouge d'oxydule de cuivre.

Mais, pour utiliser cette liqueur, il faut préalablement la titrer et savoir, par exemple, combien il faut de glucose pour en décolorer 1 centimètre cube.

Nous faisons une solution de glucose pur qui est introduite dans une burette graduée (fig. 261); d'autre part, nous mettons dans une petite capsule de porcelaine un centimètre cube de liqueur de Fehling étendue d'eau et nous chauffons. On laisse alors tomber goutte à goutte la solution de glucose et on arrête l'écoulement seulement quand la décoloration est complète.

Soit la solution de glucose à 1 pour 1000 et 5 centimètres cubes le nombre qu'il a fallu 'pour décolorer la liqueur. Comme ces cinq centimètres cubes renferment 5 milligrammes de glucose, nous saurons désormais que, pour décolorer un centimètre cube de notre liqueur, il faut.y verser 5 milligrammes de glucose.

Le titrage de la liqueur fait, prenons notre solution de tout à l'heure dont 25 centimètres cubes correspondent à 18 grammes de sang, mettons-la dans la burette et opérons comme ci-dessus. Soit 2 centimètres cubes la quantité de liquide qu'il faut faire couler pour arriver à la décoloration: nous savons par l'opération antérieure que ces 2 centimètres cubes contiennent 5 milligrammes de glucose et que par conséquent les 25 centimètres cubes en contiennent 62,5. Les 18 grammes de sang contiennent donc $62^{mmgr},5$ et 1000 en contiennent $3^{gr},472$.

Il n'est pas toujours facile, avec ce procédé, de voir si la liqueur est complètement décolorée, car le précipité est parfois lent à tomber. On peut empêcher la formation de ce précipité de deux manières. La première consiste à opérer en présence d'un excès de potasse et à l'abri de l'air. Pour cela, la liqueur de Fehling additionnée de potasse est placée dans un petit ballon fermé d'un bouchon à deux trous : par l'un des trous passe la pointe de la burette graduée, l'autre reçoit̄ une tubulure terminée par un tube de caoutchouc que l'on peut pincer (fig. 262). En faisant bouillir, la vapeur sort par ce tube.

Quand on cesse de chauffer, on pince le tube pour empêcher la rentrée de l'air due·à la condensation de la vapeur. Pour bien voir si le liquide du ballon est décoloré, on place derrière une feuille de papier blanc vivement éclairée.

Ce procédé est un peu compliqué; on peut opérer en

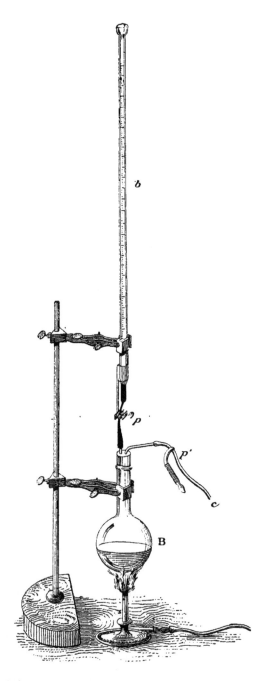

FIG. 262. — Dispositif de Claude Bernard pour la recherche du sucre dans le sang :
b burette renfermant le liquide à doser, *p* pince à pression, B ballon renfermant la
liqueur de Fehling additionnée de potasse, *c* tube de sortie de la vapeur qu'on peut
fermer avec la pince *p'*.

présence de l'air et dans une capsule de porcelaine avec
de la liqueur de Fehling ferrocyanurée : celle-ci contient
2 pour 100 de ferrocyanure de potassium. Dans ces conditions, on n'a pas non plus de précipité et la décoloration complète est plus facilement appréciée.

Le dosage par la liqueur de Fehling donne souvent ·des
chiffres un peu trop élevés parce que le sang renferme,
outre le glucose, d'autres substances réductrices.

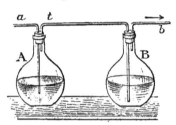

FIG. 263. — Appareil pour le dosage
du sucre par la fermentation.

Le deuxième procédé de dosage consiste à faire fermenter
le liquide. Voici l'appareil dont
on se sert (fig. 263). Dans un
premier ballon A on met la
solution sucrée et la levure,
dans l'autre B de l'acide sulfurique concentré. L'appareil est
alors pesé : on bouche le tube a, l'acide carbonique sortant par le tube t vient barboter dans l'acide en y laissant sa vapeur d'eau et s'échappe par le tube b.

Quand la fermentation est terminée, l'appareil est balayé
par un courant d'air sec et pesé de nouveau; la perte de
poids p correspond à l'acide carbonique fabriqué. Sachant
que 100 grammes de glucose peuvent fournir par la fermentation totale $48^{gr},888$ d'acide carbonique, on a le
poids P de glucose par la formule $P = p \times \frac{100}{48,88}$. Ce procédé, bien appliqué, est peut-être le plus exact.

Enfin, le troisième procédé de dosage est basé sur
l'action que le glucose exerce sur la lumière polarisée.

On sait qu'un rayon est dit polarisé lorsque les vibrations lumineuses, perpendiculaires à la marche rectiligne
du rayon, sont toutes orientées dans un même plan dit
plan de polarisation. Ce plan tourne d'un certain angle
quand le rayon traverse des substances *actives*, que
l'on nomme *dextrogyres* si ce plan tourne à droite et
lévogyres si le plan tourne à gauche. La rotation du

plan de polarisation est variable suivant la concentration
du liquide actif et l'épaisseur de ce liquide ; aussi doit-
on, pour comparer la richesse de deux liquides, les examiner sous une même épaisseur. Les instruments qui
servent à cet examen portent le nom de *polarimètres* et

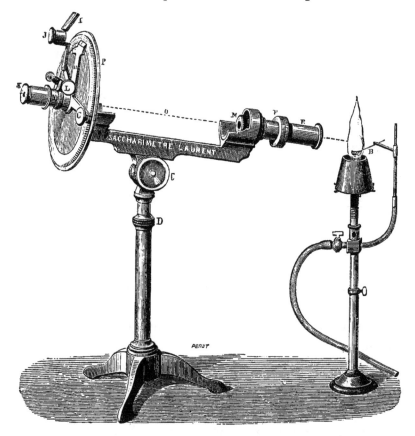

Fig. 264. — Polarimètre de Laurent.

plus spécialement celui de *saccharimètres* quand ils sont
destinés au dosage des sucres.

Il en est de plusieurs espèces. Celui de Laurent se
compose (fig. 264 et 265) en principe : 1° d'un polarisateur,
prisme de nicol qui oriente la lumière ordinaire à son
entrée dans l'instrument, lumière qui doit être monochro-
matique, ce qui s'obtient facilement en mettant du chlorure de sodium dans un petit panier de platine suspendu

dans un bec Bunsen; 2° d'un diaphragme dont une moitié
est libre, l'autre recouverte d'une lame de quartz demi-
onde, c'est-à-dire retardant la marche de la lumière d'une
demi-ondulation; 3° d'un tube de longueur déterminée
fermé par deux glaces et dans lequel on met le liquide à
examiner; 4° d'un analyseur, nouveau prisme de nicol qui
peut tourner sur lui-même et être mis dans n'importe
quelle position par rapport au premier ou polariseur;
5° d'un oculaire par lequel on regarde la flamme du bec
Bunsen. Un vernier se déplaçant sur un cercle gradué,

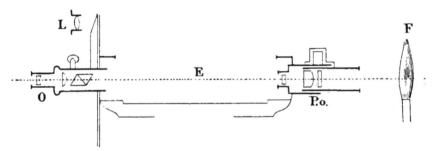

Fig. 265. — Schéma du polarimètre : L lentille pour la lecture du vernier, O oculaire et
    analyseur, E tube pour les liquides, Po polariseur et diaphragme, F flamme.

quand on tourne le polariseur, permet de lire l'angle de
rotation.

Quand le *o* du vernier correspond au *o* du cercle gradué et qu'on a interposé le tube plein d'eau, en regardant le bec Bunsen on doit voir les deux moitiés du diaphragme également colorées en jaune. Si cela n'était pas,
après avoir mis l'instrument au point en avançant ou
reculant l'oculaire, on tourne une petite vis placée sous
ce dernier. Si en tournant on voit les différences de teinte
s'accentuer au lieu de diminuer, on tourne en sens inverse
jusqu'à égalité parfaite.

Ceci fait, le tube étant vidé de son eau, celle-ci est
remplacée par la solution à doser et on regarde à nouveau. Une moitié du champ est jaune, l'autre noire.
On fait alors, avec le pignon qui commande l'analyseur,

tourner celui-ci du côté de la plage sombre, mouvement qui entraîne le vernier. Au fur et à mesure que l'on tourne, l'inégalité diminue. Quand l'égalité est obtenue, on lit avec le vernier l'angle α dont on a fait tourner l'analyseur.

Pour un tube de la longueur de 20 centimètres, on a, appelant q la quantité de glucose contenue dans 100 centimètres cubes du liquide, $q = 0,75063\,\alpha + 0,0000766\,\alpha^2$. Ce procédé n'est pas toujours d'une exactitude absolue, car le liquide peut contenir d'autres substances actives que le glucose.

SANG DANS LA SÉRIE. — Nous avons déjà parlé du sang des vertébrés autres que les mammifères; il ne nous reste à ajouter que quelques mots relativement à cette humeur chez les *invertébrés*.

En général, le sang est peu coloré et de couleur assez variable : jaune, bleu, vert. Il se fonce souvent quand on l'abandonne à l'air, comme c'est le cas de celui du ver à soie qui de jaune devient brun foncé. Il renferme parfois un pigment appelé *hémocyanine*, analogue à l'hémoglobine, si ce n'est qu'il contient du cuivre au lieu de fer : ce pigment bleuit à l'air (escargot, langouste).

On y rencontre aussi, dans un certain nombre de cas, de l'hémoglobine véritable, comme chez le Lombric et l'Arénicole, mais elle est en dissolution dans le plasma.

Les globules sont presque toujours dépourvus de pigments et semblables aux leucocytes; parfois cependant ils sont colorés, c'est le cas des Siponcles.

La circulation est facile à voir chez beaucoup de larves d'arthropodes, le ver à soie par exemple. Le sang circule dans le vaisseau dorsal d'arrière en avant : chaque ventricule se contracte à la fin de la systole de celui qui le précède.

On peut enregistrer les mouvements du cœur chez

beaucoup de mollusques à l'aide d'un petit palpeur en moelle de sureau muni d'un levier long et léger; l'oreillette se contracte d'abord, puis le ventricule.

Lymphe. — La lymphe est le liquide qui circule dans le système lymphatique. Celui-ci se compose de nombreux capillaires formant un lacis extrêmement serré et qui vont se jeter dans des troncs plus importants qui aboutissent tous, après avoir traversé des espèces de nodosités ou ganglions, dans deux gros troncs principaux : 1° le *canal thoracique*, qui débouche dans la veine sous-clavière gauche; 2° la *grande veine lymphatique* droite, qui se jette dans la sous-clavière droite. Les lymphatiques de l'intestin portent le nom particulier de *chylifères* et la lymphe qui y circule celui de *chyle*.

Sur le trajet des lymphatiques, il y a des valvules analogues à celles des veines et qui jouent le même rôle. Le cours de la lymphe a pour cause : 1° la *vis à tergo* ; 2° les mouvements des organes, comme pour le sang des veines.

Pour se procurer de ce liquide, on met à nu le canal thoracique : pour cela, après avoir ouvert la cavité abdominale, on cherche ce canal à côté de l'aorte où il se trouve adossé à la colonne vertébrale. Il est parfois assez difficile à apercevoir, à cause de sa transparence. On l'incise et on y introduit une canule à l'aide de laquelle on recueille la lymphe qui s'en écoule. On peut également pratiquer une fistule dans la région cervicale gauche, surtout chez les gros animaux.

La lymphe a l'aspect d'un liquide clair jaune pâle dans les lympathiques généraux, trouble et blanchâtre dans les chylifères, principalement après l'absorption d'une forte quantité de graisse. Sa densité est de 1015 à 1045, sa réaction alcaline.

Comme le sang, elle se compose de plasma et de glo-

bules, mais ces derniers sont exclusivement des leucocytes. La lymphe, abandonnée à elle-même, se coagule
dans les mêmes conditions que le sang; le caillot, en se
rétractant, devient très petit et nage dans une grande
quantité de sérum. Ce dernier contient, comme celui du
sang, des albuminoïdes coagulables par la chaleur, des
sels, de l'urée, du glucose.

La lymphe renferme les mêmes gaz que le sang, sauf
l'oxygène; on peut les doser de la même manière : la
proportion d'acide carbonique y est un peu plus grande
que dans le sang veineux.

Salive.

La salive, telle qu'on la rencontre dans la cavité buccale, ou *salive mixte*, est le produit mélangé de trois paires de glandes salivaires, proprement dites : *parotides*, *sous-maxillaires*, *sublinguales*, plus un nombre considérable de *glandules* logées dans l'épaisseur de la muqueuse buccale.

Nous étudierons d'abord ce liquide complexe avant d'en examiner les parties constituantes.

Pour s'en procurer une grande quantité, il faut provoquer la sécrétion. On y arrive par divers moyens : 1° mastication d'un corps inerte, caillou, bille de verre; 2° apposition sur la langue d'un corps sapide : goutte de vinaigre, petit cristal d'acide tartrique; 3° excitation électrique, à l'aide d'un courant faible, de la muqueuse linguale.

Étude de la salive. — La salive mixte est un liquide transparent, légèrement opalin, parfois filant, moussant facilement, laissant généralement déposer, un peu après son émission, un précipité blanc de carbonate de chaux. Ce liquide tient en suspension des plastides résultant de la desquamation de la muqueuse. La densité de la salive est de 1 oo3 à 1 oo6, celle de l'eau étant 1 ooo. La teneur en eau est de 99,5 environ pour 100. Sa réaction est alcaline, sauf dans le cas de fermentation acide intra-buccale due à des microbes. Les 0,45 pour 100 de matières solides que renferme la salive se répartissent en matières minérales et en matières organiques.

Matières minérales. — Parmi les matières minérales, nous remarquons des sels dont les métaux sont le sodium, le potassium, le calcium et les acides : l'acide chlorhydrique, sulfurique, carbonique, phosphorique; nous trouvons aussi du sulfocyanure de potassium.

On décèle la présence du *calcium* dans la salive préalablement filtrée pour l'avoir claire — précaution indispensable pour toutes les réactions ci-dessous — par l'oxalate d'ammoniaque, qui détermine la formation d'un précipité d'oxalate de calcium insoluble. Le *sodium* et le *potassium* sont décelés par la coloration de la flamme. En plongeant un fil de platine dans la salive et en le plaçant dans la flamme incolore du bec Bunsen, on observe à l'œil nu une coloration jaune, indice du sodium, et, en interposant un verre bleu, une coloration rouge due au potassium.

L'acide carbonique est dégagé de ses carbonates sous forme de petites bulles, quand on traite la salive par l'acide acétique.

Les *chlorures* sont mis en évidence par l'azotate d'argent. On a un précipité de chlorure d'argent qui noircit à la lumière, est soluble dans l'ammoniaque et dans l'hyposulfite de soude.

Les *sulfates* sont caractérisés par le chlorure de baryum, qui donne un précipité de sulfate de baryum insoluble dans tous les réactifs.

Les *phosphates* sont décelés par l'acétate d'urane donnant un précipité de phosphate d'urane.

Quant au *sulfocyanure de potassium*, on en prouve la présence en traitant la salive, acidulée ou non par l'acide chlorhydrique, par le perchlorure de fer étendu : on obtient une coloration rouge caractéristique, qui disparaît par le bichlorure de mercure.

Matières organiques. — Ces dernières sont l'albumine, la globuline, la mucine et enfin la ptyaline. Les réactions de l'*albumine* et de la *globuline* sont semblables, sauf que la première n'est pas précipitée, comme la seconde, par l'acide carbonique, quand on fait barboter ce gaz dans la salive. Indiquons entre autres réactions : la coagulation par la chaleur, le trouble par l'acide azotique, la coloration jaune obtenue en chauffant après addition de cet acide ou réaction xanthoprotéique ; l'apparition d'un précipité par l'addition successive d'acide acétique et de ferrocyanure de potassium, etc.

La *mucine* de la salive est précipitée par l'acide acétique ajouté goutte à goutte. Le liquide devient d'abord visqueux, puis apparaissent des filaments blanchâtres insolubles dans un excès de réactif, solubles dans des solutions très étendues d'alcali caustique. Ces filaments dissous avec de l'acide sulfurique ou chlorhydrique dilués se dédoublent en une substance albuminoïde et un hydrate de carbone ou gomme animale de Landwehr, qui réduit la liqueur cupropotassique. Pour préparer la mucine en grande quantité, on se sert d'une macération aqueuse de glande sous-maxillaire de veau qu'on traite par l'acide chlorhydrique. Un précipité soluble dans un excès de réactif se forme. La mucine est précipitée de cette liqueur par addition de 5 volumes d'eau.

Enfin, on trouve dans la salive un ferment soluble, saccharifiant les amylacés : la *ptyaline.* Pour préparer cette substance et l'isoler, on peut employer deux procédés : 1° extraction de la salive ; 2° extraction des glandes salivaires.

Premier procédé. — On traite une grande quantité de salive par une solution d'acide phosphorique, puis par l'eau de chaux qu'on ajoute jusqu'à réaction alcaline. Le précipité de phosphate de chaux qui se forme entraîne avec lui les albuminoïdes de la salive. Ce précipité recueilli sur un filtre est lavé à l'eau. Seule de toutes les matières albuminoïdes, la ptyaline est restée soluble; on la retrouve donc dans le liquide filtré où elle est précipitée par l'alcool. On filtre à nouveau, le filtre est séché dans le vide sulfurique. Pour cela, on le suspend au-dessus d'un bain d'acide sulfurique dans une cloche où le vide est entretenu à l'aide d'une trompe. La ptyaline reste sur le filtre sous forme d'une poudre blanche.

Deuxième procédé. — On prend une sous-maxillaire d'herbivore, car ce sont surtout les sous-maxillaires des animaux à nourriture végétale qui sécrètent de la ptyaline. Après l'avoir hachée et imbibée d'alcool, on la laisse macérer pendant vingt-quatre heures, puis on exprime le hachis dans un linge; tout un extrait alcoolique nuisible est ainsi supprimé. On traite ensuite par la glycérine en laissant macérer pendant plusieurs jours. La ptyaline est encore plus soluble dans la glycérine que dans l'eau. De ce liquide glycérique, la ptyaline est précipitée par l'alcool.

Cette ptyaline présente quelques réactions différentielles des albuminoïdes ordinaires, outre son caractère si particulier de ferment. Ainsi, elle n'est pas coagulée par la chaleur, ne donne pas la réaction xanthoprotéique, ne précipite ni par le tanin, ni par le ferrocyanure de potassium et l'acide acétique.

C'est la ptyaline qui donne à la salive ses propriétés digestives, car on obtient avec ses dissolutions les mêmes effets qu'avec la salive ordinaire.

Action de la salive sur les aliments. — La salive n'attaque ni les aliments azotés, ni les aliments gras, comme on peut s'en assurer par des digestions artificielles.

On met à l'étuve, dans de petits ballons, de petits cubes d'albumine ou des fragments de graisse avec de la salive à 38 ou 40°, aucune action ne se produit; mais elle a une action amylolytique très marquée, transformant l'amidon en un mélange d'achroodextrine et de maltose, produits finaux de la réaction. Cette action amylolytique et saccharifiante qui s'exerce sur l'amidon, même cru, est beaucoup plus rapide sur l'amidon cuit, obtenu en faisant bouillir $0^{gr},065$ d'amidon avec 100 centimètres cubes d'eau. Elle se fait sentir aussi très rapidement sur le glycogène.

Nous allons suivre pas à pas toutes les phases de la transformation. Prenons un peu de notre solution d'amidon cuit; traitée par l'iode, cette solution bleuit. Mélangeons-en un peu dans un tube à essai avec de la salive et traitons à nouveau par l'iode. La solution rougit cette fois et acquiert une propriété réductrice de la liqueur de Fehling qu'elle ne possédait pas auparavant. La liqueur de Fehling ou liqueur cupropotassique, qui est bleue, est décolorée, avec formation d'un précipité rouge d'oxydule de cuivre, par le glucose et certains saccharoses, dont le maltose. L'action lente, à froid, se produit presque instantanément à l'ébullition. Notre amidon, de formule $(C^6H^{10}O^5)^n$, a été transformé par hydratation, grâce à l'action du ferment, en un mélange d'*érythrodextrine*, donnant la coloration rouge par l'iode, et de *maltose*, produisant la réduction.

L'érythrodextrine a une molécule moins compliquée que l'amidon $(C^6H^{10}O^5)^{n-1}$ et le maltose $C^{12}H^{22}O^{11}$ est un saccharose dextrogyre réducteur.

Si nous attendions plus longtemps avant de traiter par l'iode notre mélange de salive et d'amidon cuit, la liqueur ne se colorerait plus. L'érythrodextrine aurait été transformée par hydratation en achroodextrine de molécule moins compliquée $(C^6H^{10}O^5)^{n-2}$ et en maltose. Cette achroodextrine dite α se transforme à son tour, toujours par hydratation, en achroodextrine β $(C^6H^{10}O^5)^{n-3}$

et maltose; enfin l'achroodextrine β, toujours par le
même procédé, donne l'achroodextrine γ $(C^6H^{10}O^5)^{n-4}$ et
du maltose. Cette dernière achroodextrine est inattaquable par la ptyaline; elle persiste toujours dans la
liqueur, dont on peut la précipiter par l'alcool. Le résultat final de l'action de la salive sur l'amidon est donc
un mélange d'achroodextrine et de maltose. On sait que
les acides poussent plus loin l'action hydratante et que le
produit ultime de la réaction est, dans ce cas, le glucose $C^6H^{12}O^6$.

L'action du ferment amylolytique peut être suspendue
ou supprimée par un certain nombre de causes : 1° le
froid, à 0° par exemple, suspend l'action de la ptyaline,
mais celle-ci reparaît dès que la température s'élève,
40° étant la température optima; 2° la chaleur à 100°
supprime définitivement l'action de la ptyaline, qui est
comme tuée; 3° les acides forts suppriment aussi l'amy-
lolyse, mais elle reparaît quand on neutralise le liquide;
4° il en est de même des alcalis, mais le pouvoir saccharifiant ne reparaît pas après neutralisation.

Fistules salivaires. — Lorsqu'on veut étudier séparément les propriétés des diverses salives qui composent
la salive mixte, on emploie des macérations des glandes
séparées ou bien on pratique des fistules, c'est-à-dire que
l'on met à nu le canal excréteur de la glande et que l'on
y introduit, après l'avoir ouvert, une canule qui déverse
le produit sécrété à l'extérieur. Ces opérations ne sont
guère possibles que pour la parotide et la sous-maxillaire, dont le canal excréteur est unique et relativement
gros, sauf chez le chien où elle est aussi praticable sur
la glande sublinguale.

1° *Fistule parotidienne.* — Voici comment se fait l'opération chez le chien :

La parotide, relativement petite, occupe la position

indiquée par la ligne pointillée entourant une place noire sur la figure 266. De son bord antérieur se dégage le canal de Sténon, qui suit une direction rectiligne, croisant le muscle masséter, sur lequel il est appliqué

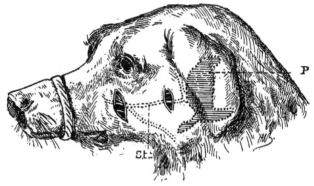

Fig. 266. — Région de la parotide chez le chien : P parotide, St canal de Sténon.

directement, et va déboucher au niveau de la deuxième molaire supérieure, au milieu d'une petite papille, à la face interne de la joue.

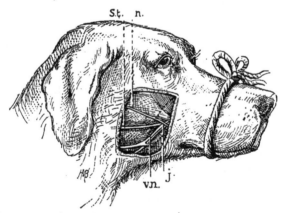

Fig. 267. — Opération de la fistule parotidienne : *n* nerf (branche du facial), St canal de Sténon, *vn* faisceau vasculo-nerveux croisant en *j* le canal et le nerf *n*.

Pour découvrir ce canal, on prend comme point de repère une dépression que l'on rencontre à l'extrémité antérieure de l'arcade zygomatique. Après avoir rasé la peau sur la région, on pratique une incision de deux ou trois centimètres, dont la direction va de l'angle interne de l'œil vers le milieu de la branche horizontale du maxillaire inférieur. La peau et le tissu cellulaire sous-cutanés étant incisés, on tombe sur une gaine fibreuse commune aux vaisseaux et nerfs de la région et au conduit salivaire. Les vaisseaux et nerfs constituent deux faisceaux (fig. 268) : l'un est formé par l'artère, la veine

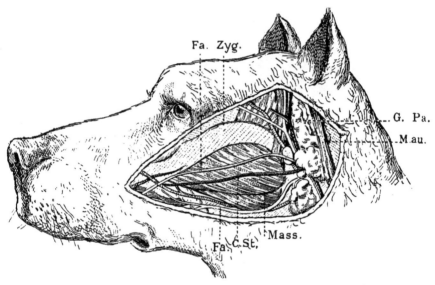

Fig. 268. — Région parotidienne chez le chien : G.Pa glande parotide, C.St canal de Sténon, Fa nerf facial, Mass muscle masseter, M.au muscle auriculaire, Zyg arcade zygomatique. .

faciale et un petit rameau nerveux, c'est le faisceau inférieur ; l'autre par une branche importante du facial, c'est le faisceau supérieur. Ces deux faisceaux, d'abord écartés, se rapprochent et finissent par se croiser ; le canal est situé dans la bissectrice de l'angle formé par eux. Le canal, isolé avec une sonde, est ouvert en bec de flûte avec de fins ciseaux et on y fait pénétrer la canule (fig. 269), petit tube d'argent muni d'un mandrin qui rend son introduction plus facile. A l'aide d'un fil placé préalablement sous le canal, on lie la canule qui présente de petites rainures l'empêchant de glisser. Quand on retire le mandrin, le liquide sécrété s'écoule par le tube.

Si l'on veut faire seulement une fistule temporaire,

l'opération est terminée, sinon le manuel opératoire est un peu différent : on sectionne le canal et on attire le bout central au dehors de la plaie refermée par quelques points de suture; la rétraction est empêchée en traversant perpendiculairement le bout du canal par un fil métallique. On obtient ainsi une fistule permanente sans canule. Pour empêcher le nouvel orifice du canal de se boucher, on y introduit de temps en temps un petit stylet boutonné.

FIG. 269. — Canules pour fistules salivaires.

La salive parotidienne est très aqueuse (densité 1003 à 1004); elle est alcaline, sauf à jeun, où parfois elle devient acide par la présence d'acide carbonique libre et se trouble à l'air par la formation de carbonate de chaux, en faible quantité, résultant du bicarbonate soluble de la salive fraîche. Elle renferme de la ptyaline, sauf chez le chien, de la globuline, du sulfocyanure de potassium; elle ne contient pas de mucine. Cette salive est surtout sécrétée sous l'influence de la mastication.

2° *Fistule sous-maxillaire.* — Nous allons faire également l'opération chez le chien.

La glande sous-maxillaire est située en dedans et un peu en arrière de l'angle postérieur du maxillaire; elle est assez grosse, arrondie, mamelonnée. Son canal excréteur unique, nommé canal de **Warthon**, longe, accompagné du canal excréteur de la sublinguale, le muscle basioglosse et débouche sous la langue, au milieu d'une petite papille. Pour découvrir ce canal, l'animal étant anesthésié sans injection préalable d'atropine-morphine qui arrêterait la sécrétion, on le couche sur

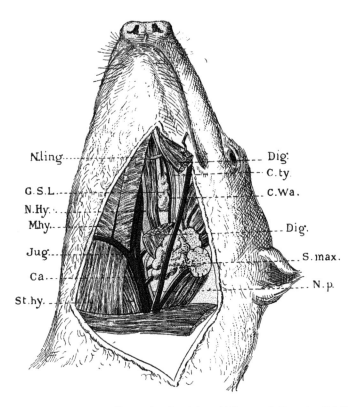

Fig. 270. — Région sous-maxillaire chez le chien : N.*ling* nerf lingual, G.S.L glande sublinguale, N.H*y* nerf grand hypoglosse, J*ug* veine jugulaire, C*a* artère carotide, S*t.hy* muscle sterno-hyoïdien, N.*p* nerf pneumogastrique, S.*max* glande sous-maxillaire, D*ig* muscle digastrique, C.W*a* canal de Warthon, C.*ty* corde du tympan, M.*hy* muscle mylo-hyoïdien.

le dos, la tête en extension, et on rase l'espace compris entre les deux branches du maxillaire inférieur. On pratique alors le long du bord interne de ce maxillaire une incision de 4 à 5 centimètres, dont le milieu doit correspondre à celui de ce maxillaire. La peau, le peaucier, le tissu cellulaire sous-cutané étant incisés d'un seul coup, on tombe sur le bord interne du digastrique qui, écarté, laisse apercevoir alors les fibres transversales du muscle mylohyoïdien. A l'aide de ciseaux, on coupe ces fibres soulevées sur une sonde cannelée, en longeant le muscle digastrique. Dans le fond de la plaie se trouvent deux conduits excréteurs qui sont croisés par un nerf. Ces deux canaux sont : en dehors, le canal de Warthon, qui est un peu plus gros, en dedans, le

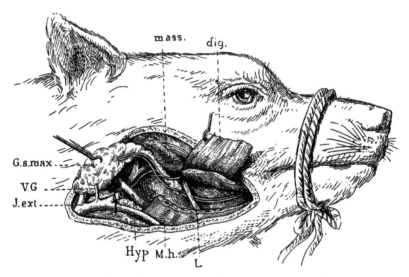

Fig. 271. — Opération de la fistule sous-maxillaire : G.s.max. glande sous-maxillaire, VG veines de la glande, J.ext. veine jugulaire externe, Hyp. nerf hypoglosse, M.h. muscle mylohyoïdien, L nerf lingual, *dig.* muscle digastrique, *mass.* muscle masseter.

canal de la glande sublinguale. Le nerf qui croise les canaux en passant au-dessus d'eux est le nerf lingual, d'où se détache angulairement un petit filet récurrent, qui n'est autre que la corde du tympan, dont nous vous montrerons tout à l'heure l'action. Dans l'angle formé par le nerf lingual et la corde du tympan se trouve le ganglion sous-maxillaire. Après avoir isolé le canal de Warthon en passant un fil par dessous, on y fait, avec de fins ciseaux, une incision en V et l'on y introduit une petite canule, munie d'un mandrin, sur laquelle le canal est lié. L'influence chloroformique passée, il suffit de mettre une goutte de vinaigre sur la langue du chien pour voir se produire par la canule un abondant écoulement de salive.

Cette salive sous-maxillaire est parfois très alcaline : elle renferme de la mucine et un peu de ptyaline, sauf chez le chien, très peu de sulfocyanure de potassium. Elle est surtout sécrétée sous l'influence des impressions gustatives, d'où le nom de *salive de gustation* que lui avait donné Claude Bernard.

3° *Fistule sublinguale.* — Cette fistule, possible chez le chien, se pratique de la même manière que la fistule sous-maxillaire, le canal sublingual accompagnant, en effet, le canal de Warthon. La salive sublinguale, très visqueuse et très épaisse, renferme beaucoup de mucine : elle est fortement alcaline et sert à lubréfier le bol alimentaire, d'où le nom de *salive de déglutition.*

Action du système nerveux sur la sécrétion salivaire. — Nous étudierons cette action par la glande sous-maxillaire, où elle est particulièrement bien connue. Cette glande reçoit des nerfs de deux sources : 1° des filets émanés du nerf facial, qui vont s'attacher quelque temps au lingual, puis s'en détachent, pour constituer la *corde du tympan*; 2° des *filets sympathiques* qui gagnent la glande en rampant le long de ses artères détachées de la carotide (fig. 272).

Examinons d'abord la corde du tympan, dont nous avons indiqué plus haut la mise à nu. L'excitation de ce nerf *in continuo* produit une abondante salivation. Cet effet est direct, car, en coupant le nerf et excitant son bout périphérique, le résultat est le même.

En même temps, si l'on a découvert la glande, on voit que celle-ci est rouge et turgescente; le sang y circule en plus grande abondance, par suite d'un effet vasodilatateur.

Il ne faudrait pas croire que les deux phénomènes

de la vasodilatation et de l'hypersécrétion soient absolument connexes, car on peut les dissocier par l'atropine. Dans le cas d'empoisonnement par cette substance, les effets vasomoteurs sont conservés et les effets sécrétoires supprimés. De plus, si l'on prend la pression d'une part dans la carotide, d'autre part dans le canal de Warthon, on s'aperçoit que le mercure peut monter

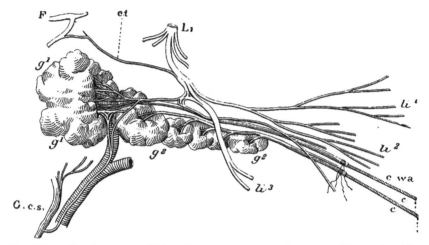

Fig. 272. — Glande sous-maxillaire et organes voisins : g^1 sous-maxillaire, g^2 sublinguale, L_1, li^1, li^2, li^3 branches du lingual, F facial, ct corde du tympan, cwa canal de Warthon, Gcs ganglion cervical supérieur.

plus haut dans le second manomètre que dans le premier.

La sécrétion salivaire sous-maxillaire peut être produite par voie réflexe : c'est même ainsi qu'elle se manifeste normalement par application de substances sapides sur la langue. La voie centripète de ce réflexe est le lingual. Ce nerf étant mis à nu, si l'on excite son bout central, on voit se produire par la canule une abondante sécrétion, comme lorsqu'on s'adresse directement au bout périphérique de la corde du tympan.

Des filets sympathiques pénètrent dans la glande avec les artères. Pour expérimenter sur eux, on sectionne le muscle digastrique près de son insertion sur l'os maxillaire et on tire en arrière, avec une érigne, le bout postérieur du muscle; on met ainsi à nu une cavité triangulaire, à sommet antérieur, dans laquelle se trouvent la carotide, les nerfs en dessous, le canal de Warthon et l'artère glandulaire en dessus. La glande est un peu plus en arrière. L'excitation des filets nerveux accompagnant l'artère produit la sécrétion de quelques gouttes d'une salive très épaisse qui peut obstruer la canule. Elle produit aussi une action vasoconstrictive sur les vaisseaux : la glande, en effet, pâlit notablement.

Après section de la corde du tympan et des filets sympathiques, la glande sécrète constamment et abondamment pendant des jours et des semaines : c'est là une *sécrétion paralytique*.

VINGT-SEPTIÈME LEÇON

Suc gastrique.

L'estomac sécrète, à l'aide de glandes qui sont surtout localisées dans sa région cardiaque, un liquide particulier qui a reçu le nom de suc gastrique. Pour se procurer ce suc, on peut employer plusieurs procédés : faire avaler, par exemple, aux animaux des éponges retenues au bout d'un fil, et les enlever après quelques moments de séjour dans l'estomac, ou bien laver l'estomac à l'aide d'une sonde. Mais le plus commode de tous et le plus employé est celui de la fistule gastrique, que nous pratiquerons dans un instant.

Le suc gastrique est un liquide légèrement filant et jaunâtre, à réaction acide, dont la valeur en acide chlorhydrique est de 2,5 à 3 pour 1000 chez le chien, 1 à 1,5 chez l'homme, et renfermant, outre certains sels, tels que des chlorures et des phosphates de soude, de potasse, de chaux et de magnésie, deux ferments particuliers, la *pepsine* et le *labferment*. Ce suc peut être porté à l'ébullition sans se troubler.

ACIDES. — L'*acidité* du suc gastrique est nettement révélée par le tournesol ou la phénolphtaléine. A quel acide doit-il cette propriété? On a longtemps discuté pour savoir s'il s'agissait d'acide chlorhydrique ou d'acide lactique. Si l'on distille du suc gastrique jusqu'à consistance sirupeuse, il émet des vapeurs qui, passant dans l'azotate d'argent, produisent un précipité de chlorure blanc,

173

noircissant à la lumière, soluble dans l'ammoniaque et l'hyposulfite de soude. Il y a donc certainement production d'acide chlorhydrique; mais cet acide serait dû, d'après certains auteurs, à l'action de l'acide lactique — nettement constatée dans certains sucs gastriques par la formation de lactate de zinc — sur les chlorures alcalins. Cependant, on doit ajouter que le suc gastrique des carnivores, qui ne contient pas d'acide lactique, donne aussi à la distillation des vapeurs d'acide chlorhydrique. De plus, si nous dosons le chlore total, et si nous calculons ce qu'il faut pour saturer toutes les bases du suc gastrique, nous trouvons du chlore en excès. Encore faut-il ajouter qu'il y a des phosphates, et si nous défalquons ces derniers, nous trouvons que le chlore en excès transformé en acide chlorhydrique correspond exactement à l'acidité du suc gastrique.

La conclusion de ces faits est qu'il existe dans le suc gastrique, soit de l'acide chlorhydrique libre, soit des composés chlorés organiques acides, d'acidité égale à l'acide chlorhydrique. Quelle hypothèse choisir?

Tout d'abord, définissons ce que nous appelons acide chlorhydrique libre : nous dirons qu'un liquide renferme de l'acide chlorhydrique libre, toutes les fois qu'il nous donnera toutes les réactions de l'acide chlorhydrique dissous dans l'eau. Or, une première série d'expériences montre que, s'il y a de l'acide chlorhydrique libre, il n'y a pas que cela. En effet : 1° traitons par une partie d'HCl une partie d'acétate de soude, les $\frac{33}{34}$ de cet acétate sont transformés en NaCl. Faisons la même chose avec du suc gastrique d'acidité égale, nous ne trouvons que les $\frac{50}{100}$.

2° Faisons bouillir de l'acide chlorhydrique avec du sucre de canne, nous intervertirons une certaine quantité de ce sucre. Répétons la même chose avec du suc gastrique de même acidité, nous en intervertirons moins.

Les deux expériences suivantes montrent qu'il n'y a pas du tout d'acide chlorhydrique libre dans le suc gastrique.

3° Toutes les solutions d'HCl laissent échapper des vapeurs lorsqu'on les chauffe même modérément; il faut amener le suc gastrique jusqu'à consistance sirupeuse pour qu'il donne des vapeurs d'HCl.

4° L'empois d'amidon bouilli avec HCl dilué est transformé en glucose, transformation qui ne s'accomplit pas avec le suc gastrique.

Nous admettons donc que le suc gastrique renferme non pas de l'HCl, mais des composés chlorés organiques acides.

Ces composés partagent d'ailleurs avec HCl un certain nombre de propriétés; en effet, ils sont acides au tournesol et à la phénolphtaléine, décolorent la fuchsine, font passer au bleu sombre le rouge congo, au jaune verdâtre le vert brillant (vert bleu), et enfin, chauffés avec quelques gouttes d'une solution de phloroglucine et de vanilline (alcool 100, phloroglucine 2, vanilline 1), ils donnent une coloration rouge intense, une fois l'évaporation faite. Pour cette réaction, il ne faut pas chauffer jusqu'à l'ébullition.

Indépendamment des composés chlorés, le suc gastrique peut devoir son acidité à des phosphates et, accidentellement, à de l'acide lactique : ce dernier peut être décelé par la réaction d'Uffelmann, qui consiste dans la décoloration de la liqueur violette, obtenue par le mélange d'une solution étendue de ce phénol et d'une solution étendue de perchlorure de fer. Il importe parfois de distinguer les causes de l'acidité et l'on recherche alors :

α) *L'acidité totale.* — Pour cela, on n'a qu'à ajouter à une quantité déterminée de solution alcaline titrée une solution de tournesol ou de phénolphtaléine et à laisser tomber goutte à goutte, à l'aide d'une burette graduée, le suc gastrique jusqu'au virage au rouge dans le premier cas, à la décoloration dans le second.

β) *L'acidité lactique et l'acidité minérale.* — Pour cela, on ajoute de l'éther au suc gastrique : l'acide lactique passe dans cet éther, les phosphates acides et les composés chlorés restent dans le suc gastrique. On évapore la solution éthérée, on reprend par l'eau et on dose séparément comme ci-dessus les deux acidités.

γ) *L'acidité due aux composés chlorés* ou dosage de l'acide chlorhydrique libre des cliniciens. Pour cette recherche, nous pourrons employer trois méthodes.

La première consiste à laisser tomber goutte à goutte dans le suc gastrique, en présence de réactifs indicateurs, rouge congo par exemple, une solution alcaline titrée et à s'arrêter quand ce rouge tourne au bleu; mais ce procédé est mauvais, car il suppose que ce sont d'abord les composés chlorés acides qui sont exclusivement neutralisés. La deuxième consiste à doser séparément le chlore total et le chlore des composés minéraux. Pour cela, on peut procéder comme suit :

1° *Dosage du chlore total.* — On incinère du suc gastrique en présence du carbonate de soude, on traite les cendres par l'acide azotique qui les dissout, on précipite les chlorures à l'aide de l'azotate d'argent, on sèche et on pèse le chlorure d'argent.

2° *Dosage du chlore des composés minéraux.* — On incinère directement le suc gastrique et on procède comme ci-dessus. La différence des deux chiffres trouvés donne le chlore des composés organiques.

Les défauts de ces procédés sont que, d'une part, les phosphates bibasiques peuvent réagir sur les chlorures et donner de l'acide chlorhydrique, et que, d'autre part, une certaine partie du chlore organique peut être retenue par les phosphates monobasiques du suc gastrique.

Dans un troisième procédé, on peut calciner du suc gastrique avec du carbonate de baryum, pour retenir le chlore des composés organiques en formant avec lui du chlorure de baryum. Ce chlorure est transformé en sulfate par le sulfate de soude, puis desséché et pesé. Ce procédé est un peu meilleur; néanmoins, à la température de calcination, le carbonate de baryum peut réagir sur les chlorures alcalins et former à leurs dépens un peu de chlorure de baryum.

Pepsine. — Le suc gastrique, avons-nous dit, possède une certaine action sur les substances protéiques qu'il dissout, en les modifiant chimiquement : c'est là le pouvoir *protéolytique* ou digestif. On pourrait croire, au premier abord, que ce pouvoir lui est donné par l'acide, car, lorsqu'il est neutralisé exactement, il ne le possède plus. Mais il suffit de porter ce suc à la température de l'ébullition pour produire le même résultat. Le pouvoir protéolytique est dû, en effet, à un ferment, la *pepsine*, qu'on peut isoler comme la ptyaline de la salive, mais qui ne peut agir qu'en milieu acide. L'acide, d'ailleurs, ne doit pas être nécessairement de l'acide chlorhydrique, mais peut être de l'acide sulfurique, phosphorique, etc. L'action de la pepsine est à peu près nulle à de basses températures; elle est maxima vers 40° et cesse vers 60° pour ne plus reparaître. Nous étudierons tout à l'heure cette action plus en détail.

Lab. — Le suc gastrique peut coaguler le lait. Comme il est acide, on peut croire tout d'abord que c'est cette acidité qui en est cause; cependant, certains caractères différencient la coagulation par un acide de la coagulation par le suc gastrique. La première est très rapide et la coagulation se fait par flocons; la deuxième est plus lente et le liquide se prend en masse. De plus, argument irréfutable, le suc gastrique neutralisé coagule encore le lait, tandis que le suc gastrique bouilli ne le coagule plus.

On pourrait se demander si le ferment coagulant et la pepsine ne sont pas identiques; ce qui prouve le contraire, c'est que l'on peut faire perdre au suc gastrique son pouvoir protéolytique en lui conservant son pouvoir caséifiant, en le traitant, par exemple, par le carbonate de magnésie récemment précipité.

Le *labferment* existe surtout dans le suc gastrique des mammifères jeunes, mais on en trouve cependant, bien qu'en plus faible proportion, dans celui des adultes. Dans un instant, nous étudierons de plus près l'action du lab.

Action du suc gastrique sur les aliments. — Le suc gastrique n'exerce son pouvoir que sur les matières protéiques; il n'agit ni sur les graisses, ni sur les féculents, ni sur les sucres. Avant d'étudier cette action, nous croyons bon de donner quelques détails sur les *matières protéiques*. Celles-ci se divisent en trois catégories : albuminoïdes, protéides, albumoïdes.

I. Albuminoides. — Les *albuminoïdes* sont des substances composées toujours de O.H.C.Az.S., parfois Ph; leurs produits de décomposition sont : l'eau, l'ammoniaque, l'acide carbonique, la leucine, la tyrosine et l'hydrogène sulfuré. Elles donnent toutes trois réactions de coloration caractéristique.

1° *Réaction xanthoprotéique.* — Si l'on traite par l'acide azotique à l'ébullition une substance albuminoïde, on a une coloration jaune clair. En ajoutant un alcali caustique jusqu'à réaction alcaline et reportant à l'ébullition, on a une coloration jaune orangé.

2° *Réaction du biuret.* — En traitant par la soude et en ajoutant quelques gouttes d'une solution très étendue de sulfate de cuivre, on a une coloration bleu violet.

3° *Réaction de Millon.* — En traitant à chaud par le nitrate acide de mercure une solution d'albuminoïdes, on a un précipité, d'abord blanc, qui tourne au rouge brique. A froid, ce virage se fait aussi, mais plus lentement.

On peut diviser, au point de vue physiologique, les albuminoïdes en deux catégories : *a*) *A. naturels*; *b*) *A. de transformation*, ou résultant de l'action d'un agent physique, chimique ou physiologique sur les albuminoïdes naturels.

a) Toutes les substances albuminoïdes naturelles en solution sont précipitées par les acides minéraux, l'alcool, le tanin, les acides phosphomolybdique et tungstique, l'acide picrique et le ferrocyanure de potassium acétique.

Parmi les albuminoïdes naturels, nous distinguerons un premier groupe, les *albumines-globulines* coagulables par la chaleur, et un second, les *caséines* non coagulables par la chaleur. Dans la coagulation, qui diffère de la précipitation, il y a changement d'état : le corps, d'abord soluble, devient insoluble; c'est le cas de l'albumine du blanc d'œuf.

Les *albumines* présentent les caractères suivants : solubles dans l'eau distillée, non précipitées par CO^2 en excès, l'acide acétique, le chlorure de sodium et les solutions à saturation de sulfate de magnésie.

Les *globulines*, au contraire, sont insolubles dans l'eau pure, précipitent partiellement de leurs solutions par CO^2, acide acétique, chlorure de sodium à saturation, et précipitent totalement par le sulfate de magnésie à saturation.

Quant aux *caséines*, elles sont insolubles dans l'eau pure, solubles dans une solution étendue d'alcali caustique.

b) Albuminoïdes de transformation. — Nous distinguerons :

α) Les *albuminoïdes coagulables* par l'action de la chaleur ;

β) Les *acidalbuminoïdes* et *alcalialbuminoïdes* résultant de l'action des acides et des alcalis ;

γ) Les *protéoses* produites par l'action des sucs gastrique, pancréatique, ou de la vapeur d'eau surchauffée.

α. Les premières sont insolubles dans l'eau et dans les solutions alcalines étendues, solubles dans les solutions de sels neutres.

β. Les secondes, qui ne sont pas précipitables par la chaleur, le sont par la neutralisation et le sulfate de magnésie à saturation.

γ. Les troisièmes nous intéressent ici particulièrement, car elles résultent de la digestion gastrique.

Les *protéoses* sont solubles dans l'eau, sauf les hétéroprotéoses qui sont seulement solubles dans les solutions saturées de sels neutres, et certaines sont dialysables, alors que les albuminoïdes naturels ne le sont jamais. Elles précipitent par l'alcool, le sublimé, le tanin, les acides phosphomolybdique et tungstique. On les divise en *protéoses vraies* et *peptones*. Les premières sont précipitables par l'acide picrique et le sulfate d'ammoniaque à saturation, qui donnent pour les secondes des résultats négatifs.

Les protéoses vraies comprennent elles-mêmes : les *hétéroprotéoses*, insolubles dans l'eau et précipitées de leur solution par le chlorure de sodium concentré à froid ; les *protoprotéoses*, solubles dans l'eau, partiellement précipitées par le chlorure de sodium, totalement précipitées par le chlorure de sodium acétique ; les *deutéroprotéoses*, solubles dans l'eau, non précipitées par le chlorure de sodium, partiellement précipitées par le chlorure de sodium acétique, totalement précipitées par le sulfate d'ammoniaque à saturation.

II. Protéides. — Les protéides résultent de l'union d'une matière albuminoïde avec une autre substance ; telles sont : l'hémoglobine composée d'un albuminoïde et d'un corps organo-métallique, la mucine formée par l'union d'un albuminoïde avec un hydrate de carbone, les nucléo-albuminoïdes formées par l'albumine et la nucléine.

III. Albumoïdes. — Les albumoïdes donnent, en se décomposant, de l'eau, du gaz carbonique, de l'ammoniaque, mais pas de leucine ni de tyrosine ; on peut donner comme exemple la gélatine.

Étudions maintenant l'action de la pepsine sur ces diverses substances.

1° *Action sur les albuminoïdes.* — Pour faire ces recherches, on introduit dans un petit ballon un peu de suc gastrique, avec de petits cubes d'albumine coagulés, et on porte à l'étuve vers 35 ou 40°. On obtient d'abord de l'hétéroprotéose, puis des protoprotéoses, et enfin des peptones, au fur et à mesure que l'action est plus prolongée : on a aussi des acidalbuminoïdes ou *parapeptones* de Meissner, qui sont précipitées par la neutralisation.

2° *Action sur les nucléoalbuminoïdes.* — On obtient des peptones, et il reste de la nucléine non attaquée ou dyspeptone de Meissner.

3° *Action sur les albumoïdes.* — La gélatine et l'élastine sont transformées par le suc gastrique en peptones.

Action du lab. — Pour étudier l'action du lab, nous traiterons du lait par du suc gastrique. La caséine de ce lait n'est pas simplement précipitée, elle est dédoublée. Nous avons, en effet, dans le lait caillé : 1° un caillot ; 2° du sérum. Le caillot est formé par l'union d'une substance caséogène avec des sels solubles de chaux ; dans le sérum est resté l'autre albuminoïde de dédoublement qu'on peut coaguler par la chaleur. C'est

seulement après ce dédoublement que la caséine peut
être attaquée par le ferment peptique, qui donne des
peptones : le lab est donc un véritable ferment digestif.
En traitant le lait par les acides, au contraire, la caséine
qui est à l'état de caséinate soluble dans le lait est simplement précipitée; c'est même le procédé que l'on
emploie pour la préparer.

SUC GASTRIQUE ARTIFICIEL. — Pour étudier les actions
dont nous venons de parler, on peut faire usage de suc
gastrique artificiel. Il suffit, pour préparer ce dernier,
de mettre à macérer dans de l'eau ou de la glycérine
une muqueuse stomacale pendant vingt-quatre heures
environ. Il faut acidifier le liquide avec de l'acide chlorhydrique à 1 ou 2 pour 1000, car il n'y a pas d'acide
dans la muqueuse : il n'y a que de la pepsine, et
nous savons que cette dernière ne peut agir qu'en
milieu acide. Le liquide ainsi obtenu a un fort pouvoir protéolytique. On peut aussi, après avoir préparé
de la pepsine, la faire dissoudre dans l'eau et aciduler légèrement ; on a encore des digestions très
nettes.

Fistules gastriques. — Mais le mieux est certainement d'avoir à sa disposition du suc gastrique naturel.
Pour en récolter commodément de grandes quantités,
on emploie le procédé de la fistule gastrique. Cette opération se fait le plus souvent sur un chien, de préférence
gros et de tempérament robuste. Certaines races sont
très peu résistantes.

Après l'avoir anesthésié, on l'étend sur le dos, puis on
rase la région épigastrique et l'hypochondre gauche. On
pratique alors une incision de 3 à 4 centimètres à 3 centimètres au-dessous de l'appendice xiphoïde. Le péritoine est ainsi mis à nu. Avant d'ouvrir celui-ci, toute

hémorrhagie est soigneusement arrêtée. Le péritoine ouvert, on aperçoit l'estomac.

Pour mieux le voir, certains auteurs recommandent de faire manger copieusement l'animal avant l'opération, mais cela n'est pas nécessaire. En tous cas, si l'on veut gonfler l'estomac, il vaut mieux employer un autre procédé qui ne vous expose pas à faire tomber des aliments dans la cavité péritonéale. On place, au bout d'une sonde

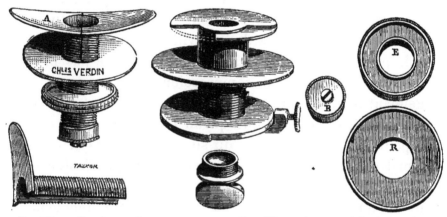

FIG. 273. — Canule gastrique. FIG. 274. — Autre modèle de canule gastrique et détails de cette canule.

œsophagienne, un ballon de caoutchouc mince, et on pratique le cathétérisme de l'œsophage. Pour cela, un aide tenant écartées les mâchoires du chien, on enfonce la sonde dans la cavité buccale en se laissant guider par le palais d'abord, le voile du palais et la paroi dorsale de l'œsophage ensuite; dans ces conditions, il n'est pas possible de pénétrer dans la trachée. Quand le bout de la sonde est dans l'estomac, on gonfle le ballon en soufflant dans cette sonde, puis elle est immédiatement bouchée. Quoi qu'il en soit, l'estomac aperçu est saisi avec des pinces, et on cherche, pour faire l'incision, un point relativement peu vascularisé. Quand ce point est trouvé, on transperce l'estomac par deux aiguilles munies de fils. Les piqûres sont faites à une distance égale à la longueur de l'incision que l'on doit faire, c'est-à-dire du diamètre de la canule. Les fils servent à maintenir l'estomac hors de la plaie pendant que l'on fait l'incision. La canule est alors introduite : c'est un tube muni d'un pavillon (fig. 273 et 274) qu'on peut boucher à son extrémité libre, et dont l'extérieur fileté permet de visser un deuxième pavillon momentanément enlevé. La canule placée, on coud les bords de la plaie stomacale aux bords de la plaie abdominale (muscles et peau); puis, après avoir vissé le deuxième pavillon, on bouche le tube. Pour bien rapprocher les deux pavillons, il faut attendre que la plaie soit guérie et cicatrisée, afin de ne pas produire de la gangrène par compression.

Pendant les premiers jours, le chien opéré est mis au régime lacté, et ce n'est que quand il est bien guéri que l'on peut songer à recueillir du suc gastrique. Pour cela, l'animal étant à jeun depuis la veille, afin que l'estomac soit vide, on lui donne un repas d'os; ceux-ci, attaqués peu rapidement, provoquent la sécrétion. On débouche la canule et le suc est recueilli dans un verre.

Entre deux expériences, la canule étant bouchée, l'animal ne perd pas son suc et digère normalement.

VINGT-HUITIÈME LEÇON

Bile.

La bile est un liquide sécrété par le foie et qui est transporté de cet organe dans l'intestin par le canal cholédoque; sur ce dernier se branche, chez certains animaux, un canal récurrent, le canal cystique, qui se renfle à son extrémité en un réservoir, la vésicule biliaire, où la bile s'accumule dans l'intervalle des digestions. La sécrétion de la bile est continue, et sa quantité est de 150ᶜᶜ environ en 24 heures chez le chien.

Étude chimique de la bile. — C'est un liquide brun jaunâtre quand il sort du foie, brun verdâtre dans la vésicule ou quand il a séjourné à l'air quelques instants. Sa saveur est amère, sa viscosité assez considérable. La densité de la bile varie de 1001 à 1004 et sa réaction est alcaline.

On trouve dans ce liquide : 1° des sels particuliers, *sels biliaires*; 2° des pigments, *pigments biliaires*; 3° de la *pseudomucine*; 4° de la *cholestérine*; 5° des *lécithines*, *graisses neutres* et *savons*; 6° des sels vulgaires tels que *chlorures* et *phosphates* de soude, de potasse, de chaux, de fer.

Sels biliaires. — Ce sont les *taurocholates* et *glycocholates* de soude chez l'homme et le bœuf. Le taurocholate de soude existe seul chez le chien. Chez les poissons, la base, au lieu d'être la soude, est la potasse.

Ces sels sont solubles dans l'eau et dans l'alcool, insolubles dans l'éther. Ils se préparent de la façon suivante.

On évapore de la bile et on reprend par l'alcool :
celui-ci dissout les sels biliaires, la graisse et les pigments. Ces derniers sont supprimés par le noir animal
et on traite par l'éther. Seuls les sels biliaires sont précipités. Ils forment une poussière blanche qui s'agglu-
tine peu à peu en une masse résineuse qui elle-même
se transforme lentement en cristaux. Ces derniers
doivent être conservés dans l'éther ; à l'air libre, ils
tombent en déliquescence. C'est là la bile cristallisée de
Plattner. Les sels biliaires présentent une réaction caractéristique, dite de Petenkoffer, que leurs acides isolés
donnent aussi d'ailleurs. Si à une solution de ces sels
on ajoute les $\frac{2}{3}$ d'acide sulfurique et quelques gouttes
d'une solution de saccharose à 10 %, on obtient une
belle coloration rouge brun. En examinant la solution au
spectroscope, à un degré de concentration tel que tout le
violet du spectre soit absorbé, on a deux bandes d'absorption, l'une sur F, l'autre entre D et E.

Pour isoler les acides des sels biliaires, on les transforme par l'acétate de plomb en sels de plomb qui
sont ensuite traités par l'acide sulfhydrique. Celui-ci
donne du sulfure de plomb et les acides sont mis en
liberté.

Pour séparer l'acide glycocholique et l'acide tauro-
choliques dans une solution aqueuse de bile cristallisée
de Plattner contenant les deux sels, on traite par l'acide
sulfurique : il se forme du sulfate de soude et un mélange
d'acide taurocholique et glycocholique. Ce dernier,
moins soluble, précipite d'abord ; le premier, traité par
l'acétate de plomb et l'acide sulfhydrique, est isolé à son
tour. On peut aussi traiter : 1° par l'acétate de plomb,
qui produit un précipité de glycocholate insoluble ;

2° par l'acétate de plomb et l'ammoniaque, qui donnent le précipité de taurocholate.

Les deux acides biliaires sont constitués par la combinaison du même acide, l'acide cholalique, avec la taurine d'une part et avec le glycocolle d'autre part. En faisant bouillir ces acides avec une lessive alcaline, on les dédouble en leurs composants ; de même, par ébullition avec l'acide chlorhydrique étendu. Dans ce dernier cas, la taurine et le glycocolle se combinent avec l'acide chlorhydrique et l'acide cholalique se dépose.

1° *Préparation du glycocolle.* — Le liquide décanté est évaporé, le résidu dissout dans l'eau chaude avec de l'hydrate d'oxyde de plomb est filtré. On traite ensuite par l'acide sulfhydrique, on filtre et on évapore : le glycocolle cristallise. Ce dernier corps est soluble dans l'eau, et la solution bouillie avec de l'oxyde de cuivre fournit une liqueur bleue qui, traitée par l'alcool, donne naissance à des cristaux bleus de glycocollate de cuivre.

2° *Préparation de la taurine.* — On prend de la bile de chien que l'on fait bouillir avec de l'acide chlorhydrique. Le liquide est décanté pour séparer l'acide cholalique précipité, puis le résidu acide évaporé est repris par l'eau bouillante. La solution refroidie laisse déposer des cristaux de taurine. Ces derniers, chauffés sur une lame de platine, dégagent de l'acide sulfureux; calcinés avec du carbonate de sodium et traités par un acide, ils dégagent de l'acide sulfhydrique.

L'acide cholalique donne la réaction de Pettenkoffer.

PIGMENTS BILIAIRES. — Ces derniers sont la bilirubine et la biliverdine, celle-ci résultant de l'oxydation de la première.

Bilirubine. — Pour préparer la bilirubine, on peut s'adresser soit à la bile, soit aux calculs biliaires.

a) *Bile.* — On prend de la bile fraîche de chien acidulée par l'acide acétique et on la traite par le chloroforme.

Un liquide rouge se dépose au fond, qui, décanté et évaporé, laisse déposer la bilirubine.

b) *Calculs*. — Ces derniers renferment souvent des bili-rubinates alcalino-terreux insolubles. Après avoir pulvé-risé les calculs, on les traite par l'alcool bouillant pour les débarrasser de la cholestérine et de la graisse, puis, après avoir fait bouillir avec de l'eau, on traite par l'acide chlorhydrique qui donne des chlorures solubles et de la bilirubine qui se dépose en poudre amorphe. Cette poudre est reprise par l'alcool bouillant : la bilirubine cristallise par refroidissement.

C'est un corps insoluble dans l'eau, peu soluble dans l'alcool, soluble dans le chloroforme, surtout bouillant. La bilirubine peut donner des sels ; les alcalins sont solubles dans l'eau, insolubles dans le chloroforme, les alcalino-terreux insolubles dans l'eau et le chloroforme. Les solutions de bilirubine ne donnent pas de bandes d'absorption.

Biliverdine. — Pour préparer la biliverdine, on expose à l'air de la bile en solution alcaline, les bilirubinates alcalins se transforment en biliverdinates. En traitant par l'acide chlorhydrique, on a un chlorure et un précipité de biliverdine. Celle-ci est insoluble dans l'eau, l'éther et le chloroforme, soluble dans l'alcool. Elle donne avec les alcalis des sels solubles dans l'eau, avec les terres des sels insolubles. Les solutions de biliverdine ne donnent. pas de bandes d'absorption.

La bilirubine et la biliverdine à l'état de sels alcalins, traitées par un agent réducteur tel que l'amalgame de sodium, donnent de l'hydrobilirubine analogue à l'urobi-line de l'urine.

Les pigments biliaires ont une réaction caractéristique, dite de Gmelin. Si on fait pénétrer dans une de leurs solutions, à l'aide d'une pipette, de l'acide azotique fumant, celui-ci tombe au fond, et à la zone de séparation

prennent naissance une série d'anneaux colorés super-
posés dans l'ordre suivant, de bas en haut : rouge, violet,
bleu, vert. L'action est due à l'acide azoteux de l'acide
azotique.

L'origine des pigments biliaires est probablement dans
le pigment sanguin. L'hypothèse s'appuie sur trois raisons : 1° tous les animaux à pigments sanguins ont des
pigments biliaires ; 2° dans tous les extravasats sanguins
on trouve une substance, l'hématoïdine, identique à la
biliverdine ; 3° l'hématine, traitée par un acide, donne
naissance à l'hématoporphyrine, isomère de la bilirubine,
comme nous l'avons vu dans l'étude des pigments sanguins.

PSEUDOMUCINE. — Le corps qui donne la viscosité à
la bile n'est pas une vraie mucine. En effet, d'abord,
quand on le précipite par l'acide acétique, il est soluble
dans un excès de réactif ; ensuite, par ébullition avec un
acide minéral, il ne se dédouble pas en donnant naissance à un hydrate de carbone.

CHOLESTÉRINE. — Cette substance se trouve surtout
dans les calculs biliaires. On les pulvérise et on les
traite par l'alcool bouillant : par refroidissement, la cholestérine cristallise en tables rhomboïdales.

Les réactions de la cholestérine sont les suivantes :

1° Un cristal chauffé avec de l'acide azotique donne,
quand on évapore à siccité, une coloration rouge foncé ;
2° à l'aide de l'acide sulfurique et du chloroforme, on a
une coloration pourpre passant par le violet, le bleu et le
vert ; 3° en traitant par la liqueur suivante : chlorure ferrique
1 vol., HCl 2 volumes, on a une coloration rouge violacé.

Les autres substances de la bile n'offrent rien de bien
remarquable, sauf les lécithines, qui sont des phospho-
glycérates de névrine.

ACTION SUR LES ALIMENTS. — La bile n'agit que sur les

graisses; elle a la propriété de les émulsionner, c'est-à-
dire de les réduire en fines gouttelettes restant mêlées
à. l'eau. Indépendamment de cette action, elle en a
d'autres encore dont nous parlerons à propos de la fistule biliaire.

Fistule biliaire. — C'est chez le chien que l'on pratique de préférence cette vivisection. Autrefois, la fistule
se faisait sur le canal cholédoque; on opère plutôt aujour-
d'hui sur la vésicule. Le procédé le plus simple est
le suivant, qui n'est qu'une légère modification du procédé de Dastre. Après avoir fait une ouverture abdominale, comme pour une fistule gastrique, on cherche la
vésicule et, quand on l'a trouvée, on l'attire au dehors
avec une pince. Le procédé est ensuite identique à celui
de la fistule gastrique; la canule,
plus petite, est d'ailleurs à peu près
semblable (fig. 275).

Quand on veut permettre par moment le libre cours de la bile dans
l'intestin, on bouche la canule par
un petit obturateur à vis. Dans ce
cas, on a naturellement respecté le
cholédoque.

Lorsque l'on veut être absolument sûr que toute la bile coule à
l'extérieur, il faut oblitérer ce canal.

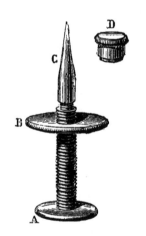

FIG. 275. — Canule biliaire.

L'opération est alors un peu plus
compliquée : on cherche le canal à son point d'abouchement dans le duodénum et on le coupe entre deux ligatures. Pour le trouver facilement, on rabat le duodénum
à gauche et on cherche sur sa face droite, au-dessus du
pancréas. Le canal est contenu dans un. paquet commun
avec la veine porte, l'artère hépatique et les nerfs. Il est
facilement reconnaissable à sa couleur et à sa rigidité.

Un animal à fistule biliaire maigrit beaucoup; cela ne tient pas seulement à la digestion imparfaite des graisses, mais aussi à ce que ces graisses non digérées entourent les autres aliments et les soustraient ainsi à l'action des sucs digestifs. Cela est si vrai que, quand on donne à un chien une nourriture privée de graisse, il maigrit beaucoup moins vite. Les excréments des animaux à fistule biliaire ont une odeur repoussante, qui tient à ce que les fermentations intestinales, partiellement arrêtées par la bile, se développent outre mesure. Les urines de ces animaux sont beaucoup plus toxiques que celles des animaux sains; la bile exerce donc un certain pouvoir sur les toxines. Enfin, les animaux opérés perdent leurs poils. La cause en est que la bile renferme de la taurine combinée à l'acide cholalique; or, ce produit sulfuré, normalement résorbé, est nécessaire par son soufre à la croissance des formations épidermiques.

VINGT-NEUVIÈME LEÇON

Glycogène. — Suc pancréatique. — Suc intestinal.

Glycogène. — Le glycogène, ou amidon animal, est une substance hydrocarbonée qui s'accumule surtout dans le foie, mais qu'on rencontre aussi en assez grande abondance dans les muscles. C'est un corps blanchâtre, pulvérulent, soluble dans l'eau surtout à chaud, et dont la solution a toujours une teinte légèrement opaline. Il est insoluble dans l'alcool et non dialysable.

Préparation. — Pour avoir du glycogène en assez grande quantité, on s'adresse au tissu qui en renferme le plus, le foie. On choisit un animal en bonne santé, bien nourri, et on le tue rapidement par la section du bulbe par exemple. Aussitôt après la mort, le foie, arraché et coupé en petits morceaux, est projeté dans l'eau bouillante pour empêcher la transformation du glycogène en sucre, laquelle se ferait spontanément dans le tissu vivant abandonné à lui-même. Les morceaux sont ensuite retirés, triturés avec du sable, et la pulpe obtenue est bouillie avec de l'eau. Le liquide opalin que l'on recueille par filtration renferme à la fois du glycogène et des albuminoïdes. Après avoir acidulé préalablement par l'acide chlorhydrique, on précipite ces dernières par le réactif de Brücke ou iodhydrargyrate de potassium, obtenu par l'addition à une solution aqueuse de sublimé d'une quantité d'iodure de potassium suffisante pour redissoudre le précipité d'abord formé d'iodure rouge de mercure. Le liquide filtré est précipité à nouveau par l'alcool : il faut employer trois à quatre volumes d'alcool à 95°. Le précipité, recueilli sur un filtre, est lavé à l'alcool et à l'éther, puis on le dessèche dans le vide

FIG. 276. — Dialyseur.

sulfurique. Il est bon de redissoudre auparavant le précipité dans l'eau et de soumettre la solution à la dialyse (fig. 276) pour la débarrasser des sels minéraux, notamment du chlorure de sodium provenant de la liqueur de Brücke et de l'acide chlorhydrique : c'est seulement alors qu'on précipite à nouveau par l'alcool et qu'on lave à l'éther. Si on ne prenait pas la précaution de laver à l'éther, au lieu d'un précipité pulvérulent on aurait une masse gommeuse adhérente au filtre.

DOSAGE. — Pour doser le glycogène dans un organe, on doit d'abord peser bien exactement celui-ci et le tuer sans tarder ; il faut ensuite l'épuiser complètement, c'est-à-dire le reprendre par l'eau bouillante, tant qu'il y a une teinte opaline. Pour être sûr de bien épurer, il vaut mieux encore faire bouillir l'organe avec 4 pour 100 de son poids de soude caustique qui dissout ou désagrège le tissu. Les alcali-albuminoïdes qui prennent naissance sont précipitées par neutralisation avant de faire agir la liqueur de Brücke. Le précipité de glycogène est pesé sur un filtre taré.

Quand il y a peu de glycogène, on a avantage à transformer celui-ci en sucre par ébullition avec un acide minéral et à doser le sucre, comme nous l'avons indiqué dans une précédente leçon. Il faut savoir que 1 de glucose correspond à 0,888 de glycogène.

RÉACTION. — L'ébullition avec tous les acides minéraux, sauf l'acide azotique, qui donne un produit analogue au fulmi-coton, transforme le glycogène en glucose. La diastase salivaire, le ferment amylolytique du pancréas, le changent en dextrines et maltose. L'eau iodée colore une solution de glycogène en brun acajou; cette coloration, comme la coloration bleue d'iodure d'amidon, disparaît par la chaleur, pour reparaître par le refroidissement. L'addition de soude fait aussi disparaître la couleur. Le glycogène ne réduit pas la liqueur de Fehling et ne fermente pas sous l'action de la levure.

Suc pancréatique. — Le suc pancréatique, sécrété par le pancréas et versé dans le duodénum, soit en même temps que la bile, soit assez loin, comme c'est le cas du lapin, est un suc incolore, visqueux, à réaction alcaline, et qui se putréfie avec la plus grande facilité. Les sels sont surtout des chlorures, phosphates et carbonates alcalins ou alcalinoterreux. Il renferme une albumine qui fait qu'il se coagule par la chaleur et présente très nettement les réactions du biuret, de Millon et xantho-protéique. Par la fistule — dont nous vous montrerons tout à l'heure le moment opératoire — on n'obtient que peu de suc, car, sous l'influence du traumatisme, la sécrétion s'altère et devient inactive. Il vaut mieux pour l'étude préparer un *suc pancréatique artificiel*.

Pour cela, le pancréas est mis à macérer dans de l'eau, soit à basse température, soit additionné de 1 pour 1000 de fluorure de sodium, pour empêcher la putréfaction.

Son action. — Le suc naturel ou artificiel possède trois propriétés particulières : il saccharifie l'amidon et le glycogène, saponifie les graisses, peptonise les albuminoïdes. Toutes ces propriétés sont perdues simultanément par l'ébullition : nous admettrons donc qu'elles

sont dues à un ou plusieurs ferments. Nous devons en
admettre trois, car on peut obtenir, en partant du suc
pancréatique, des liquides possédant l'action sur une
seule sorte des trois ordres de substance. Ainsi, l'eau de
macération du pancréas acquiert rapidement le pouvoir
amylolytique et très lentement le pouvoir protéolytique.
Si on renouvelle plusieurs fois la macération en épui-
sant le tissu, l'eau n'a plus que le pouvoir protéolytique.
En outre, une macération de pancréas dans une solution
de carbonate de soude est presque uniquement saponi-
fiante. Ces ferments sont : pour les amylacés, l'*amylopsine;* pour les graisses, la *stéapsine*, et, pour les albuminoïdes, la *trypsine*.

L'action de l'amylopsine sur l'amidon est la même que
celle de la ptyaline, c'est-à-dire qu'elle le transforme en
dextrine et maltose. Cette action est très rapide. En
ajoutant quelques gouttes de suc pancréatique à quel
ques centimètres cubes de solution d'amidon cuit et portant à 40° environ, la liqueur s'éclaircit en quelques
secondes. Elle ne se colore plus alors par l'eau iodée et
réduit nettement la liqueur de Fehling. Le suc pancréatique artificiel est moins fortement amylolytique que le
suc naturel.

La stéapsine produit à la fois la saponification et
l'émulsion des graisses ; nous verrons que l'émulsion d'une partie est favorisée par la saponification de
l'autre.

1° Les graisses neutres sont, en effet, dédoublées
par ce ferment en leurs acides et en glycérine:
comme on est d'ailleurs en milieu alcalin, les acides
gras donnent des savons. Le suc pancréatique naturel et
les macérations glycériques de pancréas jouissent à un
haut degré de ce pouvoir saponifiant, qui s'étend également aux lécithines, lesquelles sont décomposées en
acide phosphoglycérique, choline et acides gras.

2° Les substances visqueuses alcalines et savonneuses favorisent grandement l'émulsion.

Le suc pancréatique a dès l'abord les deux premières qualités et il acquiert rapidement la troisième en saponifiant, comme nous venons de le dire, une partie des graisses : il émulsionne alors très facilement les parties non attaquées.

L'action de la trypsine sur les matières albuminoïdes est de les dissoudre en les transformant par *protéolyse*. Cette action s'exerce surtout activement dans le voisinage de 40° et peut s'accomplir en milieu légèrement acide, neutre et surtout alcalin. L'action est d'abord analogue à celle du suc gastrique et de la pepsine, c'est-à-dire qu'on obtient d'abord des protéoses primaires, puis des protéoses secondaires et enfin des peptones. Mais, alors que l'action de la pepsine s'arrête là, la trypsine peut donner naissance à de la tyrosine et à de la leucine, qui sont des acides amidés. Cette leucine et cette tyrosine ne proviennent pas d'ailleurs de la transformation intégrale des peptones, car il s'agit ici plutôt de *tryptones*, et il reste toujours dans la liqueur des peptones qui sont inattaquables par le suc pancréatique. On admet alors que la tryptone est une *amphotryptone* composée de : 1° *hémitryptone*, transformable en leucine et tyrosine ; 2° *antitryptone*, inattaquable.

Les peptones vraies obtenues par la pepsine sont de même des *amphipeptones*, car, sous l'action de la trypsine, on obtient des acides amidés et de l'antipeptone. Nous voyons donc alors que, si le produit ultime de transformation par la pepsine est l'amphipeptone, les derniers produits de transformation par la trypsine sont l'antipeptone et les acides amidés. La trypsine, comme la pepsine, peut agir aussi sur la gélatine en donnant une gélatine peptone, de la leucine et du glycocolle.

Fistule pancréatique. — Cette fistule se réalise surtout chez le chien et chez le lapin. Chez le chien, le pancréas assez allongé se trouve compris entre les deux
feuillets mésentériques du duodénum. Il est massif,
comme chez l'homme, et a aussi deux conduits, l'un

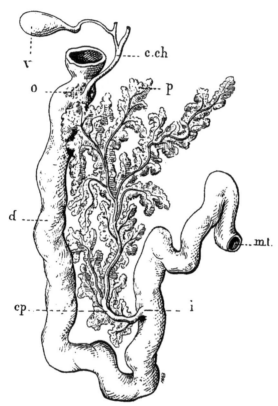

Fig. 277. — Pancréas du lapin : V vésicule biliaire, *c.ch* canal cholédoque, O son orifice,
pp pancréas, *d* duodénum, *cp* canal pancréatique, *i* son orifice.

s'ouvrant à 2 ou 3 centimètres au-dessous du canal cholédoque, l'autre allant rejoindre ce dernier et débouchant
simultanément avec lui. Chez le lapin, le pancréas diffus
est étalé entre les deux feuillets mésentériques; il a un
seul canal excréteur, qui vient s'ouvrir à 30e au-dessous
du canal cholédoque (fig. 277).

Fistule pancréatique chez le chien. — On choisit un

animal vigoureux, de la race berger autant que possible, et on le fait manger copieusement quelques heures avant l'opération, pour qu'il soit en pleine digestion. Après l'avoir attaché et préparé comme pour la fistule gastrique, on fait une incision sur la ligne blanche, de 7 à 8 centimètres. Quand on arrive sur le péritoine, avant de l'inciser, on arrête toute hémorrhagie. Puis, le duodénum étant attiré sur des linges chauds, humides et stérilisés,

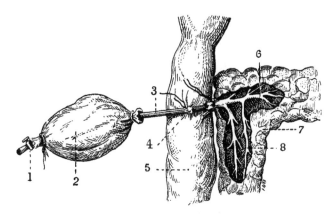

Fig. 278. — Fistule pancréatique chez le chien : 7 pancréas, 6 8 canaux excréteurs, 3 canule fixée à l'intestin 5 par un point en 4, 2 petit ballon à robinet 1.

du côté droit de l'animal, on cherche sur le bord gauche de l'intestin, à quelques centimètres au-dessus du cholédoque, 2 à 6, suivant les animaux. Le conduit est fréquemment recouvert par de gros vaisseaux allant de l'intestin au pancréas ; on les écarte avec les plus grandes précautions, à l'aide d'une sonde cannelée, et l'on finit par apercevoir le conduit, court, nacré, de la grosseur environ d'une plume de corbeau. Après l'avoir incisé, on y fixe une petite canule (fig. 278), analogue à celle employée pour les glandes salivaires, à l'aide d'une ligature préalablement passée sur le canal. On referme alors la plaie, la canule restant en dehors. Cette fistule n'est que temporaire, mais il est inutile de faire des fistules permanentes, le suc s'altérant très rapidement. On peut activer la sécrétion et recueillir plus de suc par l'introduction d'un peu d'éther dans l'estomac.

Fistule chez le lapin. — Après avoir fait l'incision sur la ligne blanche, on tire le duodénum : le canal, malgré sa petite taille, est assez facile à voir, à cause de sa position spéciale.

Suc intestinal. — Ce suc, sécrété par des glandes microscopiques logées dans la muqueuse de l'intestin grêle, est obtenu pur par la *fistule intestinale* ou *opération de Thizy* et quelques autres procédés décrits plus loin. On peut se demander si le suc ainsi obtenu est bien normal. Quoi qu'il en soit, c'est alors un liquide clair, incolore, légèrement alcalin et contenant, comme sels des carbonates alcalins, des chlorures et des phosphates. Il renferme encore un peu de mucine et d'albumine.

Le suc intestinal, par son alcalinité, contribue à neutraliser le chyme et exerce sur les matières amylacées une très légère action saccharifiante ; la propriété de dissoudre faiblement les albuminoïdes, qu'on lui a parfois attribuée, est due à des microorganismes. Son action principale s'exerce sur le sucre de canne qu'il intervertit, c'est-à-dire dédouble en deux molécules de glucose par hydratation, une de dextrose, une de lévulose. Cette propriété est due à un ferment, car elle disparaît quand on porte le suc intestinal à l'ébullition : ce ferment a reçu le nom d'*invertine*.

Procédés pour obtenir le suc intestinal. — Un premier procédé consiste à emprisonner entre deux ligatures une anse intestinale de 20 à 3o centimètres de long. L'abdomen est ouvert, comme il a été indiqué pour les autres fistules, et on attire au dehors l'intestin grêle.

Après avoir posé une première ligature en haut, c'est-à-dire du côté du duodénum, serrant l'intestin entre les doigts, on chasse devant eux les substances qui pour-

Fig. 279. — Compresseur pour isoler une anse intestinale.

raient y être contenues. On fait alors la deuxième ligature et on refoule l'intestin dans la cavité abdominale momentanément refermée avec quelques points de suture. Au bout de quelques heures, on ponctionne le liquide qui s'est accumulé dans l'anse. Au lieu de ligatures, on peut se servir de compresseurs (fig. 279, 280).

Un deuxième procédé, dit opération de Thizy, consiste à faire une fistule permanente.

Après avoir isolé une anse intestinale, on la sectionne aux deux bouts, en gardant la connexion avec les vaisseaux et

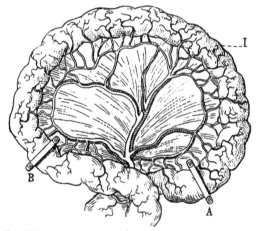

Fig. 280. — Anse intestinale isolée par deux compresseurs A B : A fermeture du cul-de-sac, B raccord des deux bouts de l'intestin.

les nerfs de son mésentère. On rétablit ensuite la continuité de l'intestin en suturant son bout supérieur à son bout inférieur. Quant à l'anse isolée, une de ses extrémités est fermée en cæcum et l'autre est fixée au bout de la plaie abdominale.

Les sutures de l'intestin demandent certaines précautions (fig. 281). Pour raccorder les bouts supérieur et inférieur, on prend une aiguille courbe enfilée et on tra-

verse en séton d'abord la tunique externe du bout supérieur, puis celle du bout inférieur. En tirant sur les
bouts du fil, on adosse les séreuses. Il faut ne pas laisser
l'intestin se retourner au
dehors, car on adosserait
alors les muqueuses, qui
ne reprendraient pas. On
applique un nombre de
fils suffisant pour faire
tout le tour de l'intestin
et on les noue un à un.
Pour fermer le cul-de-sac,
on refoule dans l'intestin
isolé une partie de ses
parois : tout l'ensemble,
paroi externe et paroi
réfléchie, est traversé
par un fil et on noue. On

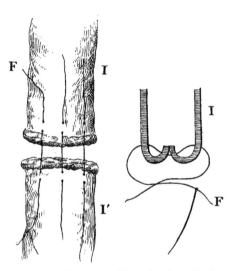

Fig. 281. — Sutures de l'intestin dans l'opération de la fistule : F fil, I bout supérieur de
l'intestin, I' bout inférieur.

fait un deuxième point semblable perpendiculaire au premier. Cela suffit pour l'occlusion parfaite.

Dans ces conditions, on peut obtenir pendant assez
longtemps du suc intestinal, mais l'anse isolée finit
pourtant par s'atrophier.

TRENTIÈME LEÇON

Urine.

L'urine est le liquide sécrété par les reins, accumulé momentanément dans la vessie et expulsé au dehors par l'urèthre.

La proportion éliminée en 24 heures est de 1200 à 1400 centimètres cubes chez l'homme. Le liquide est parfaitement transparent au moment de l'émission, sauf dans le cas d'urines graisseuses et purulentes : il se trouble parfois peu après, soit par refroidissement quand il est riche en urates, soit par la dissociation des bicarbonates et des phosphocarbonates terreux. Chez certains animaux, tels que le lapin et le cheval, l'urine est normalement trouble, par suite de la présence de carbonate de chaux dans le premier cas et d'acide hippurique dans le second.

La couleur de l'urine varie du jaune très clair au brun très foncé. On y distingue surtout deux pigments : 1° l'*urobiline*, qui n'y préexiste pas, mais se forme après l'émission aux dépens d'une chromogène (cette substance se reconnaît facilement au spectroscope, car elle donne une bande d'absorption en avant de la raie F : elle est l'analogue de l'hydrobilirubine); 2° l'*uroérythrine*, qui colore en rouge les sédiments uratiques. La solution alcaline de ce pigment donne deux bandes, une entre D et T, l'autre sur F.

L'odeur de l'urine, d'abord aromatique, ne tarde pas à devenir ammoniacale par fermentation. Certains corps modifient profondément cette odeur. Ainsi, l'ingestion d'essence de térébenthine donne à l'urine l'odeur de violette, celle d'asperges une odeur nauséabonde due à la formation de méthylmercaptan.

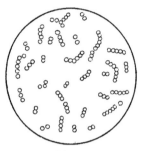

FIG. 282. — Micrococcus ureæ.

La réaction de l'urine est normalement acide chez les carnivores, alcaline chez les herbivores, sauf à l'état de jeûne, auquel cas elle devient acide. Toutes les urines acides deviennent après quelque temps alcalines, par suite de la fermentation ammoniacale de l'urée

$$CO (AzH^2)^2 + 2H^2O = CO^3 (AzH^4)^2.$$

L'agent de cette fermentation est un microbe, le micrococcus ureæ (fig. 282).

COMPOSITION. — On trouve dans l'urine d'abord des *sels minéraux*, qui sont surtout des chlorures, phosphates,

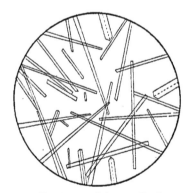

FIG. 283. — Cristaux d'urée.

FIG. 284. — Acide urique.

sulfates de soude, de chaux et de magnésie. Ensuite des composés uréiques, tels que l'*urée* (fig. 283), l'*acide urique* (fig. 284), l'*acide hippurique* (fig. 285) et leurs sels, ainsi que la *créatine* et la *créatinine* (fig. 286), enfin des *corps aromatiques*, dérivés sulfuriques du scatol et de l'indol : le dernier, ou indoxylsulfate de sodium, donne, à l'air, de l'indigo, d'où des urines bleues, quand il est en assez grande abondance.

Pathologiquement, on trouve du *sucre*, de l'*albumine*, de l'*acétone* et un certain nombre d'autres corps que nous examinerons en étudiant les sédiments urinaires. Enfin, il ne faut pas oublier que des *toxines* sont éliminées par l'urine en assez grande quantité. Quand on a à analyser une urine pour y rechercher et y doser au besoin ces

FIG. 285. — Acide hippurique.

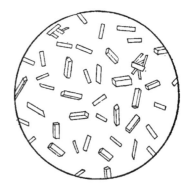

FIG. 286. — Créatinine.

différents principes, il faut toujours prendre l'urine des 24 heures en mélangeant les émissions du jour avec celles de la nuit. Certaines émissions, après un repas où l'on a bu beaucoup d'eau par exemple, ne contiennent, en effet, que très peu de principes fixes, et l'on aurait des résultats très erronés si l'on dosait ces émissions seules. Les émissions de la nuit sont beaucoup plus chargées; si on les dosait seules, on serait trompé en sens inverse.

Dosage des principaux principes. — 1° *Sulfates.* On les dose en acide sulfurique anhydre, en les précipitant à l'état de sulfate de baryte par une solution titrée de chlorure de baryum. Celle-ci est préparée en ajoutant à 37^{gr}, 5 de chlorure de baryum cristallisé assez d'eau pour faire un litre. Un centimètre cube de cette liqueur correspond à 1 centigramme d'acide sulfurique anhydre.

La liqueur de chlorure de baryum étant placée dans une pipette graduée, on prend 10 centimètres cubes d'urine qu'on chauffe dans un vase de Bohême pour favoriser la précipitation. On y laisse tomber goutte à goutte la liqueur titrée et on s'arrête quand il ne se produit plus de précipité. Autant de centimètres cubes employés, autant de centigrammes d'acide sulfurique dans les 10 centimètres cubes d'urine.

Il n'est pas toujours facile de se rendre compte de la fin de la précipitation; on y remédie par le *procédé des touches*. On met sur une lame de verre, placée sur une surface noire, quelques gouttes d'une solution de sulfate de soude, et, plongeant un agitateur dans l'urine qu'on a laissé déposer pour qu'elle soit claire, on en mêle une goutte à une goutte de sulfate de soude. Tant que le mélange reste clair, on peut continuer la précipitation. Il faut s'arrêter aussitôt que le mélange se trouble, ce qui indique en effet un excès de chlorure de baryum dans l'urine donnant, avec le sulfate de soude, du sulfate de baryum. La proportion moyenne éliminée est de 3 grammes en 24 heures chez l'homme.

2° *Chlorures*. — Ils sont dosés en chlore ou chlorure de sodium et précipités à l'état de chlorure d'argent avec une solution titrée d'azotate d'argent. Cette dernière se prépare en ajoutant à $2^{gr},075$ d'azotate d'argent pur, fondu, assez d'eau distillée pour faire un litre. Un centimètre cube de la solution correspond à 1 centigramme de chlorure de sodium ou à $0^{gr},006065$ de chlore. Après avoir placé dans une burette graduée la solution titrée d'azotate d'argent, l'urine étendue d'une goutte ou deux de chromate de potasse est versée dans une capsule de porcelaine. On laisse tomber goutte à goutte la liqueur titrée. Tant qu'il y a des chlorures dans l'urine, l'azotate d'argent est précipité à l'état de chlorure d'argent, mais aussitôt qu'il n'y en a plus, cet azotate donne avec le chromate de potasse du chromate d'argent jaune rouge et l'on voit virer la teinte de la liqueur. Connaissant le volume d'urine, le nombre de centimètres cubes employés, on a facilement la proportion de chlorures en chlorure de sodium ou en chlore. En évaluant en chlorure de sodium, on trouve en moyenne 14 grammes par 24 heures.

3° *Phosphates*. — Ils sont évalués en acide phosphorique et dosés de la façon suivante.

Prenant 40 grammes d'azotate d'urane cristallisé, on les dissout dans 500 centimètres cubes d'eau et on ajoute de l'ammoniaque jusqu'à trouble persistant, puis de l'acide acétique jusqu'à disparition du trouble. La liqueur est ensuite complétée par 1 litre.

D'autre part, on a préparé une seconde liqueur ainsi composée : phosphate d'ammoniaque séché à 100°, 3^{gr},240 ; eau, q. s. pour faire un litre. 50 centimètres cubes de cette liqueur contiennent 0^{gr},1 d'acide phosphorique. Laissant tomber dedans goutte à goutte l'azotate d'urane, jusqu'à ce qu'il ne se forme plus de précipité, on saura que le nombre de centimètres cubes employés correspond à 0^{gr},1 d'acide phosphorique

La liqueur est titrée comme suit. Soit $1^{cc} = 0^{gr}$,0045, on prend 50 centimètres d'urine auxquels on ajoute 5 centimètres de la solution suivante : acétate de soude 100; acide acétique cristallisé 50; eau quantité suffisante pour faire un litre. On chauffe et laisse tomber goutte à goutte la solution d'urane mise dans une burette graduée.

Il est assez difficile de voir quand il ne se produit plus de précipité, aussi est-il bon d'employer le procédé des touches.

Les gouttes de ferrocyanure de potassium sont déposées sur une assiette de porcelaine. On y mêle de temps en temps une goutte d'urine. Quand on voit apparaître par ce mélange une teinte brunâtre, il faut s'arrêter. Connaissant la quantité d'urine employée et celle d'azotate d'urane, il est facile, par une simple règle de trois, d'établir le chiffre des phosphates. On trouve en moyenne 1^{gr}, 5 d'acide phosphorique en 24 heures.

Urée. — Le dosage de l'urée est basé sur la décomposition de cette substance par l'hypobromite de soude, suivant la formule

$$CO (AzH^2)^2 + 3NaBrO = 3NaBr + CO^2 + 2Az + 2H^2O.$$

L'acide carbonique est retenu par la soude

$$CO (AzH^2)^2 + 3NaBrO + 3NaOH = CO^3Na^2 + 3NaBr + 3A^2O + Az.$$

On n'a donc que de l'azote. 4 centimètres cubes d'azote correspondent sensiblement à 1 centigramme d'urée.

L'hypobromite de soude est préparé en mélangeant : brome, 5 centimètres cubes; lessive des savonniers à 1,33, 50 centimètres cubes; eau distillée, 100.

FIG. 287.
Uréomètre.

Le procédé opératoire est le suivant. L'appareil employé, dit *uréomètre*, se compose d'un tube gradué séparé en 2 étages par un robinet (fig. 287). On l'enfonce dans une cuve à mercure, le robinet étant ouvert, jusqu'à ce robinet que l'on ferme. La partie inférieure est alors pleine de mercure. Nous introduisons ensuite dans la partie supérieure 1 centimètre cube d'urine et 2 ou 3 centimètres cubes d'une solution concentrée de soude qui doit retenir le CO^2; nous faisons descendre ce mélange au-dessous du robinet, en ouvrant ce dernier, et, soulevant le tube, nous rinçons et faisons affleurer exactement au robinet le liquide situé dans l'étage inférieur. Le robinet refermé, nous versons 5 à 6 cen-

timètres cubes d'hypobromite et, soulevant le tube, nous
ouvrons à nouveau. L'hypobromite descend : un peu
avant qu'il soit tombé en totalité, nous fermons le robinet, pour éviter une rentrée d'air. Après avoir bien
agité pour mélanger les liquides et quand l'azote ne
se dégage plus, on transporte l'uréomètre sur la cuve
à eau et on fait la lecture : autant de centimètres cubes
d'azote, autant de $\frac{1}{4}$ de centigramme d'urée.

La proportion moyenne éliminée par l'homme en
24 heures est de 33 grammes.

RECHERCHE DE L'ALBUMINE, ETC. — *Albumine.* Pour s'assurer si une urine est albumineuse, il suffit, après l'avoir
filtrée, de la chauffer dans un tube à essai, en exposant à
la flamme seulement les couches supérieures. Un trouble
se produit dans les parties chauffées, trouble rendu plus
visible par la comparaison avec les couches inférieures
restées claires : si ce trouble était dû à des carbonates
terreux mis en liberté par le départ de CO^2, une goutte
d'acide acétique le ferait disparaître.

Un autre procédé consiste à introduire de
l'acide azotique, à l'aide d'une pipette, au
fond d'un tube contenant l'urine. Si l'on voit
apparaître à la surface de séparation des deux
liquides une couche blanchâtre, il y a de fortes
présomptions pour qu'il y ait de l'albumine. Il
faut savoir cependant que les urines très riches
en urée donnent une couche semblable d'azotate d'urée, mais, alors que celle-ci disparaît
en chauffant, celle d'albumine persiste.

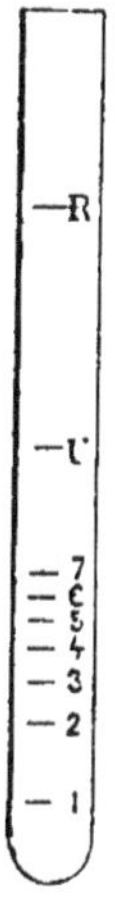

Un appareil suffisamment sensible pour le
dosage de l'albumine est celui d'Esbach. Il

FIG. 288.
Tube d'Esbach

consiste (fig. 288) en un tube portant : 1° des
graduations inférieures; 2° un trait désigné U; 3° un
trait désigné R.

On remplit l'appareil d'urine jusqu'au trait U, on verse ensuite jusqu'au trait R de la liqueur d'Esbach composée comme suit : eau 100, acide picrique 19, acide citrique 2. Il se produit un précipité qu'on laisse déposer. La hauteur à laquelle il s'élève donne sur la graduation inférieure le taux pour 1000 d'albumine. C'est, comme l'on voit, un procédé empirique.

Peptones. — L'urine est traitée par la moitié de son volume de liqueur d'Esbach : il apparaît un trouble disparaissant par la chaleur, reparaissant par le refroidissement. Le trouble doit aussi disparaître par addition d'acide nitrique.

Graisse. — Les urines contenant de la graisse sont généralement troubles : traitons par l'éther, cette graisse est dissoute, puis mise en évidence par l'évaporation. La pesée donne la proportion.

Acétone. — Pour mettre en évidence cette substance, qui apparaît fréquemment dans les cas de diabète grave, on distille 250 centimètres cubes d'urine avec 5 centimètres cubes d'acide acétique. Ayant recueilli les 20 premiers centimètres cubes passés, on les traite par une solution alcoolique d'iode, puis par l'ammoniaque : de petits cristaux jaunâtres d'iodoforme ne tardent pas à se former, qui ont une odeur caractéristique et présentent, au microscope, la forme hexagonale.

Sucre. — Le sucre, abondant dans le diabète, se reconnaît et se dose par les procédés ordinaires que nous vous avons indiqués à propos du sang; nous n'y reviendrons donc pas. Il faut, quand l'urine est trouble, la déféquer; on ajoute pour cela le dixième du volume de sous-acétate de plomb et l'on filtre.

Souvent l'urine renferme des corps peu connus, qui rendent sa réaction indécise, décolorant le réactif sans précipité, ou lui donnant des teintes verdâtres ou jaunâtres. On filtre alors l'urine sur du noir animal qui retient le sucre et on entraîne à nouveau celui-ci en lavant le noir à l'eau bouillante.

Pour reconnaître simplement le sucre, sans le doser, on peut chauffer pendant une demi-heure, au bain-marie, 10 centimètres cubes d'urine avec 1 gramme de chlorhydrate de phénylhydrazine et 3 grammes d'acétate de soude cristallisé. Il se forme des cristaux de phénylglucosazone. Enfin, le meilleur procédé de dosage est, comme pour le sang, la fermentation.

Pigments biliaires. — Ces derniers sont faciles à mettre en évidence, soit par la réaction de Gmelin, dont nous avons parlé en étudiant la bile, soit par celle de Maréchal qui consiste à verser sur l'urine de la teinture d'iode diluée au $\frac{1}{10}$. S'il y a des pigments, un anneau vert d'herbe apparaît au niveau de la surface de séparation des liquides.

Acide urique. — Pour le rechercher, on additionne une assez grande proportion d'urine, 200 centimètres cubes au moins, de 2 pour 100 d'acide chlorhydrique, après avoir préalablement traité par l'acide acétique et filtré. On abandonne pendant 24 heures au moins : les cristaux d'acide urique se déposent.

Acide hippurique. — Cet acide est facilement précipité par un courant de chlore.

POUVOIR TOXIQUE. — L'urine renferme des toxines généralement convulsivantes qui font qu'injectée en quantité suffisante dans le système circulatoire, elle peut provoquer la mort.

Voici comment on opère pour déterminer ce qu'on appelle le *coefficient urotoxique* ou la *toxicité urinaire* d'un animal.

Cet animal ayant été pesé, ses urines de 24 heures sont réunies et introduites dans une pipette dont la tubulure est reliée par un cautchouc muni d'une pince à la canule d'une seringue de Pravaz.

Prenant un lapin également pesé, on met à nu une veine de ses oreilles dans laquelle la canule est introduite ; puis, desserrant la pince sus-indiquée, on fait couler lentement et régulièrement l'urine. On s'arrête au moment de la mort de l'animal.

On appelle coefficient urotoxique le nombre de kilogrammes de lapin que peut tuer ce qu'a produit en 24 heures un kilogramme de l'animal considéré. Soit, par exemple, un chien de 10 kilogrammes qui a uriné 600 centimètres cubes, ce qui porte à 60 centimètres cubes par kilo la quantité éliminée. Si ces 60 centimètres cubes peuvent tuer un lapin de 2^k,500, le coefficient urotoxique sera 2,5.

Il faut faire grande attention dans ces déterminations : 1° à ne pas faire entrer d'air dans le système veineux, ce qui déterminerait des embolies gazeuses ; 2° à ne pas faire pénétrer trop vite ou à une pression trop forte l'urine dans le système vasculaire.

Étude microscopique. — L'urine abandonnée à elle-même laisse fréquemment précipiter un dépôt dit *sédiment*, qu'on peut examiner au microscope. Des corps minéraux, organiques ou organisés, constituent ce sédiment. Comme corps minéraux et organiques, nous signalerons : 1° dans les urines acides, l'oxalate de chaux en cristaux très caractéristiques, dits en enveloppe de lettres (fig. 289) et qu'on trouve surtout après l'ingestion de légumes acides ; l'urate de sodium sous forme de toutes petites granulations amorphes (fig. 290) ; l'acide urique en cristaux de formes assez diverses, mais fréquemment en pierres à aiguiser, soit isolés, soit mâclés (fig. 284);

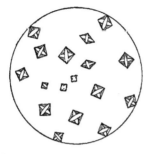

FIG. 289. — Cristaux d'oxalate de chaux.

FIG. 290. — Urate de sodium.

2° dans les urines alcalines, l'urate d'ammoniaque en

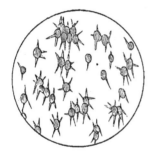

FIG. 291. — Urate d'ammonium.

FIG. 292. — Phosphate ammoniaco-magnésien.

forme de boules hérissées de pointes (fig. 291); le phos-

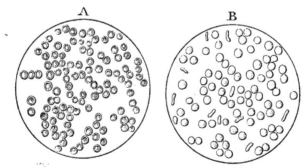

FIG. 293. — Globules rouges du sang : A normaux. B décolorés.

phate ammoniaco-magnésien, dont les cristaux sont en forme de sarcophages (fig. 292).

R. DUBOIS. Physiolog. expériment.

Parmi les corps organiques, nous signalerons : 1° le sang, facilement reconnaissable à la forme de ses glo-

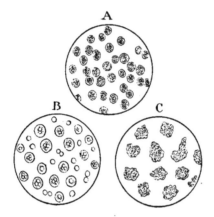

Fig. 294. — Globules du pus : A intacts, B traités par l'acide acétique, C altérés.

bules (fig. 293); 2° le pus, également très facile à reconnaître (fig. 294); 3° des éléments épithéliaux, soit nor-

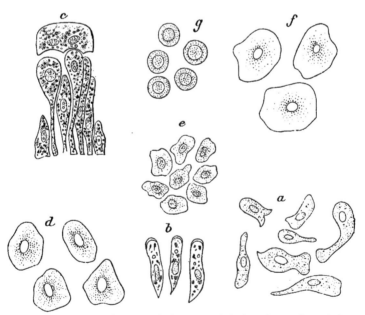

Fig. 295. — Eléments épithéliaux : a de la vessie, b de l'urèthre, c des tubuli contorti, f du vagin, g du bassinet.

maux, comme ceux de la vessie et de l'urèthre, soit anormaux, comme ceux des tubes rénaux (fig. 295); 4° des fragments parfois entiers de tubes rénaux, dans le cas de néphrite grave; 5° enfin, de très nombreux microbes (fig. 296).

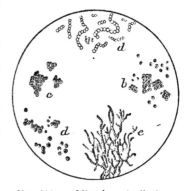

Le sédiment urinaire, parfois très léger, peut n'être composé que de mucus. Quant aux sédiments minéraux, ils peuvent parfois s'agréger et former, soit dans les uretères, soit dans la vessie, des calculs. Ce sont d'abord les calculs uriques, les plus fréquents de tous, puis les

Fig. 296. — Microbes de l'urine.

phosphatiques, encore assez fréquents, enfin les oxaliques et les carboniques, beaucoup plus rares.

TRENTE-ET-UNIÈME LEÇON

Chaleur animale.

Les êtres vivants en général et les animaux en particulier, par suite des nombreux phénomènes chimiques d'oxydation, d'hydratation, de dédoublement, etc., dont nous avons eu l'occasion de vous entretenir, à propos de l'étude des différentes fonctions et en particulier de la respiration, de la digestion, des excrétions et sécrétions, sont le siège de réactions exothermiques et endothermiques. Ce sont les premières qui l'emportent, d'où température plus élevée, chez les organismes vivants, que celle du milieu ambiant.

Dans l'étude de la chaleur animale, on peut se placer à deux points de vue : 1° température ou étude thermométrique; 2° production de la chaleur ou étude calorimétrique.

Thermométrie. — On prend la température d'un animal généralement dans ses cavités naturelles, c'est-à-dire la bouche ou le rectum. Il est parfois utile de connaître la température d'un organe donné, la différence de température de deux organes, ou enfin l'échauffement ou le refroidissement d'un organe dans des conditions déterminées. Pour cela, on utilise soit les thermomètres, soit les aiguilles ou sondes thermo-électriques.

Les *thermomètres* employés sont généralement à mercure. Le réservoir est petit, pour que l'instrument se mette rapidement en équilibre de température, et la graduation est faite ordinairement en $\frac{1}{10}$ ou au moins en $\frac{1}{5}$ de degré. La forme (fig. 297) peut être bien différente, suivant le point dont on veut prendre la température. Pour la surface de la peau, par exemple, on emploie un

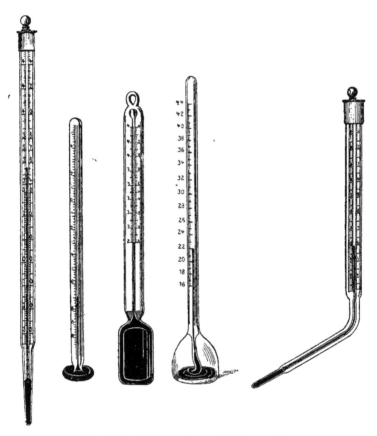

Fig. 297. — Diverses formes de thermomètres.

thermomètre à cuvette plate ou dont le réservoir est enroulé en une spirale aplatie. La tige est parfois coudée, pour faciliter la lecture. Enfin, pour éviter la lecture du thermomètre en place, ce dernier est à maxima. Pour lire le degré de température, les divisions étant relativement peu espacées, il faut mettre la colonne de mercure bien dans le plan des yeux, afin d'éviter les phénomènes de parallaxe. Quand on a à prendre une série de températures dans la bouche ou dans le rectum d'un animal, il faut, pour qu'elles soient comparables, avoir soin d'enfoncer toujours le thermomètre de la même quantité, la température allant généralement en croissant un peu avec la profondeur.

Pour embrasser facilement d'un coup d'œil d'ensemble les températures présentées par un animal donné à divers moments, il est commode d'établir une courbe de la température. Pour cela (figure 298), on trace deux lignes perpendiculaires; à partir du point de croisement, on dispose à une distance déterminée, sur la ligne horizontale et sur la ligne

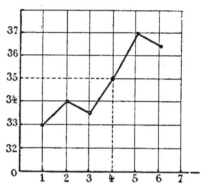

Fig. 298. — Courbe de température.

verticale, une série de points équidistants, correspondant les premiers aux temps, les autres aux températures. La température à un moment donné sera représentée par le point de croisement de deux lignes, la première parallèle à l'axe de température et passant par l'heure donnée, la deuxième parallèle à l'axe des temps et passant par la température observée (exemple : 35° à 4 heures).

Il serait évidemment très utile d'avoir une ligne continue des températures aux différents moments, ou, en d'autres termes, d'employer un thermomètre enregistreur, analogue à ceux dont se servent les météorologistes; malheureusement, aucun instrument de ce genre n'a jusqu'ici donné des résultats satisfaisants en physiologie.

Quand on prend la température comparée de deux organes, il faut avoir soin de vérifier préalablement si les thermomètres qu'on emploie marquent le même degré pour une même température; sinon, il faut faire une correction qui est indiquée par la différence des degrés marqués par les deux thermomètres, lorsqu'ils sont dans le même milieu.

Pour voir rapidement si deux animaux ou deux organes sont à la même température, le procédé le plus expéditif et en même temps le plus exact est celui des *aiguilles thermo-électriques*. Nous avons eu l'occasion de vous parler de ce procédé à propos de la chaleur produite par la contraction musculaire; nous n'y reviendrons que très brièvement. Les aiguilles sont de petites piles thermo-électriques; lorsque leurs soudures sont échauffées différemment, un courant se produit, facilement décelé par le galvanomètre. Le sens de la déviation indique quelle est la soudure la plus chaude. Ce procédé est également très commode pour étudier l'échauffement d'un organe : plus la température augmente, plus la déviation de l'aiguille du galvanomètre est accentuée.

Les *sondes* sont des aiguilles très longues, engainées dans de la gomme ou du caoutchouc; elles servent principalement à étudier les températures d'organes internes où l'on peut pénétrer par cathétérisme, tels que vaisseaux, cœur, œsophage, estomac, intestin, vessie. C'est surtout le système circulatoire qu'il est facile d'explorer topographiquement par ce procédé. On peut s'assurer ainsi : 1° que la température est à peu près constante dans tout le système artériel; 2° que la température des veines superficielles est inférieure à celle des artères; 3° que celle des veines profondes est supérieure. C'est dans la veine cave inférieure, au niveau du point d'abouchement des veines sushépatiques, que la température est le plus élevée.

Pour le cœur, le cœur droit est un peu plus chaud que le cœur gauche.

On sait qu'au point de vue de la température, les animaux ont été divisés en animaux à température fixe (mammifères et oiseaux) et à température variable (autres vertébrés et invertébrés).

Les mammifères ont une température qui varie entre 35 et 40°, sans être d'ailleurs absolument fixe pour le même animal. On peut, par des artifices, les refroidir jusqu'à 20 et 18° par un courant d'eau froide, par exemple; au-dessous de cette température, ils meurent. Il faut faire exception pour les mammifères hibernants, qui, pendant leur période de sommeil, deviennent des animaux à température variable, dont le degré peut s'abaisser jusqu'à + 4°, sans que la mort s'ensuive.

Les oiseaux ont une température de 39 à 44°.

La régulation de la température se fait automatiquement chez les animaux à température fixe. L'augmentation est combattue par l'évaporation cutanée de la sueur ou l'évaporation pulmonaire, parfois buccale et linguale; la baisse est produite par la vasoconstriction des capillaires périphériques, qu'on peut mettre facilement en évidence en prenant la pression dans les gros vaisseaux par les procédés que nous vous avons indiqués.

Quant aux autres animaux, leur température s'élève seulement de quelques dixièmes de degré au-dessus de la température ambiante, sauf chez les insectes où, après le vol, on a constaté une hausse de la température très marquée. Parfois, chez les poissons, la température est identique à celle du milieu ambiant; on peut cependant prouver facilement qu'ils produisent de la chaleur par les expériences suivantes.

1° Quand on introduit deux poissons dans de l'eau plus chaude que celle dont ils sortent, l'un mort, l'autre vivant, le second se réchauffe plus vite que le premier.

2° Quand, inversement, on les fait passer dans de l'eau froide, le poisson vivant se refroidit plus lentement. Ces constatations se font à l'aide de la méthode thermo-électrique.

3° La congélation de l'eau est retardée dans le voisinage du corps d'un poisson ou d'une grenouille pris dans la glace.

Calorimétrie. — Pour mesurer le nombre de calories dégagées par un être vivant dans un temps donné, on peut employer deux procédés, la méthode directe et la méthode indirecte.

I. *Méthode directe.* — Celle-ci est basée sur l'emploi des calorimètres, et voici les deux principes fondamentaux sur lesquels s'appuie l'usage de ces instruments.

On sait : 1° qu'un kilogramme d'eau s'élevant de 1° absorbe 1 grande calorie ; 2° qu'un kilogramme de glace absorbe, pour se transformer en eau à 0°, 79 grandes calories.

Procédé du puits de glace. — Prenons un bloc de glace à 0°, creusons-y une cavité assez grande pour renfermer l'animal, et, après l'avoir soigneusement essuyé de son eau, introduisons-y l'animal ayant, par exemple, une température T et un poids P. Fermons ensuite avec un couvercle de glace également à 0°. Abandonnons le tout pendant un temps t. Supposons que l'animal n'a pas changé de température : soit p le poids de l'eau fondue que nous apprécions facilement en essuyant le calorimètre avec des éponges et du papier buvard à 0° préalablement tarés, que nous pesons de nouveau.

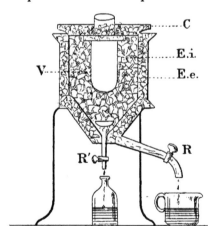

Fig. 299. — Calorimètre à glace : V′ récipient intérieur, C couvercle, Ei vase à glace interne, Ee vase à glace externe. R robinet du vase extérieur, R′ robinet du vase à glace interne.

Le nombre de calories n émises par l'animal pendant le temps t est égal à $n = p \times 79$.

Si l'animal s'est réchauffé, soit T' > T sa nouvelle

température; en admettant que sa chaleur spécifique est 1, pour passer de T à T', il a absorbé P (T' — T) calories. La somme de chaleur qu'il a fabriquée est donc $[p \times 79 + P \times (T' - T)]$. Il est indispensable d'éviter le contact de l'animal avec les parois du puits en l'enfermant dans une petite cage.

Le puits de glace peut être remplacé par le calorimètre à glace classique de Dulong et Petit (fig. 299).

Procédé du calorimètre a eau. — L'animal est placé dans une boîte métallique où circule de l'air; l'air entrant arrive directement dans la boîte, l'air sortant traverse un serpentin, de façon qu'avant sa sortie il

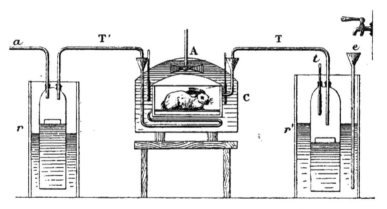

Fig. 300. — Calorimètre à eau : C calorimètre, A palettes, T tube d'arrivée de l'air, T' tube de sortie.

abandonne sa chaleur à l'eau du calorimètre. Le tout est plongé dans une caisse également métallique et bien polie, pour éviter le rayonnement; cette caisse renferme un poids p d'eau à une température t, sans cesse brassée par un agitateur à palettes (fig. 300).

L'animal restant un temps θ dans ce calorimètre, si la empérature de l'eau est devenue $t' > t$, le nombre de calories émises pendant ce temps θ est représenté par l'équation $n = p \times t' - t$.

Ces deux procédés très exacts, physiquement parlant, ont chacun un inconvénient au point de vue physiologique. Dans le premier cas, l'animal, placé à une température beaucoup plus basse que la sienne, réagit violemment pour maintenir, malgré le rayonnement exagéré, sa propre température ; dans le deuxième cas, l'animal est, au contraire, protégé contre le rayonnement et de

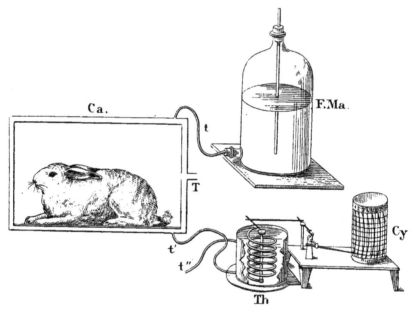

Fig. 301. — Calorimètre à circulation d'eau de d'Arsonval : Ca chambre du calorimètre, T tubulure, F.Ma flacon d'eau à niveau constant, *t* tube de caoutchouc pour l'arrivée de l'eau, *t'* tube conduisant l'eau au thermomètre enregistreur Th, *t"* tube de sortie de l'eau, Cy cylindre enregistreur.

plus la température du calorimètre va en croissant depuis le début de l'expérience.

Le desideratum serait : 1° que l'animal ne fût pas à une température trop basse ; 2° que l'enceinte calorimétrique ne changeât pas de température. Il faut donc opérer à la température ordinaire, et il est nécessaire que la chaleur produite soit enlevée au fur et à mesure par une source de froid compensatrice. On peut employer avec avantages le *calorimètre compensateur à circulation d'eau de d'Arsonval* (fig. 301), qui peut, d'ailleurs, être enregistreur comme ceux que nous décrirons tout à l'heure.

Ce calorimètre est une enceinte à deux parois. Dans l'espace annulaire qui les sépare circule un courant d'eau qui entre à une température donnée t et qui sort à une température t', peu différente si le courant est assez rapide. Soit P le poids d'eau qui a circulé pendant le temps θ : on a pour le nombre des calories rayonnées

$$N = P \times t' - t.$$

Le calorimètre est rendu enregistrant en plaçant un thermomètre enregistreur dans la boîte qui reçoit à la sortie l'eau à la température t.

Quand on veut simplement avoir des courbes comparatives, on peut utiliser le dispositif suivant, dû également à d'Arsonval, et que nous représentons ici (fig. 302).

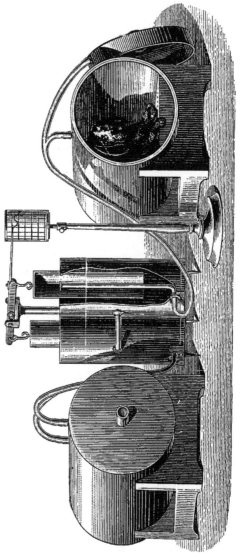

Fig. 302. — Calorimètre à air de d'Arsonval.

On a deux enceintes à double paroi, l'une destinée à recevoir l'animal, l'autre qui doit rester vide. L'espace annulaire qui sépare les deux parois, et qui est plein d'air, communique par l'intermédiaire d'un tube de

caoutchouc avec un gazomètre. On a donc deux gazomètres correspondant chacun à une des enceintes : ces
deux gazomètres suspendus sur l'eau sont équilibrés
aux deux extrémités d'un fléau de balance.

Tant que l'air est à la même température dans les
deux enceintes, l'équilibre persiste et le fléau de
la balance est horizontal ; mais supposons que la température s'élève d'un côté, l'air échauffé augmente de
pression et vient soulever le gazomètre correspondant,
d'où inclinaison du fléau. Si celui-ci porte un stylet se
déplaçant sur un cylindre
enregistreur, on obtiendra
une courbe. Cette courbe
montera d'autant plus vite
et d'autant plus haut, qu'il
y aura eu dans un temps
donné plus de calories rayonnées dans l'enceinte. Arrive
un moment néanmoins où
il y a équilibre entre la chaleur produite dans l'enceinte et celle rayonnée par sa paroi ; à ce moment, la
ligne devient horizontale (fig. 3o3).

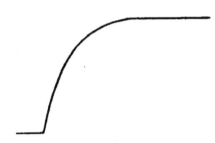

FIG. 303. — Courbe calorimétrique.

Cet appareil est très commode pour comparer la chaleur rayonnée par deux animaux. Chacun d'eux est placé
dans l'une des enceintes et le gazomètre est soulevé du
côté de l'animal qui rayonne le plus.

On peut graduer ce calorimètre empiriquement, en
mettant à rayonner dans l'une des enceintes un récipient plein d'eau, à une température donnée et d'un
poids donné. On suit la marche de la baisse de la température et on note le point correspondant de la courbe.
Il est à remarquer que le même nombre de calories
dégagées ne donne pas une courbe identique, entre des
températures différentes, par exemple entre 4o et 35° et
2o et 15°.

Pour la graduation de cet appareil, il est préférable d'employer une source constante de chaleur : on se sert avec avantage d'un fil de platine rougi par un courant électrique, dont on peut déterminer facilement le rayonnement.

Le calorimètre différentiel de d'Arsonval doit être placé dans un milieu à température uniforme et aussi constante que possible. Il faut éviter qu'un courant d'air ou des radiations de l'extérieur ne viennent frapper un des cylindres à l'exclusion de l'autre; le voisinage d'un mur plus froid ou plus chaud que le milieu ambiant peut troubler aussi l'équilibre d'un des cylindres. Avant de commencer une expérience, il faut toujours s'assurer que le manchon à air des cylindres n'est pas percé, ce qui est facile en raréfiant l'air intérieur et en s'assurant, au moyen d'un petit manomètre, que le vide relatif se maintient. L'appareil marchant à vide doit tracer une ligne droite.

Le rayonnement d'un animal ne se fait pas exactement suivant la loi de Newton, car il dépend beaucoup de l'état de ses vaisseaux périphériques et le système nerveux vasomoteur joue un grand rôle dans cet état. A température égale, un animal dont les capillaires cutanés sont en vasodilatation se refroidira beaucoup plus vite, parce qu'il rayonne bien davantage.

L'état de nudité de la peau joue aussi un rôle important : à la même température, un animal rasé rayonne beaucoup plus qu'un animal auquel on a conservé sa fourrure et se refroidit également plus vite dans un milieu à température plus basse que lui.

La démonstration est facile à faire; on prend deux lapins de même poids, dont l'un est rasé, et on les place dans les deux enceintes du calorimètre de d'Arsonval : le gazomètre est soulevé du côté de l'animal rasé.

II. *Méthode indirecte.* — Cette méthode est basée sur

ce principe que la chaleur produite par la combustion d'une substance est la même, que l'oxydation soit lente ou rapide, directe ou indirecte. On peut alors calculer la chaleur produite par un animal en déterminant la chaleur de combustion des aliments introduits dans l'organisme ou ingesta.

Ces aliments sont habituellement la graisse, l'amidon, l'albumine, et on sait que :

```
1 gramme de graisse produit.......... 9 cal. 07
1    —    d'amidon................ ......... 3 — 09
1    —    d'albumine ................. 5 —
```

Seulement, l'albumine n'étant pas complètement comburée et étant rejetée sous la forme d'urée qui a encore une certaine chaleur de combustion, on doit retrancher cette dernière, soit 2^c9, de la chaleur de combustion totale de l'albumine. Il faut savoir que toute la chaleur produite ne se manifeste pas comme telle : une partie est transformée en travail $\frac{1}{5}$. On ne doit donc compter que les $\frac{4}{5}$ de la chaleur de combustion. Dans ces conditions, on arrive sensiblement au même résultat qu'avec la calorimétrie directe.

Au lieu de calculer la chaleur produite par un animal d'après ses ingesta, on peut le faire d'après ses produits d'élimination ou excreta, à savoir l'urée, l'acide carbonique et l'eau. On sait, en effet, quelles sont les quantités d'azote, de carbone et d'hydrogène qui correspondent à une quantité donnée de ces corps.

Chez l'homme, la production de la chaleur, mesurée au calorimètre, est d'environ 2 500 calories en 24 heures.

Par la méthode des ingesta, nous trouvons :

```
Combustion de 140 grammes d'albumine..........    700
      —        205    —    de graisse ..........    952
      —        420    —    d'amidon ..........  1.638
                                              ─────────
                                                  3.290
```

Si nous retranchons la chaleur de combustion des 40 grammes d'urée produits, soit 88, il nous reste 3 202. En nous rappelant que les $\frac{4}{5}$ seulement doivent être retrouvés sous forme de chaleur, nous faisons le calcul et nous trouvons 2 560 calories, chiffre tout à fait comparable au précédent.

TABLE DES FIGURES

TABLE DES MATIÈRES

PREMIÈRE PARTIE

DEUXIÈME PARTIE

TROISIÈME PARTIE

PARIS. — IMPRIMERIE F. LEVÉ, 17, RUE CASSETTE.

ERRATA

Page 95, fig. 89 : Le muscle marqué biceps est le grand adducteur et *vice versâ*. — Dans la légende, au lieu de grand adducteur de la *jambe*, lire : grand adducteur de la *cuisse*.

Page 107, fig. 104 : Le prolongement cellulifuge du neurone de gauche doit aller directement aux noyaux de Goll et de Burdach, sans relais dans la substance grise médullaire.

Page 185, fig. 181 : La ligne de rappel partant de Pn doit être prolongée jusqu'au trait jaune.

Page 217, ligne 18 et légende de la figure 210 : Au lieu de *hématographique*, lire *hémautographique*.

Page 222, ligne 24 : Au lieu de *adcduteurs*, lire *adducteurs*.

Page 280, fig. 258 : Au lieu de *fourneau b*, lire *fourneau f*.

Page 336, ligne 10 : Au lieu de *Thizy* lire *Thiry*.

Page 337, ligne 14 : Même observation.

Page 337, fig. 280 : Les mots de la légende : A fermeture du cul-de-sac, B raccord des deux bouts de l'intestin, se rapportent à la figure 281.

Page 339, ligne 24, au lieu de T lire E.

Page 346, ligne 3 : Au lieu de *Acide picrique* 19, lire : *Acide picrique* 1.

Page 350, fig. 295 : Au lieu de : *a, de la vesssie*, lire : *a, du col de la vessie*; au lieu de : *c, des tubuli contorti*, lire : *e, des tubuli contorti*. — Ajouter : *c, revêtement épithélial des voies urinaires*; *d, épithélium vésical*.

Page 357, ligne 17 : Au lieu de *produit*, lire *empêché*,

Page 361, ligne 25 : Au lieu de *t*, lire *t'*.

Page 375, table, titre de la première partie : Au lieu de : *méthodes enregistreurs*, lire : *instruments enregistreurs*.

Page 376, table, cinquième leçon : Ajouter dans le sommaire : *machine à anesthésier du professeur R. Dubois*.

Page 377, neuvième leçon : Ajouter dans le sommaire : *conductibilité nerveuse*.

Fig. 2. Au lieu de *pouls*, lire *points*.

Fig. 3. Même observation.

Fig. 9. Au lieu de *enregistrant*, lire *enregistreur*.

Fig. 85. Au lieu de *tableau*, lire *chariot*.

Fig. 177. Au lieu de *dyptique*, lire *dytique*.

Fig. 185. Au lieu de *brachocéphalique*, lire *brachiocéphalique*.

Fig. 210. Au lieu de *hématographique*, lire *hémautographique*.

Fig. 247. Au lieu de *carbonate*, lire *chlorhydrate*.

LEÇONS

DE

PHYSIOLOGIE

EXPÉRIMENTALE

PAR

RAPHAËL DUBOIS

Professeur à l'Université de Lyon

AVEC LA COLLABORATION

DE

EDMOND COUVREUR

Chargé d'un Cours complémentaire. — Chef des travaux pratiques de Physiologie
à la Faculté des Sciences.

PARIS

GEORGES CARRÉ ET C. NAUD, ÉDITEURS

3, rue Racine, 3

1900

SCIENTIA

Exposé et Développement des questions scientifiques à l'ordre du jour

RECUEIL PUBLIÉ SOUS LA DIRECTION DE

MM. APPELL, CORNU, D'ARSONVAL, FRIEDEL, LIPPMANN, MOISSAN, POINCARÉ, POTIER, Membres de

Pour la Partie Physico-Mathématique

ET SOUS LA DIRECTION DE

MM. BALBIANI, Professeur au Collège de France, D'ARSONVAL, FILHOL, FOUQUÉ, GAUDRY
GUIGNARD, MAREY, MILNE-EDWARDS, Membres de l'Institut,

Pour la Partie Biologique

Chaque fascicule comprend de 80 à 100 pages in-8° écu. avec cartonnage spécial.
Prix du fascicule............ **2 francs**

Dans la partie Biologique ont paru :

ARTHUS (M.). *La coagulation du sang.* — BARD (L.). *La spécificité cellulaire.* — BONNIER.
tion. — BORDIER (H.). *Les actions moléculaires dans l'organisme.* — COURTADE. *L'irritabil
série animale.* — FRENKEL (H.). *Les fonctions rénales.* — LE DANTEC (F.). *La Sexu
[ARTEL (A.). *Spéléologie.* — MAZÉ (P.). *Évolution du carbone et de l'azote.* — GRIFFON. *L'a
on chlorophyllienne et la structure des plantes.*

LA PRESSE MÉDICA

JOURNAL BI-HEBDOMADAIRE PARAISSANT LE MERCREDI ET LE SAMEDI
Par numéros de 16 pages, grand format, avec de nombreuses figures noires
UN NUMÉRO AVEC PLANCHES EN COULEURS TOUS LES DEUX MOIS

Comité de Rédaction

MM.	MM.
ONNAIRE. Professeur agrégé, Accoucheur des Hôpitaux	DE LAVARENNE, Médecin des Eaux de Luchon.
RUN. Professeur agrégé, Chirurgien de l'hôpital des Enfants.	LERMOYEZ, Médecin de l'hôpital Saint-Antoine.
JAYLE, Assistant de gynécologie à l'hôpital Broca.	LETULLE, Professeur agrégé, Médecin de l'hôpi cicaut.
ANDOUZY, Professeur de thérapeutique, Médecin de l'hôpital Laënnec, membre de l'Académie de médecine.	ROGER, Professeur agrégé, Médecin de l'hôpit bervilliers.

PRIX DE L'ABONNEMENT : FRANCE, **10** fr.; UNION POSTALE, **15** fr.; LE NUMÉRO **10** CENTIMES.
Les abonnements partent du commencement de chaque mois.
Service gratuit pendant un mois sur demande

Paris. — Imp. E. Capiomont et Cie, rue de Seine, 57.

Lightning Source UK Ltd.
Milton Keynes UK
UKHW020605201218
334296UK00006B/617/P